高等教育工程造价专业“十三五”规划系列教材

工程造价管理

GONGCHENG ZAOJIA GUANLI

主　编⊙任彦华　董自才

副主编⊙李云春　蒲翠红　杨忠杰

参　编⊙刘　杨　李敬民　刘师雨

西南交通大学出版社

·成　都·

图书在版编目（CIP）数据
工程造价管理 / 任彦华，董自才主编. —成都：西南交通大学出版社，2017.9（2019.7 重印）
高等教育工程造价专业“十三五”规划系列教材
ISBN 978-7-5643-5751-1

Ⅰ. ①工… Ⅱ. ①任… ②董… Ⅲ. ①建筑造价管理－高等学校－教材 Ⅳ. ①TU723.3

中国版本图书馆 CIP 数据核字（2017）第 222528 号

高等教育工程造价专业“十三五”规划系列教材

工程造价管理

主编　任彦华　董自才

责任编辑　柳堰龙
封面设计　墨创文化

出版发行　西南交通大学出版社
（四川省成都市二环路北一段 111 号
西南交通大学创新大厦 21 楼）
邮政编码　610031
发行部电话　028-87600564
官网　http://www.xnjdcbs.com
印刷　成都中永印务有限责任公司

成品尺寸　185 mm×260 mm
印张　19.75
字数　467 千
版次　2017 年 9 月第 1 版
印次　2019 年 7 月第 2 次
定价　48.00 元
书号　ISBN 978-7-5643-5751-1

课件咨询电话：028-87600533
图书如有印装质量问题　本社负责退换

高等教育工程造价专业“十三五”规划系列教材

建设委员会

序

21 世纪，中国高等教育发生了翻天覆地的变化，从相对数量上讲中国已成为了全球第一高等教育大国。

自 20 世纪 90 年代中国高校开始出现工程造价专科教育起，到 1998 年在工程管理本科专业中设置工程造价专业方向，再到 2003 年工程造价专业成为独立办学的本科专业，如今工程造价专业已走过了 25 个年头。

据天津理工大学公共项目与工程造价研究所的最新统计，截至 2014 年 7 月，全国 140 所本科院校、600 所专科院校开办了工程造价专业。2014 工程造价专业招生人数为本科生 11 693 人，专科生 66 750 人。

如此庞大的学生群体，导致工程造价专业师资严重不足，工程造价专业系列教材更显匮乏。由于工程造价专业发展迅猛，出版一套既能满足工程造价专业教学需要，又能满足本专科各个院校不同需求的工程造价系列教材已迫在眉睫。

2014 年，由云南大学发起，联合云南省 20 余所高等学校成立了“云南省大学生工程造价与工程管理专业技能竞赛委员会”，在共同举办的活动中，大家感到了交流的必要和联合的力量。

感谢西南交通大学出版社的远见卓识，愿意为推动工程造价专业的教材建设搭建平台。2014 年下半年，经过出版社几位策划编辑与各院校反复的磋商交流，成立工程造价专业系列教材建设委员会的时机已经成熟。2015 年 1 月 10 日，在昆明理工大学新迎校区专家楼召开了第一次云南省工程造价专业系列教材建设委员会会议，紧接着召开了主参编会议，落实了系列教材的主参编人员，并在 2015 年 3 月，出版社与系列教材各主编签订了出版合同。

我以为，这是一件大事也是一件好事。工程造价专业缺教材、缺合格师资是我们面临又亟待解决的问题。组织教师编写教材，一是可以解教材匮乏之急，二是通过编写教材可以培养教师或者实现其他专业教师的转型发展。教师是一个特殊的职业——是一个需要不断学习更新自我的职业，教师也是特别能接受新知识并传授新知识的一个特殊群体，只要任务明确，有社会需要，教师自会完成自身的转型发展。因此教材建设一举两得。

我希望：系列教材的各位主参编老师与出版社齐心协力，在一两年内完成这一套工程造价专业系列教材编撰和出版社工作，为工程造价教育事业添砖加瓦。我也希望：各位主参编老师本着对学生负责，对事业负责的精神，对教材的编写精益求精，努力将每一本教材都打造成精品，为培养工程造价专业合格人才贡献力量。

中国建设工程造价管理协会专家委员会委员
云南省工程造价专业系列教材建设委员会主任
张建平
2015年6月

前言 PREFACE

工程造价管理贯穿于建设工程的全过程，是工程建设投资管理的重要内容。工程造价管理以建设工程为研究对象，结合工程技术、经济、管理和法律法规等手段和工程实践，着重介绍建设工程不同阶段工程造价的内在规律，以及确定和控制工程造价的理论与方法，是一门涉及建设工程技术、工程经济学、建设法规、建设工程计量与计价、经济管理学等多学科交叉的学科，也是工程造价专业毕业设计前最后一门综合课程。

《工程造价管理》是高等学校工程造价、工程管理专业及其他相关专业的本、专科教材。

教材力求在内容方面精炼、实用，主要是结合其他基础课、专业基础课、专业课的讲授内容，对部分重叠较多的知识进行了删减和整合，力求增加新的原理和方法，具有较强的实用性。通过本教材的学习，学习者能够独立、系统、完整地运用相关造价知识，顺利完成建设工程的投资估算、可行性研究（经济评价）、设计概算、施工图预算、招标控制价、投标报价、施工预算和进度款、结算和决算、审计和司法鉴定等管理工作。本教材也可作为建设、设计、施工和工程咨询等单位从事工程造价的专业人员参考用书。

本教材由云南农业大学建筑工程学院任彦华、董自才担任主编，云南农业大学建筑工程学院李云春、昆明理工大学城市学院普蒲翠红和云南经济管理学院杨忠杰担任副主编，参编人员有：云南大学刘杨、云南农业大学建筑工程学院李敬民、广联达科技股份有限公司刘师雨。

本教材在编写过程中，虽然经过反复斟酌和校对，但由于作者编写时间仓促，水平有限，以及国家政策调整变化（如建筑业实行营业税改增值税等），定有疏漏或不足之处，敬请同行专家和广大作者批评指正。

编 者

2017 年 7 月

目录 CONTENTS

第一章　工程造价管理基础知识

【学习目标】

本章对建设项目、工程造价管理、工程造价咨询、造价工程师与造价员进行了概述。通过本章的学习，要求：了解基本概念及其产生和发展；熟悉建设项目的组成与分类，工程造价管理的目标、任务、特点和对象；重点掌握建设项目建设程序、工程造价管理的内容、建设工程造价咨询企业管理、注册造价工程师和造价员资格管理。

第一节　建设项目管理概述

一、建设项目的划分与分类

（一）建设项目的划分

1. 建设项目

建设项目是指具有完整的计划任务书和总体设计并能进行施工，行政上有独立的组织形式，经济上实行统一核算建设工程。一个建设项目可由几个单项工程或一个单项工程组成。在生产性建设项目中，一般是以一个企业或一个联合企业为建设项目；在非生产性建设项目中，一般是以一个事业单位为建设项目，如一所学校；也有以经营性质为建设项目，如宾馆、饭店等。

2. 单项工程

单项工程又称工程项目，是建设项目的组成部分。一个建设项目，可以是一个单项工程，也可能包括多个单项工程。所谓单项工程是具有独立的设计文件，竣工后可以独立发挥生产能力或效益的工程。例如，新建一个钢铁厂，这一建设项目可按主要生产车间、辅助生产车间、办公室、宿舍等分为若干单项工程。单项工程是一个复杂的综合体，按其构成可分为建筑工程，设备及其安装工程，工具、器具及生产用具的购置等。

3. 单位工程

单位工程是指具有独立的设计文件，能单独施工，并可以单独作为经济核算对象的工程，单位工程是单项工程的组成部分。单位工程一般划分为建筑工程、设备及其安装工程。

（1）建筑工程。根据其中各组成成分的性质、作用再分为若干单位工程：

① 一般土建工程，包括房屋及构筑物的各种结构工程和装饰工程；

② 卫生工程，包括室内外给排水管道、采暖、通风及民用煤气管道工程等；

③ 工业管道工程，包括蒸汽、压缩空气、煤气、输油管道工程等；

④ 特殊构筑物工程，包括各种设备基础、高炉、烟囱、桥梁、涵洞工程等；

⑤ 电气照明工程，包括室内外照明、线路架设、变电与配电设备安装等。

（2）设备及其安装工程。设备购置与安装工程，两者有着密切的联系。因此，在工程预算上把两者结合起来，组成为设备及其安装工程，其中又可分为：

① 机械设备及其安装工程，包括工艺设备、起重运输设备、动力设备等的购置及其安装工程；

② 电气设备及其安装工程，包括传动电气设备、吊车电气设备、起重控制设备等的购置及其安装工程。

4. 分部工程

分部工程是单位工程的组成部分，应按专业性质、建筑部位确定。如一个单位工程中的土建工程可以分为土石方工程、砖石工程、脚手架工程、钢筋混凝土工程、楼地面工程、屋面工程及装饰工程等，而其中的每一个部分就是一个分部工程。当分部工程较大或较复杂时，可按材料种类、施工特点、施工程序、专业系统及类别等将其划分为若干子分部工程。

5. 分项工程

分项工程是指按照不同的施工方法、建筑材料、设备不同的规格等，将分部工程作进一步细分的工程。分项工程是建筑工程的基本构造要素，是分部工程的组成部分，如土石方分部工程，可以分为人工挖土方、机械挖土方、运土方、回填土方等分项工程。

（二）建设项目的分类

1. 建设项目按其用途不同分类

1）生产性建设项目

生产性建设项目是指直接用于物资（产品）生产或满足物质（产品）生产所需要的建设项目，主要包括以下的建设项目：① 工业建设；② 建筑业建设；③ 农林水利气象建设；④ 邮电运输建设；⑤ 商业和物资供应建设；⑥ 地质资源勘探建设。

2）非生产性建设项目

非生产性建设项目一般是指满足人民物质和文化生活所需要的建设项目，主要包括以下建设项目：① 住宅建设；② 文教卫生建设；② 科学实验研究建设；④ 公用事业建设；⑤ 其他建设。

2. 建设项目按其性质不同分类

1）新建项目

新建项目是指从无到有新开始建设的项目。有的建设项目原有规模较小，经重新进行总体设计，扩大建设规模后，其新增加的固定资产价值超过原有固定资产价值三倍以上的，亦属于新建项目。

2）扩建项目

扩建项目是指原企事业单位为了扩大原有产品的生产能力和效益，或增加新的产品生产能力和效益而扩建的生产车间、生产线或其他工程。

3）改建项目

改建项目是指原企事业单位，为了提高生产效率、改进产品质量或改变产品方向，对原有设备、工艺流程进行改造的建设项目。为了提高综合生产能力，增加一些附属和辅助车间或非生产性工程，亦属于改建项目。

4）恢复项目

恢复项目是指企事业单位的固定资产因自然灾害、战争、人为灾害等原因部分或全部被破坏报废，而后又重新投资恢复的建设项目。不论是按原来的规模恢复建设，还是在恢复的同时进行扩充建设的部分，均属于恢复项目。

5）迁建项目

迁建项目是指企事业单位，由于各种原因将建设工程迁到另一地方的建设项目。不论其建设规模是否维持原来的建设规模，均属于迁建项目。

3. 建设项目按规模不同分类

依据建设项目规模或投资的大小，可把建设项目划分为大型建设项目、中型建设项目和小型建设项目。对于工业建设项目和非工业建设项目的大、中、小型划分标准，国家各相关部门都有明确的规定。一个建设项目，只能属于大、中、小型其中的一类。大、中型建设项目一般都是国家的重点骨干工程，对国民经济的发展具有重大意义。

生产产品单一的工业企业，其建设规模一般按产品的设计能力划分。如钢铁联合企业，年生产钢量在100万吨以上的为大型建设项目；10万～100万吨为中型建设项目；10万吨以下为小型建设项目。生产产品多种的工业企业，按其主要产品的设计能力进行划分，产品种类繁多，难以按生产能力划分的，则按全部建设投资额的大小进行划分。

4. 按项目的投资效益分类

建设项目按投资效益可分为竞争性项目、基础性项目和公益性项目。

5. 按项目的投资来源分类

建设项目按投资来源可分为政府投资项目和非政府投资项目。按照其盈利性不同，政府投资项目又可分为经营性政府投资项目和非经营性政府投资项目。

二、建设项目建设程序

1. 建设项目建设程序概念

建设项目建设程序是指工程项目从策划、评估、决策、设计、施工到竣工验收、投入生产或交付使用的整个建设过程中，各项工作必须遵循的先后工作次序。建设项目建设程序是工程建设过程客观规律的反映，是建设项目科学决策和顺利进行的重要保证。按照建设项目发展的内在联系和发展过程，建设程序分成若干阶段，这些发展阶段有严格的先后次序，不能任意颠倒。

2. 建设程序阶段划分

依据建设程序一般分为以下阶段：

（1）项目建议书阶段。项目建议书是业主向国家提出的要求建设某一具体项目的建议文件，项目建议书一经批准后即为立项，立项后可进行可行性研究。

（2）可行性研究阶段。可行性研究是对建设工程项目技术上是否可行和经济上是否合理而进行的科学分析和论证，可行性研究报告一经批准后即形成项目投资决策。

（3）建设地点选择阶段。如选工厂厂址主要考虑三大问题：一是资源、原材料是否落实可靠；二是工程地质和水文地质等建厂的自然条件是否可靠；三是交通运输、燃料动力等建厂的外部条件是否具备，经济上是否合理。

（4）初步设计阶段。初步设计是为了阐明在指定地点、时间和投资限额内，拟建项目技术上的可行性和经济上的合理性。

（5）施工图设计阶段。施工图设计是在初步设计基础上完整地表现建筑物外形、内部空间尺寸、结构等，还包括通信、管道系统设计等。

（6）建设准备阶段。初步设计经批准以后，进行施工图设计并做好施工前的各项准备工作。

（7）工程实施阶段。在开工报告和建设年度计划得到批准后，即可组织施工。

（8）生产准备阶段。根据工程进度，做好生产准备工作。

（9）竣工验收阶段。项目按批准的设计内容完成，经投料试车合格后，正式验收，交付生产使用。验收前，建设单位要组织设计、施工等单位进行初检，提出竣工报告，整理技术资料，分类立卷，移交建设单位保存。

（10）后评价阶段。总结项目建设成功或失误的经验教训，供以后的项目决策借鉴；同时，也可为决策和建设中的各种失误找出原因，明确责任；还可对项目投入生产或使用后还存在的问题，提出解决办法、弥补项目决策和建设中的缺陷。

以上程序可由项目审批主管部门视项目建设条件、投资规模作适当调整。

第二节　工程造价管理理论概述

一、工程造价管理的概念

工程造价管理是指在建设项目的建设中，全过程、全方位、多层次地运用技术、经济及法律等手段，通过对建设项目工程造价的预测、优化、控制、分析、监督等，以获得资源的最优配置和建设工程项目最大的投资效益。

工程造价管理有两种含义：一是指建设工程投资费用管理；二是指工程价格管理。

1. 建设工程投资费用管理

建设工程的投资费用管理，属于投资管理范畴。管理是为了实现一定的目标而进行的计划、组织、协调、控制等系统活动。建设工程投资管理，就是为了达到预期的效果对建设工程的投资行为进行计划、组织、协调与控制。这种含义的管理侧重于投资费用的管理，而不是侧重于工程建设的技术方面。建设工程投资费用管理的含义是为了实现投资的预期目标，在拟订的规划、设计方案的条件下，预测、计算、确定和监控工程造价及其变动的系统活动。这一含义既涵盖了微观的项目投资费用的管理，也涵盖了宏观层次的投资费用的管理。

2. 工程价格管理

工程价格管理是属于价格管理范畴。在社会主义市场经济条件下，价格管理分两个层次。在微观层次上是生产企业在掌握市场价格信息的基础上，为实现管理目标而进行的成本控制、计价、定价和竞价的系统活动。它反映了微观主体按支配价格运动的经济规律，对商品价格进行能动的计划、预测、监控和调整，并接受价格对生产的调节。在宏观层次上是政府根据社会经济发展的要求，利用法律手段、经济手段和行政手段对价格进行管理和调控，以及通过市场管理规范市场主体价格行为的系统活动。工程建设关系国计民生，同时政府投资公共项目仍然有相当份额，所以国家对工程造价的管理，不仅承担一般商品价格的调控职能，而且在政府投资项目上也承担着微观主体的管理职能。这种双重角色的双重管理职能，是工程造价管理的一大特色。区分两种管理职能，进而制定不同的管理目标，采用不同的管理方法是建设工程造价管理的本质所在。

二、工程造价管理的产生与发展

1. 工程造价管理的产生

工程造价管理是随着社会生产力的发展、商品经济的发展和现代管理科学的发展而产生发展的。

我国古代在组织规模宏大的生产活动（例如土木建筑工程）时就运用了科学管理方法。据《缉古算经》等书记载，我国唐代就有夯筑城台的用工定额——功。公元 1103 年，北宋土木建筑家李诫编修了《营造法式》，该书共 36 卷，3 555 条，包括释名、工作制度、功限、料例、图样五个部分。其中“功限”就是现在的劳动定额，“料例”就是材料消耗定额。第一、二卷主要是对土木建筑名词术语的考证，即“释名”；第三至十五卷是石作、木作等工作制度，说明工作的施工技术和方法，即“工作制度”；第十六卷至二十五卷是工作工额的规定，即“功限”；第二十六卷至二十八卷是各工程用料的规定，即“料例”；第二十九卷至三十六卷是图样。《营造法式》汇集了北宋以前的技术精华，对控制工料消耗、加强施工管理起了很大的作用，并一直沿用到明清。清代管辖官府建筑的工部所编著的《工程做法》一直流传至今。由此可看出，北宋时已有了造价管理的雏形。

现代工程造价管理是随着资本主义社会化大生产而产生的，最早出现在 16 世纪至 18 世纪的英国。社会化大生产促使大批厂房新建；农民从农村向城市集中，需要大量住房，从而使建筑业逐渐得到发展。随着设计与施工分离形成独立的专业后，出现了工料测量师对已完工程量进行测量、计算工料、进行估价，并以工匠小组名义与工程委托人和建筑师洽商，估算工程价款。工程造价管理由此产生。

2. 工程造价管理的发展

从 19 世纪初期开始，资本主义国家在工程建设中开始推行招标承包制，要求工料测量师在工程设计以后和开工以前就进行测量和估价，根据图纸算出实物工程量并汇编成工程量清单，为招标者确定拦标价或为投标者做出投标报价。从此，工程造价管理逐渐形成了独立的专业。1881 年英国皇家测量师学会成立。至此，工程委托人能够在工程开工前预先了解需要支付的投资额，但还不能在设计阶段就对工程项目所需投资进行准确预计，并对设计进行有效的监督、控制。因此，往往在招标时或招标后才发现，根据完成的设计，工程费用过高，投资不足，不得不中途停工或修改设计。业主为了使资源得到最有效利用，迫切要求在设计早期阶段甚至在作投资决策时，就进行投资估算，并对设计进行控制。由于工程造价规划技术和分析方法的应用，工料测量师也有可能在设计过程中相当准确地做出概预算，并可根据工程委托人的要求使工程造价控制在限额以内。至此，从 20 世纪 40 年代开始，在英国等经济发达国家产生了“投资计划和控制制度”，工程造价管理进入了一个崭新阶段。

从工程造价管理的发展历程中不难看出，工程造价管理是随着工程建设的发展和社会经济的发展而产生并日臻完善的。主要表现为：

（1）从事后算账，发展到事前算账。最初只是消极地反映已完工程的价格，逐步发展到开工前进行工程量的计算和估价，为业主进行投资决策提供依据。

（2）从被动反映设计和施工，发展到能动地影响设计和施工。最初只是根据设计图纸进行施工监督，结算工程价款，逐步发展到在设计阶段对造价进行预测，并对设计进行控制。

（3）从依附于建筑师发展成一个独立的专业。当今在大多数国家包括我国都有专业学会组织规范执业操守；高等院校也开设了工程造价专业，培养专门人才。

三、工程造价管理的目标、任务、特点和对象

1. 工程造价管理的目标

工程造价管理的目标是按照经济规律的要求，根据社会主义市场经济的发展形势，利用科学管理方法和先进管理手段，合理地确定工程造价和有效地控制造价，以提高投资效益。

合理确定造价和有效控制造价是有机联系辩证的关系，贯穿于工程建设全过程。原国家计委计标〔1988〕30 号文《关于控制建设工程造价的若干规定》指出：“控制工程造价的目的，不仅仅在于控制工程项目投资不超过批准的造价限额，更积极的意义在于合理使用人力、物力、财力，以取得最大的投资效益。”

2. 工程造价管理的任务

工程造价管理的任务是：加强工程造价的全过程动态管理，强化工程造价的约束机制，维护有关各方的经济利益，规范价格行为，促进微观效益和宏观效益的统一。具体地来说，工程造价管理的基本任务是在工程建设中对工程造价进行预测、优化、控制、分析评价和监督。

（1）工程造价的预测是指根据建设项目决策内容、技术文件、社会经济水平等资料，按照一定的方法对拟建工程项目的花费做出测算。

（2）工程造价的优化是以资源的优化配置为目标而进行的工程造价管理活动。在满足

工程项目功能的前提下，通过确定合理的建设规模进行设计方案及施工组织的优化，实现资源的最小化。

（3）工程造价的控制是在工程建设的每一个阶段，检查造价控制目标（如批准的概算、合同总价等）的实现情况。若发现偏差，立即分析原因，及时进行调整，以确保既定目标的实现。

（4）工程造价的分析评价贯穿于整个工程造价管理过程之中，它包括工程造价的构成分析、技术经济分析、比较分析等。

工程造价的构成分析主要是对工程造价的组成要素、所占比例等进行分析，为工程造价管理提供依据；工程造价的技术经济分析主要是对设计及施工方案等进行技术经济分析，以确定工程造价是否合理；工程造价的比较分析是对工程造价进行纵向或横向比较，例如：估算、概算、预算三者进行对比分析；拟建工程的技术经济指标与已建工程的技术经济指标进行对比分析。

（5）工程造价的监督。工程造价的监督主要是指根据国家的有关文件和规定对建设工程项目进行审查与审计。

3. 工程造价管理的特点

建筑产品作为特殊的商品，具有不同于一般商品的特征，如建设周期长、资源消耗大、参与建设人员多、计价复杂等。相应地，反映在工程造价管理上则表现为参与主体多、阶段性管理、动态化管理、系统化管理的特点。

1）工程造价管理的多主体性

工程造价管理的参与主体不仅包括建设单位项目法人，还包括工程项目建设的投资主管部门、行业协会、设计单位、施工单位、造价咨询机构等。具体来说，决策主管部门要加强项目的审批管理；项目法人要对建设项目从筹建到竣工验收全过程负责；设计单位要把好设计质量和设计变更关；施工企业要加强施工管理等。因此，工程造价管理具有明显的多主体性。

2）工程造价管理的多阶段性

建设工程项目从可行性研究开始，依次进行设计、招标投标、工程施工、竣工验收等阶段，每一个阶段都有相应的工程造价文件，而每一个阶段的造价文件都有特定的作用，例如：投资估算价是进行建设项目可行性研究的重要参数，设计概预算是设计文件的重要组成部分；招标拦标价及投标报价是进行招投标的重要依据；工程结算是承发包双方控制造价的重要手段；竣工决算是确定新增固定资产的依据。因此，工程造价的管理需要分阶段进行。

3）工程造价管理的动态性

工程造价管理的动态性有两个方面：一是指工程建设过程中有许多不确定因素，如物价、自然条件、社会因素等，对这些不确定因素必须采用动态的方式进行管理；二是指工程造价管理的内容和重点在项目建设的各个阶段是不同的、动态的。例如：可行性研究阶段工程造价管理的重点在于提高投资估算的编制精度以保证决策的正确性；招投标阶段是要使招标拦标价和投标报价能够反映市场；施工阶段是要在满足质量和进度的前提下降低工程造价以提高投资效益。

4）工程造价管理的系统性

工程造价管理具备系统性的特点。例如，投资估算、设计概预算、招标拦标价（投标报价）、工程结算与竣工决算组成了一个系统。因此应该将工程造价管理作为一个系统来研究，用系统工程的原理、观点和方法进行工程造价管理，才能实施有效的管理，实现最大的投资效益。

4. 工程造价管理的对象

建设工程造价管理的对象分客体和主体。客体是建设项目，而主体是业主或投资人（建设单位）、承包商或承建商（设计单位、施工单位、项目管理单位）以及监理、咨询等机构及其工作人员。对各个管理对象而言，具体的工程造价管理工作的范围、内容以及作用各不相同。

四、工程造价管理的内容

工程造价管理的基本内容就是合理确定和有效控制工程造价。

1. 工程造价的合理确定

工程造价的合理确定，就是在工程建设的各个阶段，采用科学的计算方法和现行的计价依据及批准的设计方案或设计图纸等文件资料，合理确定投资估算、设计概算、施工图预算、承包合同价、工程结算价、竣工决算价。

依据建设程序，工程造价的确定与工程建设阶段性工作深度相适应。一般分为以下阶段：

（1）项目建议书阶段。该阶段编制的初步投资估算，经有关部门批准，即作为拟建项目进行投资计划和前期造价控制的工作依据。

（2）可行性研究阶段。该阶段编制的投资估算，经有关部门批准，即成为该项目造价控制的目标限额。

（3）初步设计阶段。该阶段编制的初步设计概算，经有关部门批准，即为控制拟建项目工程造价的具体最高限额。在初步设计阶段，对实行建设项目招标承包制签订承包合同协议的项目，其合同价也应在最高限价（设计概算）相应的范围以内。

技术设计阶段是进一步解决初步设计的重大技术问题，如工艺流程、建筑结构、设备选型等，该阶段则应编制修正设计概算。

（4）施工图设计阶段。该阶段编制的施工图预算，用以核实施工图阶段造价是否超过批准的初步设计概算。经承发包双方共同确认、有关部门审查通过的施工图预算，即为结算工程价款的依据。

对以施工图预算为基础的招标投标工程，承包合同价是以经济合同形式确定的建安工程造价。承发包双方应严格履行合同，使造价控制在承包合同价以内。

（5）工程实施阶段。该阶段要按照承包方实际完成的工程量，以合同价为基础，同时考虑因物价上涨引起的造价提高，考虑到设计中难以预料的而在实施阶段实际发生的工程变更和费用，合理确定工程结算价。

（6）竣工验收阶段。该阶段全面总结在工程建设过程中实际花费的全部费用，编制竣工决算，如实体现该建设工程的实际造价。

建设程序的各阶段工程造价确定见图 1-1。

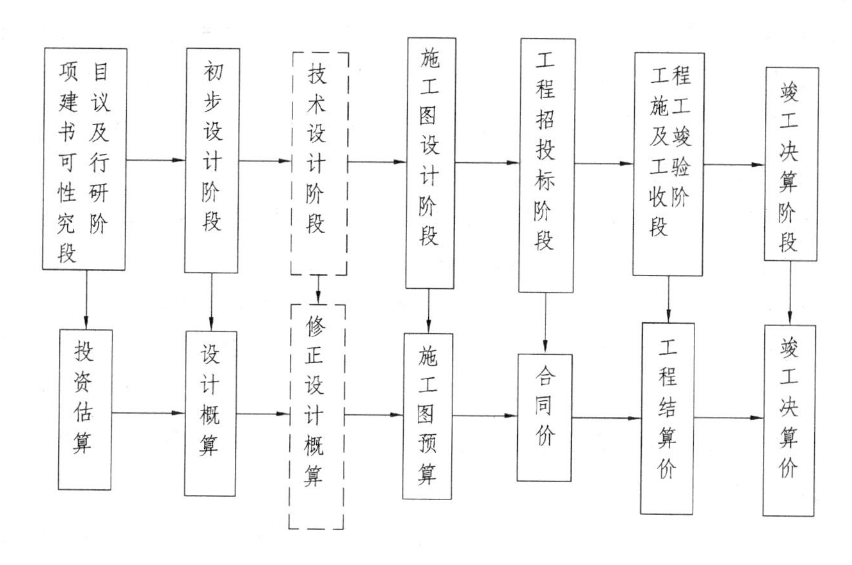

图 1-1　建设程序的各阶段工程造价确定示意图

2. 工程造价的有效控制

工程造价的有效控制是指在投资决策阶段、设计阶段、建设项目发包阶段和实施阶段，把建设工程造价的实际发生控制在批准的造价限额以内，随时纠正发生的偏差，以保证项目管理目标的实现，以求在各个建设项目中能合理使用人力、物力、财力，取得较好的投资效益和社会效益。具体来说，是用投资估算控制初步设计和初步设计概算；用设计概算控制技术设计和修正设计概算；用概算或者修正设计概算控制施工图设计和施工图预算。

有效控制工程造价应注意以下几点：

1）以设计阶段为重点的全过程造价控制

工程造价控制应贯穿于项目建设的全过程，但是各阶段工作对造价的影响程度是不同的。影响工程造价最大的阶段是投资决策和设计阶段，在项目做出投资决策后，控制工程造价的关键就在于设计阶段。有资料显示，至初步设计结束，影响工程造价的程度从 95%下降到 75%；至技术设计结束，影响工程造价的程度从 75%下降到 35%；施工图设计阶段，影响工程造价的程度从 35%下降到 10%；而至施工开始，通过技术组织措施节约工程造价的可能性只有 5%～10%。

因此，有关单位和设计人员必须树立经济核算的观念，克服重技术轻经济的思想，严格按照设计任务书规定的投资估算做好多方案的技术经济比较。工程经济人员在设计过程中应及时地对工程造价进行分析对比，能动地影响设计，以保证有效地控制造价。同时要积极推行限额设计，在保证工程功能要求的前提下，按各专业分配的造价限额进行设计，保证估算、设计概算起层层控制作用。

2）以主动控制为主

长期以来，建设管理人员把控制理解为进行目标值与实际值的比较，当两者有偏差时，分析产生偏差的原因，确定下一阶段的对策。这种传统的控制方法只能发现偏差，不能预防发生偏差，是被动地控制。自 20 世纪 70 年代开始，人们将系统论和控制论研究成果应用于项目管理，把控制立足于事先主动地采取决策措施，尽可能减少或避免目标值与实际值发生偏离。这是主动的、积极的控制方法，因此被称为主动控制。这就意味着工程造价管理人员不能死算账，而应能进行科学管理。不仅要真实地反映投资估算、设计概预算，更重要的是要能动地影响投资决策、设计和施工，主动地控制工程造价。

3）技术与经济相结合是控制工程造价最有效的手段

控制工程造价，应从组织、技术、经济、合同等多方面采取措施。

从组织上采取措施，就要做到专人负责，明确分工；技术上要进行多方案选择，力求先进可行、符合实际；经济上要动态比较投资的计划值和实际值，严格审核各项支出。

工程建设要把技术与经济有机地结合起来，通过技术比较、经济分析和效果评价，正确处理技术先进与经济合理之间的对立统一关系，力求做到在技术先进条件下的经济合理，在经济合理基础上的技术先进，把控制工程造价的思想真正地渗透到可行性研究、项目评价、设计和施工的全过程中去。

4）区分不同投资主体的工程造价控制。

造价管理必须适应投资主体多元化的要求，区分政府性投资项目和社会性投资项目的特点，推行不同的造价管理模式。我国现行的投资体制存在不少问题，主要是政府对企业项目管得过多过细，对政府投资项目管得不够。

2004 年颁布的《国务院关于投资体制改革的决定》（以下简称《决定》），主要强调了区分不同的投资主体，针对不同的项目性质，实行不同的管理方式。确立企业投资主体地位，同时对政府投资行为规范、制约。

（1）政府投资项目。政府投资主要用于关系国家安全和市场不能有效配置资源的经济和社会领域。对于政府投资项目，继续实行审批管理。但要按照行政许可法的要求，在程序、时限等方面对政府的投资管理行为进行规范。《决定》中提出，“政府有关部门要制定严格规范的核准制度”，“要严格限定实行政府核准制的范围”。

（2）企业投资项目。对于企业不使用政府投资建设的项目，一律不再实行审批制，区别不同情况实行核准制和备案制。对企业重大项目和限制类项目实行核准制，其他项目则实行备案制。项目的市场前景、经济效益、资金来源和产品技术方案等均由企业自主决策、自担风险，并依法办理环境保护、土地使用、资源利用、安全生产、城市规划等许可手续和减免税确认手续。据有关方面的测算，实行备案制的项目约为 75%，也就是说大部分项目将实行备案制。同时对于企业投资项目，政府转变了管理的角度，将主要从行使公共管理职能的角度对其外部性进行核准，其他则由企业自主决策。“企业投资建设实行核准制的项目，仅需向政府提交项目申请报告，不再经过批准项目建议书、可行性研究报告和开工报告的程序”。

五、工程造价管理的组织

工程造价管理的组织是指为了实现工程造价管理目标而进行的有效组织活动，以及与造价管理功能相关的有机群体。按照管理的权限和职责范围划分，我国目前的工程造价管理组织系统分为政府行政管理、行业协会管理以及企业、事业机构管理。

1. 政府部门的行政管理

政府在工程造价管理中既是宏观管理主体，也是政府投资项目的微观管理主体。从宏观管理的角度，政府对工程造价管理有一个严密的组织系统，设置了多层管理机构，规定了管理权限和职责范围。住房和城乡建设部（住建部）标准定额司是国家工程造价管理的最高行政管理机构，它的主要职责是：

（1）组织拟订工程建设国家标准、全国统一定额、建设项目评价方法、经济参数和建设标准、建设工期定额、公共服务设施（不含通信设施）建设标准；拟订工程造价管理的规章制度。

（2）拟订部管行业工程标准、经济定额和产品标准，指导产品质量认证工作。

（3）指导监督各类工程建设标准定额的实施。

（4）拟订工程造价咨询单位的资质标准并监督执行。

各省、自治区、直辖市和国务院其他主管部门的建设管理机构在其管辖范围内行使相应的管理职能；省辖市和地区的建设管理部门在所辖地区行使相应的管理职能。

2. 行业协会的自律管理

中国建设工程造价管理协会是我国建设工程造价管理的行业协会。

我国工程造价管理协会已初步形成三级协会体系，即：中国建设工程造价管理协会、省、自治区、直辖市和行业工程造价管理协会、工程造价管理协会分会。其职责范围也初步形成了宏观领导、中观区域和行业指导、微观具体实施的体系。

中国建设工程造价管理协会作为建设工程造价咨询行业的自律性组织，其行业管理的主要职能包括：

（1）研究工程造价咨询与管理改革和发展的理论、方针、政策，参与相关法律法规、行业政策及行业标准规范的研究制订。

（2）制订并组织实施工程造价咨询行业的规章制度、职业道德准则、咨询业务操作规程等行规行约，推动工程造价行业诚信建设，开展工程造价咨询成果文件质量检查等活动，建立和完善工程造价行业自律机制。

（3）研究和探讨工程造价行业改革与发展中的热点、难点问题，开展行业的调查研究工作，倾听会员的呼声，向政府有关部门反映行业和会员的建议和诉求，维护会员的合法权益，发挥联系政府与企业间的桥梁和纽带作用。

（4）接受政府部门委托，协助开展工程造价咨询行业的日常管理工作。开展注册造价工程师考试、注册及继续教育、造价员队伍建设等具体工作。

（5）组织行业培训，开展业务交流，推广工程造价咨询与管理方面的先进经验，开展工程造价先进单位会员、优秀个人会员及优秀工程造价咨询成果评选和推介等活动。

（6）办好协会的网站，出版《工程造价管理》期刊，组织出版有关工程造价专业和教育培训等书籍，开展行业宣传和信息咨询服务。

（7）维护行业的社会形象和会员的合法权益，协调会员和行业内外关系，受理工程造价咨询行业中执业违规的投诉，对违规者实行行业惩戒或提请政府主管部门进行行政处罚。

（8）代表中国工程造价咨询行业和中国注册造价工程师与国际组织及各国同行建立联系，履行相关国际组织成员应尽的职责和义务，为会员开展国际交流与合作提供服务。

（9）指导中国建设工程造价管理协会各专业委员会和各地方造价协会的业务工作。

（10）完成政府及其部门委托或授权开展的其他工作。

地方建设工程造价管理协会作为建设工程造价咨询行业管理的地方性组织，在业务上接受中国建设工程造价管理协会的指导，协助地方政府建设主管部门和中国建设工程造价管理协会进行本地区建设工程造价咨询行业的自律管理。

3. 企业、事业机构管理

企业、事业机构对工程造价的管理，属于微观管理的范畴，通常是针对具体的建设项目而实施工程造价管理活动。企业、事业机构管理系统根据主体的不同，可划分为业主方工程造价管理系统、承包方工程造价管理系统、中介服务方工程造价管理系统。

1）业主方工程造价管理

业主对项目建设的全过程进行造价管理，其职责主要是：进行可行性研究、投资估算的确定与控制；设计方案的优化和设计概算的确定与控制；施工招标文件和标底的编制；工程进度款的支付和工程结算及控制；合同价的调整；索赔与风险管理；竣工决算的编制等。

2）承包方工程造价管理

承包方工程造价管理组织的职责主要有：投标决策，并通过市场研究、结合自身积累的经验进行投标报价；编制企业定额；在施工过程中进行工程造价的动态管理，加强风险管理、工程进度款的支付、工程索赔、竣工结算；同时加强企业内部的管理，包括施工成本的预测、控制与核算等。

3）中介服务方工程造价管理

中介服务方主要有设计方与工程造价咨询方，其职责包括：按照业主或委托方的意图，在可行性研究和规划设计阶段确定并控制工程造价；采用限额设计以实现设定的工程造价管理目标，招投标阶段编制拦标价，参与评标、议标；在项目实施阶段，通过设计变更、工期、索赔与结算等工作进行工程造价的控制。

六、现代工程造价管理发展模式

工程造价管理理论是随着现代管理科学的发展而发展的，到 20 世纪 70 年代末有新的突破。世界各国纷纷借助其他管理领域的最新发展，开始了对工程造价计价与控制更为深入和全面的研究。这一时期，英国提出了“全寿命期造价管理”的工程项目投资评估与造价管理的理论与方法。稍后，美国推出了“全面造价管理”这一涉及工程项目战略资产管理、工程项目造价管理的概念和理论。从此，国际上的工程造价管理研究与实践进入了一个全新发展阶段。我国在20世纪80年代末至90年代初提出了全过程造价管理的思想和观念，要求工程造价的计算与控制必须从立项就开始全过程的管理活动，从前期工作开始抓起，直到竣工为止。而后又出现多种具有时代特征的工程造价管理模式，如全寿命期工程造价管理、全面工程造价管理、协同工程造价管理和集成工程造价管理的模式，每一种模式都体现了工程造价管理发展的需要。

第三节　工程造价咨询

一、工程造价咨询业的形成和发展

（一）咨询及工程造价咨询

所谓咨询，是利用科学技术和管理人才，根据政府、企业以至个人的委托要求，提供解决有关决策、技术和管理等方面问题的优化方案的智力服务活动过程。它以智力劳动为特点，以特定问题为目标，以委托人为服务对象，按合同规定条件进行有偿的经营活动。可见，咨询是商品经济进一步发展和社会分工更加细密的产物，也是技术和知识商品化的具体形式。

工程造价咨询系指面向社会接受委托，承担建设项目的可行性研究、投资估算，项目经济评价，工程概算、预算、工程结算、竣工决算、工程拦标价，投标报价的编制和审核，对工程造价进行监控以及提供有关工程造价信息资料等业务工作。

（二）咨询业的形成

咨询业作为一个产业部门的形成，是技术进步和社会经济发展的结果。

咨询业属于第三产业中的服务业，它的形成也是在工业化和后工业化时期完成并得到迅速发展。这是因为经济发展程度越高，在社会经济生活和个人生活中对各种专业知识和技能、经验的需要越广泛。而要使一个企业或个人掌握和精通经济活动和社会活动所需要的各种专业知识、技能和经验，几乎是不可能的。例如，进行物业投资的企业和个人并不很了解有关的技术经济问题；要出国深造或旅游，但不知道如何选择学校和旅游线路；进行国际贸易或项目投资，不掌握国际市场的情况。凡此种种，都要求有大量的咨询服务。适应这种形势，能够提供不同专业咨询服务的咨询公司应运而生。

（三）咨询业的社会功能

咨询是商品经济进一步发展和分工更加细密的产物，也是技术和商品化的具体形式。咨询业具有三大社会功能。

1. 服务功能

咨询业的首要功能就是为经济发展、社会发展和为居民生活服务。在生产领域和流通领域的技术咨询、信息咨询、管理咨询，可以起到加速企业技术进步，提高生产效率和投资效益，提高企业素质和管理水平的作用。

2. 引导功能

咨询业是知识密集型的智能型产业，有能力也有义务为服务对象提供最权威的指导，引导服务对象社会行为和市场行为既符合企业和个人的利益，也符合宏观社会经济发展的要求，以引导他们去规范自己的行为，促使微观效益和宏观效益的统一。

3. 联系功能

通过咨询活动把生产和流通，生产流通和消费更密切地联系起来，同时也促进了市场需求主体和供给主体的联系，促进了企业、居民和政府的联系，从而有利于国民经济以至整个社会健康、协调地发展。

（四）我国香港工程造价咨询业

在香港，工料测量师行是直接参与工程造价管理的咨询部门。从20世纪60年代开始，造价师（工料测量师）已从以往的编制工程概算、预算，按施工完成的实物工程量编制期中结算和竣工决算，而发展到对工程建设全过程进行成本控制；造价师从以往的服务于建筑师、工程师的被动地位，发展到与建筑师和工程师并列，并相互制约、相互影响的主动地位，在工程建设的过程中发挥出积极作用。香港在英国管辖期间，工料测量师行除承担本地各项业务外，还把业务扩展到世界各地，在世界各地都有良好的声誉。

开办测量师行的人，在香港等地称为合伙人。他们是公司的所有者，在法律上代表公司，在经济上自负盈亏，既是管理者，又是生产者，相当于公司的董事。政府对这些合伙人有严格要求，要求注册测量师行的合伙人必须具有较高的专业知识并获得测量师学会颁发的注册测量师证书，否则领不到营业执照，无法开业经营。

工料测量师行在工程建设中的主要任务和作用是：

1. 立约前阶段

（1）在工程建设开始阶段提出建设任务和要求，如建设规模、技术条件和可筹集到的资金等。这时工料测量师要和建筑师、工程师共同提出“初步投资建议”，对拟建项目作出初步的经济评价，和业主讨论在工程建设过程中工料测量师行的服务内容、收费标准，并着手一般准备工作和计划今后的任务安排。

（2）在可行性研究阶段，工料测量师根据建筑师和工程师提供的建设项目的规模、厂址、技术协作条件，对各种拟建方案制订初步估算，有的还要为业主估算竣工后的经营费和维护保养费，从而向业主提交估价和建议，以便业主决定项目执行方案，确保方案在功能上、技术上和财务上的可行性。

（3）在方案建议（有的称为总体建议）阶段，工料测量师按照不同的设计方案编制估算书，除反映总投资额外，还要提供分部工程的投资额，以便业主确定拟建项目的布局、设计和施工方案。工科测量师还应为拟建项目获得当局批准而向业主提供必要的报告。

（4）在初步设计阶段，根据建筑师、工程师草拟的图纸，制订建设投资分项初步概算。根据概算及建设程序，制订资金支出初步估算表，以保证投资得到最有效的运用，并可制定项目投资限额。

（5）在详细设计阶段，根据近似的工料数量及当时的价格，制订更详细的分项概算，并将它们与项目投资限额相比较。

（6）对不同的设计及材料进行成本研究，并向建筑师、工程师或设计人员提出成本建议，协助他们在投资限额范围内进行设计。

（7）就工程的招标程序、合同安排、合同内容方面提供建议。

（8）制订招标文件、工料清单、合同条款、工料说明书及投标书供业主招标或供业主与选定的承包人议价。

（9）研究并分析收回的标书，包括进行详尽的技术及数据审核，并向业主提交对各项投标的分析报告。

（10）为总承包单位及指定供货单位或分包单位制订正式合同文件。

2. 立约后阶段

（1）工程开工后，对工程进度进行测量，并向业主提出中期付款额的建议。

（2）工程进行期间，定期制订最终成本估计报告书，反映施工中存在的问题及投资的支付情况。

（3）制订工程变更清单，并与承包人达成费用上增减的协议。

（4）就工程变更的大约费用，向建筑师提供建议。

（5）审核及评估承包人提出的索赔，并进行协商。

（6）与工程项目的建筑师、工程师等紧密合作，在施工阶段密切控制成本。

（7）办理工程竣工结算。

（8）回顾分析项目管理和执行情况。

工料测量师行受雇于业主，针对工程规模大小、难易程度，按总投资的0.5%～3%收费，同时对项目造价控制负有重大责任。如果项目建设成本最后在缺乏充足正当理由情况下超支较多，业主付不起，则将要求工料测量师行对建设成本超支额及应付银行贷款利息进行赔偿。所以测量师行在接受项目造价控制委托，特别是接受工期较长、难度较大的项目造价控制委托时，都要购买专业保险，以防估价失误时因对业主进行赔偿而破产。由于工料测量师在工程建设中的主要任务就是对项目造价进行全面系统的控制，因而他们被誉为“工程建设经济专家”和“工程建设中管理财务的经理”。

在众多的测量师行之间，测量师学会是其相互联系的纽带。这种学会在保护行业利益和推行政府决策方面起着重要作用。学会内部互相监督、互相协调、互通情报，强调职业道德和经营作风。测量师学会对工程造价起了指导和间接管理的作用，甚至充当工程造价纠纷仲裁机构，当承发包双方不能相互协调或对测量师行的计价有异议时，可以向测量师学会提出仲裁申请，由测量师学会会长指派专业测量师充当仲裁员。仲裁结果一般都能为双方所接受。测量师学会与政府之间也保持着密切联系，政府部门很多专业人员都是学会的会员。学会除了保护行业利益之外，还体现了政府与行业之间的对话、控制与反控制的关系。测量师行均为民办、私营，测量师以自己的实力、专业知识、服务质量在社会上赢得声誉，以公正、中立的身份从事各种服务。

（五）我国内地工程造价咨询业

我国内地工程造价咨询业是随着社会主义市场经济体制建立逐步发展起来的。在计划经济时期，国家以指令性的方式进行工程造价的管理，并且培养和造就了一大批工程概预算人员。进入20世纪90年代中期以后，投资体制的多元化，以及《招标投标法》的颁布，工程造价更多的是通过招标投标竞争定价。市场环境的变化，客观上要求有专业从事工程造价咨询的机构提供工程造价咨询服务。为了规范工程造价中介组织的行为，保障其依法进行经营活动，维护建设市场的秩序，建设部发布了《工程造价咨询单位资质管理办法（试行）》《工程造价咨询单位管理办法》《工程造价咨询企业管理办法》等一系列文件。

二、建设工程造价咨询企业管理

工程造价咨询企业是指接受委托，对建设项目投资、工程造价的确定与控制提供专业咨询服务的企业。工程造价咨询企业从事工程造价咨询活动，应当遵循独立、客观、公正、诚实信用的原则，不得损害社会公共利益和他人的合法权益。

（一）工程造价咨询企业资质等级标准

工程造价咨询企业资质等级分为甲级、乙级。

1. 甲级资质标准

（1）已取得乙级工程造价咨询企业资质证书满3年。

（2）企业出资人中，注册造价工程师人数不低于出资人总人数的60%，且其出资额不低于企业注册资本总额的60%。

（3）技术负责人已取得造价工程师注册证书，并具有工程或工程经济类高级专业技术职称，且从事工程造价专业工作15年以上。

（4）专职从事工程造价专业工作的人员（以下简称专职专业人员）不少于20人，其中，具有工程或者工程经济类中级以上专业技术职称的人员不少于16人，取得造价工程师注册证书的人员不少于10人，其他人员具有从事工程造价专业工作的经历。

（5）企业与专职专业人员签订劳动合同，且专职专业人员符合国家规定的职业年龄（出资人除外）。

（6）专职专业人员人事档案关系由国家认可的人事代理机构代为管理。

（7）企业注册资本不少于人民币100万元。

（8）企业近3年工程造价咨询营业收入累计不低于人民币500万元。

（9）具有固定的办公场所，人均办公建筑面积不少于10 m^2。

（10）技术档案管理制度、质量控制制度、财务管理制度齐全。

（11）企业为本单位专职专业人员办理的社会基本养老保险手续齐全。

（12）在申请核定资质等级之日前3年内无违规行为。

2. 乙级资质标准

（1）企业出资人中，注册造价工程师人数不低于出资人总人数的60%，且其出资额不低于注册资本总额的 60%。

（2）技术负责人已取得造价工程师注册证书，并具有工程或工程经济类高级专业技术职称，且从事工程造价专业工作 10 年以上。

（3）专职专业人员不少于 12 人，其中，具有工程或者工程经济类中级以上专业技术职称的人员不少于 8 人，取得造价工程师注册证书的人员不少于 6 人，其他人员具有从事工程造价专业工作的经历。

（4）企业与专职专业人员签订劳动合同，且专职专业人员符合国家规定的职业年龄（出资人除外）。

（5）专职专业人员人事档案关系由国家认可的人事代理机构代为管理。

（6）企业注册资本不少于人民币 50 万元。

（7）具有固定的办公场所，人均办公建筑面积不少于 10 m^2。

（8）技术档案管理制度、质量控制制度、财务管理制度齐全。

（9）企业为本单位专职专业人员办理的社会基本养老保障手续齐全。

（10）暂定期内工程造价咨询营业收入累计不低于人民币 50 万元。

（11）在申请核定资质等级之日前 3 年内无违规行为。

3. 申请材料的要求

申请工程造价咨询企业资质，应当提交下列材料并同时在网上申报：

（1）《工程造价咨询企业资质等级申请书》。

（2）专职专业人员（含技术负责人）的造价工程师注册证书、造价员资格证书、专业技术职称证书和身份证。

（3）专职专业人员（含技术负责人）的人事代理合同和企业为其交纳的本年度社会基本养老保险费用的凭证。

（4）企业章程、股东出资协议并附工商部门出具的股东出资情况证明。

（5）企业缴纳营业收入的营业税发票或税务部门出具的缴纳工程造价咨询营业收入的营业税完税证明；企业营业收入含其他业务收入的，还需出具工程造价咨询营业收入的财务审计报告。

（6）工程造价咨询企业资质证书。

（7）企业营业执照。

（8）固定办公场所的租赁合同或产权证明。

（9）有关企业技术档案管理、质量控制、财务管理等制度的文件。

（10）法律、法规规定的其他材料。

新申请工程造价咨询企业资质的，不需要提交前款第（5）项、第（6）项所列材料。其资质等级按照乙级资质标准中的相关条款进行审核，合格者应核定为乙级，设暂定期一年。暂定期届满需继续从事工程造价咨询活动的，应当在暂定期届满 30 日前，向资质许可机关申请换发资质证书。符合乙级资质条件的，由资质许可机关换发资质证书。

（二）工程造价咨询企业的业务承接

工程造价咨询企业应当依法取得工程造价咨询企业资质，并在其资质等级许可的范围内从事工程造价咨询活动。工程造价咨询企业依法从事工程造价咨询活动，不受行政区域限制。甲级工程造价咨询企业可以从事各类建设项目的工程造价咨询业务；乙级工程造价咨询企业可以从事工程造价 5 000 万元人民币以下的各类建设项目的工程造价咨询业务。

1. 业务范围

工程造价咨询业务范围包括：

（1）建设项目建议书及可行性研究投资估算、项目经济评价报告的编制和审核。

（2）建设项目概预算的编制与审核，并配合设计方案比选、优化设计、限额设计等工作进行工程造价分析与控制。

（3）建设项目合同价款的确定（包括招标工程工程量清单和拦标价、投标报价的编制和审核）；合同价款的签订与调整（包括工程变更、工程洽商和索赔费用的计算）与工程款支付，工程结算及竣工结（决）算报告的编制与审核等。

（4）工程造价经济纠纷的鉴定和仲裁的咨询。

（5）提供工程造价信息服务等。

工程造价咨询企业可以对建设项目的组织实施进行全过程或者若干阶段的管理和服务。

2. 执业

（1）咨询合同及其履行。工程造价咨询企业在承接各类建设项目的工程造价咨询业务时，可以参照《建设工程造价咨询合同》（示范文本）与委托人签订书面工程造价咨询合同。

建设工程造价咨询合同一般包括下列主要内容：

① 委托人与咨询人的详细信息。

② 咨询项目的名称、委托内容、要求、标准，以及履行期限。

③ 委托人与咨询人的权利、义务与责任。

④ 咨询业务的酬金、支付方式和时间。

⑤ 合同的生效、变更与终止。

⑥ 违约责任、合同争议与纠纷解决方式。

⑦ 当事人约定的其他专用条款的内容。

工程造价咨询企业从事工程造价咨询业务，应当按照有关规定的要求出具工程造价成果文件。工程造价成果文件应当由工程造价咨询企业加盖有企业名称、资质等级及证书编号的执业印章，并由执行咨询业务的注册造价工程师签字、加盖执业印章。

（2）执业行为准则。工程造价咨询企业在执业活动中应遵循下列执业行为准则：

① 执行国家的宏观经济政策和产业政策，遵守国家和地方的法律、法规及有关规定，维护国家和人民的利益。

② 接受工程造价咨询行业自律组织业务指导，自觉遵守本行业的规定和各项制度，积极参加本行业组织的业务活动。

③ 按照工程造价咨询单位资质证书规定的资质等级和服务范围开展业务，只承担能够胜任的工作。

④ 具有独立执业的能力和工作条件，竭诚为客户服务，以高质量的咨询成果和优良服务，获得客户的信任和好评。

⑤ 按照公平、公正和诚信的原则开展业务，认真履行合同，依法独立自主开展经营活动，努力提高经济效益。

⑥ 靠质量、靠信誉参加市场竞争，杜绝无序和恶性竞争；不得利用与行政机关、社会团体以及其他经济组织的特殊关系搞业务垄断。

⑦ 以人为本，鼓励员工更新知识，掌握先进的技术手段和业务知识，采取有效措施组织、督促员工接受继续教育。

⑧ 不得在解决经济纠纷的鉴证咨询业务中分别接受双方当事人的委托。

⑨ 不得阻挠委托人委托其他工程造价咨询单位参与咨询服务；共同提供服务的工程造价咨询单位之间应分工明确，密切协作，不得损害其他单位的利益和名誉。

⑩ 保守客户的技术和商务秘密，客户事先允许和国家另有规定的除外。

3. 企业分支机构

工程造价咨询企业设立分支机构的，应当自领取分支机构营业执照之日起 30 日内，持下列材料到分支机构工商注册所在地省、自治区、直辖市人民政府建设主管部门备案：

（1）分支机构营业执照复印件。

（2）工程造价咨询企业资质证书复印件。

（3）拟在分支机构执业的不少于 3 名注册造价工程师的注册证书复印件。

（4）分支机构固定办公场所的租赁合同或产权证明。

省、自治区、直辖市人民政府建设主管部门应当在接受备案之日起 20 日内，报国务院建设主管部门备案。

分支机构从事工程造价咨询业务，应当由设立该分支机构的工程造价咨询企业负责承接工程造价咨询业务、订立工程造价咨询合同、出具工程造价成果文件。分支机构不得以自己名义承接工程造价咨询业务、订立工程造价咨询合同、出具工程造价成果文件。

4. 跨省区承接业务

工程造价咨询企业跨省、自治区、直辖市承接工程造价咨询业务的，应当自承接业务之日起 30 日内到建设工程所在地省、自治区、直辖市人民政府建设主管部门备案。

（三）工程造价咨询企业的法律责任

1. 资质申请或取得的违规责任

申请人隐瞒有关情况或者提供虚假材料申请工程造价咨询企业资质的，不予受理或者不于资质许可，并给予警告，申请人在 1 年内不得再次申请工程造价咨询企业资质。

以欺骗、贿赂等不正当手段取得工程造价咨询企业资质的，由县级以上地方人民政府建设主管部门或者有关专业部门给予警告，并处 1 万元以上 3 万元以下的罚款，申请人 3 年内不得再次申请工程造价咨询企业资质。

2. 经营违规的责任

未取得工程造价咨询企业资质从事工程造价咨询活动或者超越资质等级承接工程造价咨询业务的，出具的工程造价成果文件无效，由县级以上地方人民政府建设主管部门或者有关专业部门给予警告，责令限期改正，并处 1 万元以上 3 万元以下的罚款。

工程造价咨询企业不及时办理资质证书变更手续的，由资质许可机关责令限期办理；逾期不办理的，可处以 1 万元以下的罚款。

有下列行为之一的，由县级以上地方人民政府建设主管部门或者有关专业部门给予警告，责令限期改正，逾期未改正的，可处以 5 000 元以上 2 万元以下的罚款：

（1）新设立的分支机构不备案的。

（2）跨省、自治区、直辖市承接业务不备案的。

3. 其他违规责任

工程造价咨询企业有下列行为之一的，由县级以上地方人民政府建设主管部门或者有关专业部门给予警告，责令限期改正，并处以 1 万元以上 3 万元以下的罚款：

（1）涂改、倒卖、出租、出借资质证书，或者以其他形式非法转让资质证书。

（2）超越资质等级业务范围承接工程造价咨询业务。

（3）同时接受招标人和投标人或两个以上投标人对同一工程项目的工程造价咨询业务。

（4）以给予回扣、恶意压低收费等方式进行不正当竞争。

（5）转包承接的工程造价咨询业务。

（6）法律、法规禁止的其他行为。

第四节　造价工程师与造价员

一、造价工程师和造价员

造价员是指取得《全国建设工程造价员资格证书》，在一个单位注册从事建设工程造价活动的专业人员。造价工程师是指取得《造价工程师注册证书》，在一个单位注册从事建设工程造价活动的专业人员。从事工程造价的专业人员在考取造价工程师之前可以考取造价员作为过渡。

造价员以前称为预算员。我国建设部 2005 年在《关于统一换发概预算人员资格证书事宜的通知》中声明将概预算人员资格命名为“全国建设工程造价员资格”。2005 年年底前，中国建设工程造价管理协会（中价协）完成“中国建设工程造价员资格证书”的换证工作。

造价员和预算员除了名称改变之外，还存在以下不同：

（1）概念不同。预算是造价范围内的一个小科目。

（2）工作范围不同。预算员强调的主要是预算工作，而造价员则可以从事招投标、审计等范围较广的工作。

（3）备案机制不同。预算员只要领了证、章就可以执业，不需要注册；而造价员则要登记注册，由当地造价管理部门进行管理和继续教育培训。

（4）使用地范围不同。一般来说预算员只能在本省执业，而造价员则是全国适用的。

造价工程师和造价员的根本区别在于：造价工程师属于国家依法设定的职业资格，是国家行政机关实施的行政许可，是需职业市场准入审核的。造价工程师依法具有相应造价文件的签字权并依法承担法律责任；造价员是一种岗位设置，造价员证书属于职业水平证书，不具有行政许可的性质，也不需职业资格的市场准入审核。造价员的职责是协助造价工程师完成造价工作，造价员不具有独立的造价文件签发权。

在我国建设工程造价管理活动中，从事建设工程造价管理的专业人员可以分为两个级别。

（一）素质要求

注册造价工程师和造价员的工作关系到国家和社会公众利益，技术性很强，因此，对注册造价工程师和造价员的素质有特殊要求，包括以下几个方面。

1. 思想品德方面的素质

在执业过程中，往往要接触许多工程项目，这些项目的工程造价高达数千万、数亿，甚至数百亿、上千亿元人民币。造价确定是否准确，造价控制是否合理，不仅关系到投资，关系到国民经济发展的速度和规模，而且关系到多方面的经济利益关系。这就要求注册造价工程师和造价员具有良好的思想修养和职业道德，既能维护国家利益，又能以公正的态度维护有关各方合理的经济利益，绝不能以权谋私。

2. 专业方面的素质

集中表现在以专业知识和技能为基础的工程造价管理方面的实际工作能力。应掌握和了解的专业知识主要包括：相关的经济理论；项目投资管理和融资；建筑经济与企业管理；财政税收与金融实务；市场与价格；招投标与合同管理；工程造价管理；工作方法与动作研究；综合工业技术与建筑技术；建筑制图与识图；施工技术与施工组织；相关法律、法规和政策；计算机应用相信息管理；现行各类计价依据（定额）。

3. 身体方面的素质

要有健康的身体，以适应紧张、繁忙和错综复杂的管理和技术工作。同时，应具有肯于钻研和积极进取的精神面貌。

以上各项素质，只是注册造价工程师和造价员工作能力的基础。造价工程师在实际岗位上应能独立完成建设方案、设计方案的经济比较工作，项目可行性研究的投资估算、设计概算和施工图预算、招标的拦标价和投标的报价、补充定额和造价指数等编制与管理工作，应能进行合同价结算和竣工决算的管理，以及对造价变动规律和趋势应具有分析和预测能力。

（二）技能结构

注册造价工程师和造价员是建设领域工程造价的管理者，其执业范围和担负的重要任务，要求注册造价工程师和造价员必须具备现代管理人员的技能结构。

按照行为科学的观点，作为管理人员应具有三种技能，即技术技能、人文技能和观念技能。技术技能是指能使用由经验、教育及训练上的知识、方法、技能及设备，来达到特定任务的能力；人文技能是指与人共事的能力和判断力；观念技能是指了解整个组织及自己在组织中地位的能力，使自己不仅能按本身所属的群体目标行事，而且能按整个组织的目标行事。但是，不同层次的管理人员所需具备的三种技能的结构并不相同，造价工程师应同时具备这三种技能。特别是观念技能和技术技能。但也不能忽视人文技能，忽视与人共事能力的培养，忽视激励的作用。当然也不能按行为科学的观点，过分强调人文技能在三种技能中的中心地位。

（三）注册造价工程师和造价员的教育培养

注册造价工程师和造价员的教育培养是达到其素质和技能要求的基本途径之一。教育方式主要有两类：一是普通高校和高等职业技术学院的系统教育，也称为职前教育；二是专业继续教育，也称为职后教育。

二、注册造价工程师和造价员资格管理

为了加强对注册造价工程师和造价员的管理，规范注册造价工程师和造价员的执业行为和提高其业务水平，原建设部修订并颁布《注册造价工程师管理办法》（建设部令第 150 号），中国建设工程造价管理协会 2007 年修订了《注册造价工程师继续教育实施暂行办法》和《造价工程师职业道德行为准则》,《全国建设工程造价员管理暂行办法》（中价协〔2006〕13 号）等。

（一）注册造价工程师执业资格制度

注册造价工程师是指通过全国造价工程师执业资格统一考试或者资格认定、资格互认，取得中华人民共和国造价工程师执业资格，并注册取得中华人民共和国造价工程师注册执业证书和执业印章，从事工程造价活动的专业人员。未取得注册证书和执业印章的人员，不得以注册造价工程师的名义从事工程造价活动。

1. 资格考试

注册造价工程师执业资格考试实行全国统一大纲、统一命题、统一组织的办法。原则上每年举行 1 次。

（1）报考条件。凡中华人民共和国公民，工程造价或相关专业大专及其以上学历，从事工程造价业务工作一定年限后，均可参加注册造价工程师执业资格考试。

（2）考试科目。造价工程师执业资格考试分为 4 个科目：“工程造价管理基础理论与相关法规”“工程造价计价与控制”“建设工程技术与计量（土建工程或安装工程）”和“工程造价案例分析”。

对于长期从事工程造价管理业务工作的技术人员，符合一定的学历和专业年限条件的，可免试“工程造价管理基础理论与相关法规”“建设工程技术与计量”2 个科目，只参加“工程造价计价与控制”和“工程造价案例分析”2 个科目的考试。

4 个科目分别单独考试、单独计分。参加全部科目考试的人员，须在连续的 2 个考试年度通过；参加免试部分考试科目的人员，须在 1 个考试年度内通过应试科目。

（3）证书取得。注册造价工程师执业资格考试合格者，由省、自治区、直辖市人事部门颁发国务院人事主管部门统一印制、国务院人事主管部门和建设主管部门统一用印的造

价工程师执业资格证书，该证书全国范围内有效，并作为造价工程师注册的凭证。

2. 注册

注册造价工程师实行注册执业管理制度。取得造价工程师执业资格的人员，经过注册方能以注册造价工程师的名义执业。

（1）初始注册。取得注册造价工程师执业资格证书的人员，受聘于一个工程造价咨询企业或者工程建设领域的建设、勘察设计、施工、招标代理、工程监理、工程造价管理等单位，可自执业资格证书签发之日起 1 年内向聘用单位工商注册所在地的省、自治区、直辖市人民政府建设主管部门或者国务院有关部门提出注册申请。申请初始注册的，应当提交下列材料：

① 初始注册申请表。

② 执业资格证件和身份证件复印件。

③ 与聘用单位签订的劳动合同复印件。

④ 工程造价岗位工作证明。

受聘于具有工程造价咨询资质的中介机构的，应当提供聘用单位为其交纳的社会基本养老保险凭证、人事代理合同复印件，或者劳动、人事部门颁发的离退休证复印件。外国人、我国台港澳人员应当提供外国人就业许可证书、我国台港澳人员就业证书复印件。

逾期未申请注册的，须符合继续教育的要求后方可申请初始注册。初始注册的有效期为 4 年。

（2）延续注册。造价工程师注册有效期满需继续执业的，应当在注册有效期满 30 日前，按照规定的程序申请延续注册。延续注册的有效期为 4 年。申请延续注册的，应当提交下列材料：

① 延续注册申请表。

② 注册证书。

③ 与聘用单位签订的劳动合同复印件。

④ 前一个注册期内的工作业绩证明。

⑤ 继续教育合格证明。

（3）变更注册。在注册有效期内，注册造价工程师变更执业单位的，应当与原聘用单位解除劳动合同，并按照规定的程序办理变更注册手续。变更注册后延续原注册有效期。申请变更注册的，应当提交下列材料：

① 变更注册申请表。

② 注册证书。

③ 与新聘用单位签订的劳动合同复印件。

④ 与原聘用单位解除劳动合同的证明文件。

受聘于具有工程造价咨询资质的中介机构的，应当提供聘用单位为其交纳的社会基本养老保险凭证、人事代理合同复印件，或者劳动、人事部门颁发的离退休证复印件。外国人、我国台港澳人员应当提供外国人就业许可证书、我国台港澳人员就业证书复印件。

（4）不予注册的情形。有下列情形之一的，不予注册：

① 不具有完全民事行为能力的。

② 申请在 2 个或者 2 个以上单位注册的。

③ 未达到造价工程师继续教育合格标准的。

④ 前一个注册期内工作业绩达不到规定标准或未办理暂停执业手续而脱离工程造价业务岗位的。

⑤ 受刑事处罚，刑事处罚尚未执行完毕的。

⑥ 因工程造价业务活动受刑事处罚，自刑事处罚执行完毕之日起至申请注册之日止不满 5 年的。

⑦ 因前项规定以外原因受刑事处罚，自处罚决定之日起至申请注册之日止不满 3 年的。

⑧ 被吊销注册证书，自被处罚决定之日起至申请注册之日止不满 3 年的。

⑨ 以欺骗、贿赂等不正当手段获准注册被撤销，自被撤销注册之日起至申请注册之日止不满 3 年的。

⑩ 法律、法规规定不予注册的其他情形。

3. 执业

1）执业范围

注册造价工程师的执业范围包括：

① 建设项目建议书、可行性研究投资估算的编制和审核，项目经济评价，工程概算、预算、结算、竣工结（决）算的编制和审核。

② 工程量清单、拦标价、投标报价的编制和审核，工程合同价款的签订及变更、调整、工程款支付与工程索赔费用的计算。

③ 建设项目管理过程中设计方案的优化、限额设计等工程造价分析与控制，工程保险理赔的核查。

④ 工程经济纠纷的鉴定。

注册造价工程师应当在本人承担的工程造价成果文件上签字并盖章。修改经注册造价工程师签字盖章的工程造价成果文件，应当由签字盖章的注册造价工程师本人进行；注册造价工程师本人因特殊情况不能进行修改的，应当由其他注册造价工程师修改，并签字盖章；修改工程造价成果文件的注册造价工程师对修改部分承担相应的法律责任。

2）权利和义务

（1）注册造价工程师享有下列权利：

① 使用注册造价工程师名称。

② 依法独立执行工程造价业务。

③ 在本人执业活动中形成的工程造价成果文件上签字并加盖执业印章。

④ 发起设立工程造价咨询企业。

⑤ 保管和使用本人的注册证书和执业印章。

⑥ 参加继续教育。

（2）注册造价工程师应当履行下列义务：

① 遵守法律、法规、有关管理规定，恪守职业道德。

② 保证执业活动成果的质量。

③ 接受继续教育，提高执业水平。

④ 执行工程造价计价标准和计价方法。

⑤ 与当事人有利害关系的，应当主动回避。

⑥ 保守在执业中知悉的国家秘密和他人的商业、技术秘密。

4. 继续教育

注册造价工程师在每一注册期内应当达到注册机关规定的继续教育要求。注册造价工程师继续教育分为必修课和选修课，每一注册有效期各为60学时。经继续教育达到合格标准的，颁发继续教育合格证明。注册造价工程师继续教育，由中国建设工程造价管理协会负责组织。

（二）造价员从业资格制度

建设工程造价员（简称造价员）是指通过考试，取得“全国建设工程造价员资格证书”，从事工程造价业务的人员。

1. 资格考试

造价员资格考试实行全国统一考试大纲、通用专业和考试科目，各造价管理协会或归口管理机构（简称管理机构）和中国建设工程造价管理协会专业委员会（简称专业委员会）负责组织命题和考试。通用专业分土建工程和安装工程两个专业，通用考试科目包括：① 工程造价基础知识；② 土建工程或安装工程（可任选一门）。其他专业和考试科目由各管理机构、专业委员会根据本地区、本行业的需要设置，并报中国建设工程造价管理协会备案。

（1）报考条件。凡遵守国家法律、法规，恪守职业道德，具备下列条件之一者，均可申请参加造价员的资格考试：① 工程造价专业中专及以上学历；② 其他专业中专及以上学历，工作满1年。

工程造价专业大专及以上应届毕业生，可向管理机构或专业委员会申请免试“工程造价管理基础知识”。

（2）资格证书的颁发。造价员资格考试合格者，由各管理机构、专业委员会颁发由中国建设工程造价管理协会同一印制的“全国建设工程造价员资格证书”及专用章。“全国建设工程造价员资格证书”是造价员从事工程造价业务的资格证明。

2. 从业

造价员可以从事与本人取得的“全国建设工程造价员资格证书”专业相符合的建设工程造价工作。造价员应在本人承担的工程造价业务文件上签字、加盖专用章，并承担相应的岗位责任。

造价员跨地区或行业变动工作，并继续从事建设工程造价工作的，应持调出手续、“全国建设工程造价员资格证书”和专用章，到调入所在地管理机构或专业委员会申请办理变更手续，换发资格证书和专用章。

造价员不得同时受聘于两个或两个以上单位。

3. 资格证书的管理

（1）证书的检验。“全国建设工程造价员资格证书”原则上每3年检验一次，由各管理机构和各专业委员会负责具体实施。验证的内容为本人从事工程造价工作的业绩、继续教育情况、职业道德等。

（2）验证不合格或注销资格证书和专用章的情形。有下列情形之一者，验证不合格或注销“全国建设工程造价员资格证书”和专用章：

① 无工作业绩的。

② 脱离工程造价业务岗位的。

③ 未按规定参加继续教育的。

④ 以不正当手段取得“全国建设工程造价员资格证书”的。

⑤ 在建设工程造价活动中有不良记录的。

⑥ 涂改“全国建设工程造价员资格证书”和转借专用章的。

⑦ 在两个或两个以上单位以造价员名义从业的。

4. 继续教育

造价员每3年参加继续教育的时间原则上不得小于30小时，各管理机构和各专业委员会可根据需要进行调整。各地区、行业继续教育的教材编写及培训组织工作由各管理机构、专业委员会分别负责。

5. 自律管理

中国建设工程造价管理协会负责全国建设工程造价员的行业自律管理工作。各地区管理机构在本地区建设行政主管部门的指导和监督下，负责本地区造价员的自律管理工作。各专业委员会负责本行业造价员的自律管理工作。全国建设工程造价员行业自律工作受住建部标准定额司指导和监督。

造价员职业道德准则包括：

（1）应遵守国家法律、法规，维护国家和社会公共利益，忠于职守，恪守职业道德，自觉抵制商业贿赂。

（2）应遵守工程造价行业的技术规范和规程，保证工程造价业务文件的质量。

（3）应保守委托人的商业秘密。

（4）不准许他人以自己的名义执业。

（5）与委托人有利害关系时，应当主动回避。

（6）接受继续教育，提高专业技术水平。

（7）对违反国家法律、法规的计价行为，有权向国家有关部门举报。

各管理机构和各专业委员会应建立造价员信息管理系统和信用评价体系，并向社会公众开放查询造价员资格、信用记录等信息。

三、国外造价工程师执业资格制度简介

以英国为例，造价专业人员资格的考试与审核制度和实施是通过专业学会或协会负责

的。造价工程师称为工料测量师（QS），特许工料测量师的称号是由英国测量师学会（RICS）经过严格程序而授予该会的专业会员（MRICS）和资深会员（FRJCS）的。整个程序如图1-2所示。

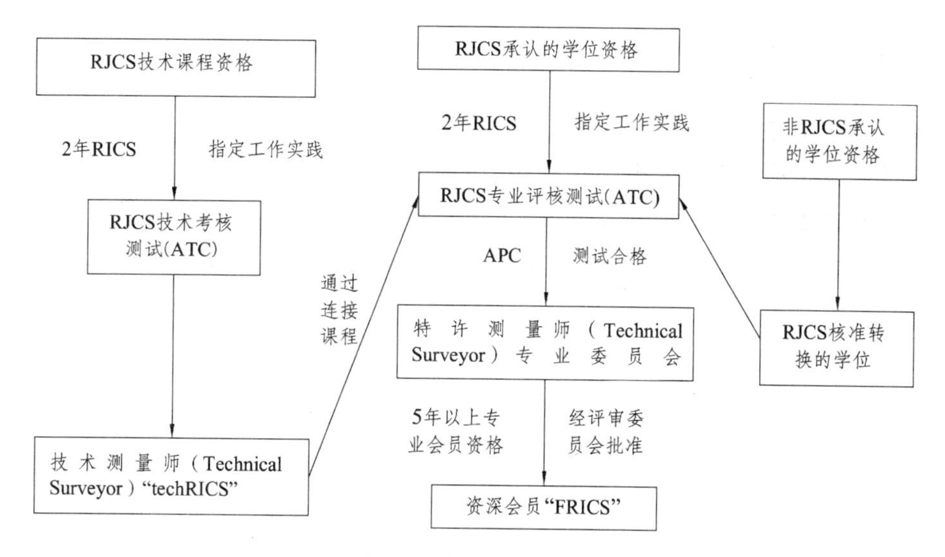

图1-2　英国工料测量师授予程序图

注：① RICS：The Royal Institution of Chartered Surveyors；
② APC：Assessment of Professional Competenec；
③ ATC：Assessment of Technical Competenec。

这种执业资格的考试与认证制度始于1891年，经过100多年的发展与演变，形成目前选拔高级专业人才的途径。

工料测量专业本科毕业生可直接取得申请工料测量师专业工作能力培养和考核的资格。而对一般具有高中毕业水平的人，或学习其他专业的大学毕业生可申请技术员资格培养和考核的资格。

对工料测量专业本科毕业生（硕士生、博士生）以及经过专业知识考试合格的人员，还要通过皇家测量师学会组织的专业工作能力的考核（APC），即通过2年以上的工作实践，在学会规定的各项专业能力考核科目范围内，获得某几项较丰富的工作经验，经考核合格后，即由皇家测量师学会发给合格证书并吸收为学会会员（MBICS），也就是有了特许工料测量师资格。

在取得特许工料测量师（工料估价师）资格以后，就可签署有关估算、概算、预算、结算、决算文件，也可独立开业，承揽有关业务，再从事12年本专业工作，或者在预算公司等单位中承担重要职务（如董事）5年以上者，经学会的资深委员评审委员会批准，即可被吸收为资深会员（FRICS）。

在英国，工料测量师被认为是工程建设经济师。在工程建设全过程中，按照既定工程项目确定投资，在实施的各阶段、各项活动中控制造价，使最终造价不超过规定投资额。不论受雇于政府还是企事业单位的测量师都是如此，社会地位很高。

习　题

1. 举例说明建设项目的组成。

2. 简述我国建设项目建设程序。

3. 简述工程造价管理的内涵。

4. 分析我国工程造价管理的特点。

5. 简述工程造价管理的主要内容，为什么说设计阶段是工程造价控制的重点?

6. 工程造价咨询企业资质等级分几级? 其业务咨询范围有何异同?

7. 结合本地实际说明报考造价工程师和造价员要哪些条件? 考试科目、内容及注册有何异同?

第二章　建设工程造价的构成

【学习目标】

1. 掌握我国建设项目投资以及造价的构成、设备及工器具购置费的构成、建筑安装工程费用的构成。

2. 掌握价差预备费、建设期利息的计算。

3. 熟悉工程建设其他费用的构成、基本预备费的构成及计算。

4. 了解国外建设工程造价的构成。

第一节　我国工程造价的构成

工程造价是按照确定的建设内容、建设规模、建设标准、功能要求和使用要求等将工程项目全部建成并验收合格交付使用，在建设期预计或实际支出的建设费用。

我国现行工程造价的主要构成内容如图 2-1 所示。从图中可以看出，我国现行工程造价的主要构成内容是建设项目总投资，包括固定资产投资和流动资产投资两部分。而固定资产投资与建设项目的工程造价在量上相等。

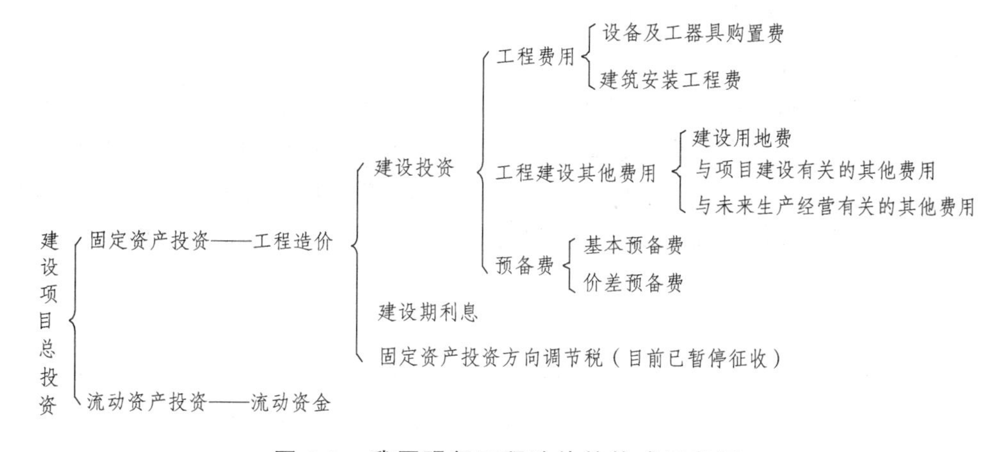

图 2-1　我国现行工程造价的构成示意图

工程造价中的主要构成部分是建设投资，建设投资是为完成工程项目建设，在建设期内投入且形成现金流出的全部费用。根据国家发展和改革委员会与住房和城乡建设部发布的《建设项目经济评价方法与参数（第三版）》（发改投资〔2006〕1325 号）的规定，建设投资包括工程费用、工程建设其他费用和预备费三部分。工程费用是指建设期内直接用于工程建造、设备购置及其安装的建设投资，可以分为建筑安装工程费和设备及工器具购置费；工程建设其他费用是指建设期发生的与土地使用权取得、整个工程项目建设以及未来生产经营有关的构成建设投资但不包括在工程费用中的费用。预备费是在建设期内为各种不可预见因素的变化而预留的可能增加的费用，包括基本预备费和价差预备费。

第二节　设备及工器具购置费的构成

设备及工器具购置费用是由设备购置费和工具、器具及生产家具购置费组成的。

一、设备购置费的构成及计算

设备购置费是指购置或自制的达到固定资产标准的设备、工器具及生产家具等所需的费用。它由设备原价和设备运杂费构成。

$$设备购置费 = 设备原价 + 设备运杂费 \tag{2-1}$$

式中：设备原价指国产设备或进口设备的原价；设备运杂费指除设备原价之外的关于设备采购、运输、途中包装及仓库保管等方面支出费用的总和。

1. 设备原价的构成及计算

1）国产设备原价的构成及计算

国产设备原价一般指的是设备制造厂的交货价，或订货合同价。它一般根据生产厂或供应商的询价、报价、合同价确定，或采用一定的方法计算确定。国产设备原价分为国产标准设备原价和国产非标准设备原价。

（1）国产标准设备原价。

国产标准设备是指按照主管部门颁布的标准图纸和技术要求，由我国设备生产厂批量生产的，符合国家质量检测标准的设备。国产标准设备原价有两种，即带有备件的原价和不带有备件的原价。在计算时，一般采用带有备件的原价。国产标准设备一般有完善的设备交易市场，因此可通过查询相关交易市场价格或向设备生产厂家询价得到国产标准设备原价。

（2）国产非标准设备原价。

国产非标准设备是指国家尚无定型标准，各设备生产厂不可能在工艺过程中采用批量生产，只能按订货要求并根据具体的设计图纸制造的设备。非标准设备由于单件生产、无定型标准，所以无法获取市场交易价格，只能按其成本构成或相关技术参数估算其价格。非标准设备原价有多种不同的计算方法，如成本计算估价法、系列设备插入估价法、分部组合估价法、定额估价法等。但无论采用哪种方法都应该使非标准设备计价接近实际出厂价，并且计算方法要简便。成本计算估价法是一种比较常用的估算非标准设备原价的方法。按成本计算估价法，非标准设备的原价详见表 2-1。

表 2-1 非标准设备原价的构成及计算规则汇总表

序号	费用名称	计算方法
1	材料费	材料净重×（1+加工损耗系数）×每吨材料综合价
2	加工费	设备总重量（吨）×设备每吨加工费
3	辅助材料费	设备总重量×辅助材料费指标
4	专用工具费	（1+2+3）×专用工具费率
5	废品损失费	（1+2+3+4）×废品损失率
6	外购配套件费	按图纸设计的参数购买的价格+运杂费
7	包装费	（1+2+3+4+5+6）×包装费率
8	利润	（1+2+3+4+5+ 7）×利润率
9	税金（增值税）	（1+2+3+4+5+6+7+8）×增值税率-进项税额
10	非标设计费	按国家规定的设计费标准计算

因此，单台非标准设备原价可以用公式（2-2）表示：

单台非标准设备原价={[（材料费+加工费+辅助材料费）×（1+专用工具费率）×（1+废品损失费率）+外购配套件费]×（1+包装费率）-外购配套件费}×（1+利润率）+销项税额+非标准设备设计费 （2-2）

【例 2-1】某工厂采购一台国产非标准设备，制造厂生产该台设备所用材料费 20 万元，加工费 2 万元，辅助材料费 4 000 元，制造厂为制造该设备，在材料采购过程中发生进项增值税额 3.5 万元。专用工具费率 1.5%，废品损失费率 10%，外购配套件费 5 万元，包装费率 1%，利润率为 7%，增值税率为 17%，非标准设备设计费 2 万元，求该国产非标准设备的原价。

【解】专用工具费=（20+2+0.4）×1.5%=0.336（万元）

废品损失费=（20+2+0.4+0.336）×10%=2.274（万元）

包装费=（20+2+0.4+0.336+2.274+5）×1%=0.3（万元）

利润=（20+2+0.4+0.336+2.274+0.3）×7%=1.772（万元）

销项税额=（20+2+0.4+0.336+2.274+5+0.3+1.772）×17%=5.454（万元）

该国产非标准设备的原价=20+2+0.4+0.336+2.274+5+0.3+1.772+5.454+2=39.536（万元）

2）进口设备原价的构成及计算

进口设备的原价是指进口设备的抵岸价，即设备抵达买方边境、港口或车站，交纳完各种手续费、税费后形成的价格。进口设备抵岸价的构成与进口设备的交货类别有关。

（1）进口设备的交货方式。

进口设备的交货类别可分为内陆交货类、目的地交货类、装运港交货类。内陆交货类由买方承担所有的费用和风险，目的地交货类由卖方承担所有的费用和风险，装运港交货类买方和卖方实现以装运港口交货为界的费用和风险分担。

装运港船上交货价（FOB）是我国进口设备采用最多的一种货价。采用船上交货价时卖方的责任是：在规定的期限内，负责在合同规定的装运港口将货物装上买方指定的船只，并及时通知买方；负担货物装船前的一切费用和风险，负责办理出口手续；提供出口国政府或有关方面签发的证件；负责提供有关装运单据。买方的责任是：负责租船或订舱，支付运费，并将船期、船名通知卖方；负担货物装船后的一切费用和风险；负责办理保险及支付保险费，办理在目的港的进口和收货手续；接受卖方提供的有关装运单据，并按合同规定支付货款。

（2）进口设备抵岸价的构成与计算。

进口设备采用最多的是装运港船上交货价（FOB），其抵岸价的构成为：

$$\begin{aligned}\text{进口设备抵岸价}=&\text{货价}+\text{国际运费}+\text{运输保险费}+\text{银行财务费}+\\&\text{外贸手续费}+\text{关税}+\text{增值税}+\text{消费税}+\\&\text{海关监管手续费}+\text{车辆购置税}\end{aligned} \tag{2-3}$$

进口设备抵岸价各项费用的计算如表 2-2 所示。

表 2-2　进口设备抵岸价的构成及计算表

	费用名称	计算公式
到岸价（CIF）	货价（FOB）	即装运港船上交货价（FOB），可用原币或人民币表示
	国际运费	原币货价×运费率 或 运量×单位运价
	运输保险费	$\text{运输保险费}=\frac{\text{原币货价（FOB）}+\text{国外运费}}{1-\text{保险费率}}\times\text{保险费率}$
进口从属费用	银行财务费	人民币货价×银行财务费率
	外贸手续费	（FOB 价+国际运费+运输保险费）×外贸手续费率
	关税	到岸价格（CIF 价）×进口关税税率 注：到岸价格也可称为是关税完税价格
	增值税	（关税完税价格+关税+消费税）×增值税税率
	消费税	$\text{应纳消费税税额}=\frac{\text{到岸价格（CIF）}\times\text{人民币外汇汇率}+\text{关税}}{1-\text{消费税税率率}}\times\text{消费税税率}$
	海关监管手续费	到岸价×海关监管手续费率
	车辆购置附加费	（到岸价+关税+消费税+增值税）×进口车辆购置附加费率

【例 2-2】从某国进口设备离岸价格（FOB）为 220 万美元，质量 500 吨，国际运费标准为 400 美元/吨，海上运输保险费率为 0.25%，银行财务费率为 0.6%，外贸手续费率为 1.5%，关税税率为 22%，增值税的税率为 17%，银行外汇牌价为 1 美元=6.3 元人民币。对该设备的原价进行估算。

【解】（1）进口设备 FOB = 220×6.3 = 1 386（万元）

（2）国际运费= 400×520×6.3 = 126（万元）

（3）运输保险费$=\frac{1\,386+126}{1-0.25\%}\times 0.25\%=3.789$（万元）

（4）CIF=1 386+126+3.789=1 515.789（万元）

（5）银行财务费=1 386×0.6%=8.316（万元）

（6）外贸手续费=1 515.789×1.5%=22.737（万元）

（7）关税=1 515.789×22%=333.474（万元）

（8）增值税=（1 515.789+333.474）×17%=314.375（万元）

（9）进口从属费=8.316+22.737+333.474+314.375=678.902（万元）

进口设备原价=1 515.789+678.902=2 194.691（万元）

2. 设备运杂费的构成及计算

1）设备运杂费的构成

设备运杂费是指国内采购设备自来源地、国外采购设备自到岸港运至工地仓库或指定堆放地点发生的采购、运输、运输保险、保管、装卸等费用。通常由下列各项费用构成。

（1）运费和装卸费：国产设备由设备制造厂交货地点起至工地仓库（或施工组织设计指定的需要安装设备的堆放地点）止所发生的运费和装卸费；进口设备则由我国到岸港口或边境车站起至工地仓库（或施工组织设计指定的需安装设备的堆放地点）止所发生的运费和装卸费。

（2）包装费：在设备原价中没有包含的，为运输而进行的包装支出的各种费用。

（3）设备供销部门的手续费：按有关部门规定的统一费率计算。

（4）采购与仓库保管费：采购、验收、保管和收发设备所发生的各种费用，包括设备采购人员、保管人员和管理人员的工资、工资附加费、办公费、差旅交通费，设备供应部门办公和仓库所占固定资产使用费、工具用具使用费、劳动保护费、检验试验费等。这些费用可按主管部门规定的采购与保管费费率计算。

2）设备运杂费的计算

设备运杂费=设备原价×设备运杂费率　　（2-4）

式中，设备运杂费率按各部门及省、市有关规定计取。

【例 2-3】某设备拟从国外进口，质量 1 850 吨，离岸价为 400 万美元，国外运费标准为 360 美元/吨，海上运输保险费费率为 0.267%，银行财务费费率为 0.45%，外贸手续费费率为 1.7%，关税税率为 22%，进口环节增值税税率为 17%，人民币外汇牌价为 1∶6.83 元人民币，设备的国内运杂费费率为 2.3%。试计算该套设备购置费。

【解】（1）进口设备离岸价：400×6.83=2 732（万元）

（2）国外运费：360×6.83×1 850÷10 000=454.878（万元）

（3）国外运输保险费=（2 732+454.878）×0.267%=8.532（万元）

（4）进口关税=（2 732+454.878+8.532）×22%=702.990（万元）

（5）进口环节增值税=（2 732+454.878+8.532+702.99）×17%=662.728（万元）

（6）外贸手续费=（2 732+454.878+8.532）×1.7%=54.322（万元）

（7）银行财务费=2 732×0.45%=12.294（万元）

（8）进口设备原价=2 732+454.878+8.532+702.99+662.728+54.322+12.294 =4 627.744（万元）

（9）国内运杂费=4 627.744×2.3%=106.438（万元）

设备购置费=4 627.744+106.438=4 734.182（万元）

二、工具、器具及生产家具购置费的构成及计算

工器具及生产家具购置费，是指新建或扩建项目初步设计规定的，保证初期正常生产必须购置的没有达到固定资产标准的设备、仪器、工卡模具、器具、生产家具和备品备件等的购置费用。一般以设备购置费为计算基数，按照部门或行业规定的工具、器具及生产家具费率计算。计算公式为：

$$\text{工器具及生产家具购置费} = \text{设备购置费} \times \text{定额费率} \tag{2-5}$$

第三节　建筑安装工程费构成

一、建筑安装费用的内容

1. 建筑工程费用的内容

建筑安装工程费是指为完成工程项目建造、生产型设备及配套工程安装所需的费用。

（1）各类房屋建筑工程和列入房屋建筑工程预算的供水、供暖、卫生、通风、煤气等设备费用及其装设、油饰工程的费用，列入建筑工程预算的各种管道、电力、电信和电缆导线敷设工程的费用。

（2）设备基础、支柱、工作台、烟囱、水塔、水池、灰塔等建筑工程以及各种炉窑的砌筑工程和金属结构工程的费用。

（3）为施工而进行的场地平整，工程和水文地质勘察，原有建筑物和障碍物的拆除以及施工临时用水、电、气、路和完工后的场地清理，环境绿化、美化等工作的费用。

（4）矿井开凿、井巷延伸、露天矿剥离，石油、天然气钻井，修建铁路、公路、桥梁、水库、堤坝、灌渠及防洪等工程的费用。

2. 安装工程费用内容

（1）生产、动力、起重、运输、传动和医疗、实验等各种需要安装的机械设备的装配费用，与设备相连的工作台、梯子、栏杆等设施的工程费用，附属于被安装设备的管线敷设工程费用，以及被安装设备的绝缘、防腐、保温、油漆等工作的材料费和安装费。

（2）为测定安装工程质量，对单台设备进行单机试运转、对系统设备进行系统联动无负荷试运转工作的调试费。

二、按费用构成要素划分建筑安装工程费用项目的构成和计算

根据我国住房和城乡建设部、财政部颁布的《关于印发〈建筑安装工程费用项目组成〉的通知》（建标〔2013〕44号文），按照费用构成要素划分，建筑安装工程费包括：人工费、

材料费（包含工程设备，下同）、施工机具使用费、企业管理费、利润、规费和税金。其中人工费、材料费、施工机具使用费、企业管理费和利润包含在分部分项工程费、措施项目费、其他项目费中。如图 2-2 所示。

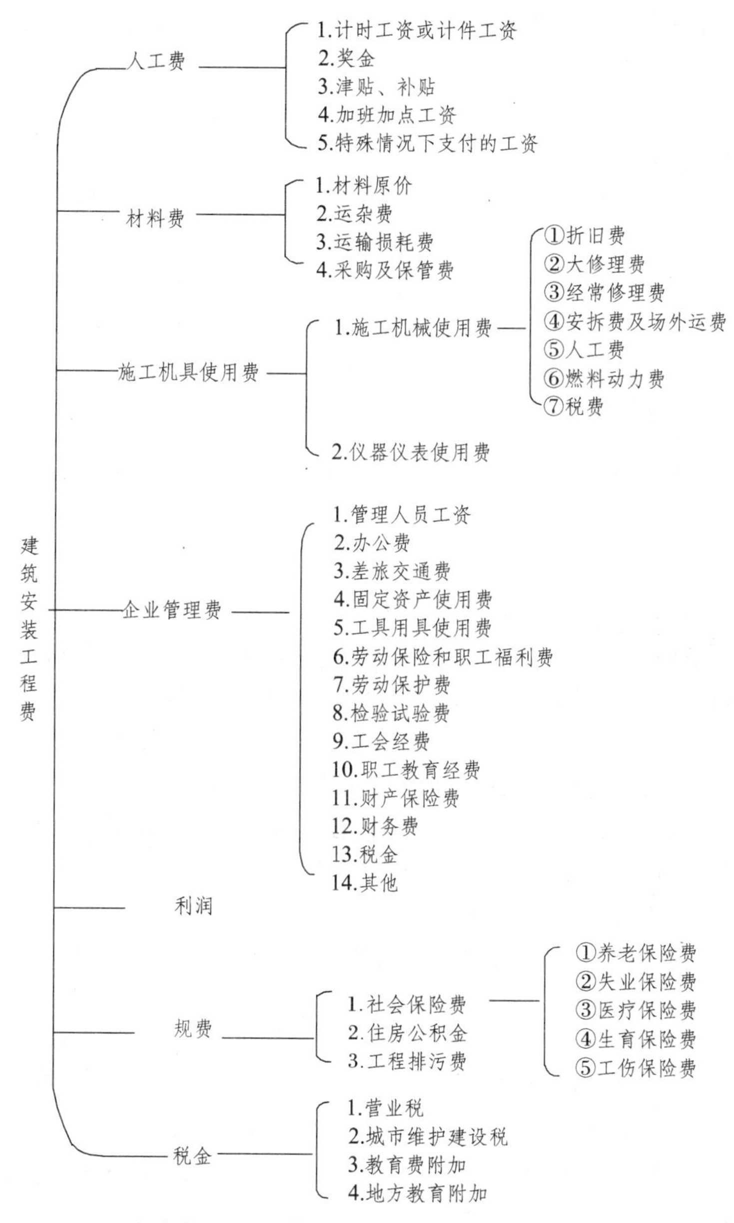

图 2-2　建筑安装工程费用项目组成表（按费用构成要素划分）

1. 人工费

建筑安装工程费中的人工费，是指按照工资总额构成规定，支付给直接从事建筑安装工程施工作业的生产工人和附属生产单位工人的各项费用。

人工费的基本计算公式为：

$$人工费=\sum(工日消耗量\times日工资单价) \tag{2-6}$$

日工资单价内容包括：

（1）计时工资或计件工资：按计时工资标准和工作时间或对已做工作按计件单价支付给个人的劳动报酬。

（2）奖金：对超额劳动和增收节支支付给个人的劳动报酬，如节约奖、劳动竞赛奖等。

（3）津贴补贴：为了补偿职工特殊或额外的劳动消耗和因其他特殊原因支付给个人的津贴，以及为了保证职工工资水平不受物价影响支付给个人的物价补贴，如流动施工津贴、特殊地区施工津贴、高温（寒）作业临时津贴、高空津贴等。

（4）加班加点工资：按规定支付的在法定节假日工作的加班工资和在法定日工作时间外延时工作的加点工资。

（5）特殊情况下支付的工资：根据国家法律、法规和政策规定，因病、工伤、产假、计划生育假、婚丧假、事假、探亲假、定期休假、停工学习、执行国家或社会义务等原因按计时工资标准或计时工资标准的一定比例支付的工资。

2. 材料费

建筑安装工程费中的材料费，是指工程施工过程中耗费的各种原材料、辅助材料、构配件、零件、半成品或成品、工程设备的费用。

材料费的基本计算公式为：

材料费=∑（材料消耗量×材料单价）（2-7）

材料单价内容包括：

（1）材料原价：材料、工程设备的出厂价格或商家供应价格。

（2）运杂费：材料、工程设备自来源地运至工地仓库或指定堆放地点所发生的全部费用。

（3）运输损耗费：材料在运输装卸过程中不可避免的损耗。

（4）采购及保管费：为组织采购、供应和保管材料、工程设备的过程中所需要的各项费用。包括采购费、仓储费、工地保管费、仓储损耗。

材料单价的基本计算公式为：

材料单价=[（材料原价+运杂费）×〔1+运输损耗率（%）〕]×[1+采购保管费率（%）]（2-8）

（5）工程设备费：构成或计划构成永久工程一部分的机电设备、金属结构设备、仪器装置及其他类似的设备和装置的费用。

工程设备费=∑（工程设备量×工程设备单价）（2-9）

工程设备单价=（设备原价+运杂费）×[1+采购保管费率（%）]（2-10）

3. 施工机具使用费

建筑安装工程费中的施工机具使用费，是指施工作业所发生的施工机械、仪器仪表使用费或其租赁费。

施工机械使用费的基本计算公式为：

施工机械使用费=∑（施工机械台班消耗量×机械台班单价）（2-11）

（1）施工机械台班单价应由下列7项费用组成：

① 折旧费：施工机械在规定的使用年限内，陆续收回其原值的费用。

② 大修理费：施工机械按规定的大修理间隔台班进行必要的大修理，以恢复其正常功能所需的费用。

③ 经常修理费：施工机械除大修理以外的各级保养和临时故障排除所需的费用。包括为保障机械正常运转所需替换设备与随机配备工具附具的摊销和维护费用，机械运转中日常保养所需润滑与擦拭的材料费用及机械停滞期间的维护和保养费用等。

④ 安拆费及场外运费：安拆费指施工机械（大型机械除外）在现场进行安装与拆卸所需的人工、材料、机械和试运转费用以及机械辅助设施的折旧、搭设、拆除等费用；场外运费指施工机械整体或分体自停放地点运至施工现场或由一施工地点运至另一施工地点的运输、装卸、辅助材料及架线等费用。

⑤ 人工费：机上司机（司炉）和其他操作人员的人工费。

⑥ 燃料动力费：施工机械在运转作业中所消耗的各种燃料及水、电等费用。

⑦ 税费：施工机械按照国家规定应缴纳的车船使用税、保险费及年检费等。

（2）仪器仪表使用费：工程施工所需使用的仪器仪表的摊销及维修费用。其基本计算公式为：

$$仪器仪表使用费 = 工程使用的仪器仪表摊销费+维修费 \quad (2\text{-}12)$$

4. 企业管理费

企业管理费是指建筑安装企业组织施工生产和经营管理所需的费用。

1）企业管理费内容

（1）管理人员工资：按规定支付给管理人员的计时工资、奖金、津贴补贴、加班加点工资及特殊情况下支付的工资等。

（2）办公费：企业管理办公用的文具、纸张、账表、印刷、邮电、书报、办公软件、现场监控、会议、水电、烧水和集体取暖降温（包括现场临时宿舍取暖降温）等费用。

（3）差旅交通费：职工因公出差、调动工作的差旅费、住勤补助费，市内交通费和误餐补助费，职工探亲路费，劳动力招募费，职工退休、退职一次性路费，工伤人员就医路费，工地转移费以及管理部门使用的交通工具的油料、燃料等费用。

（4）固定资产使用费：管理和试验部门及附属生产单位使用的属于固定资产的房屋、设备、仪器等的折旧、大修、维修或租赁费。

（5）工具用具使用费：企业施工生产和管理使用的不属于固定资产的工具、器具、家具、交通工具和检验、试验、测绘、消防用具等的购置、维修和摊销费。

（6）劳动保险和职工福利费：由企业支付的职工退职金、按规定支付给离休干部的经费，集体福利费、夏季防暑降温、冬季取暖补贴、上下班交通补贴等。

（7）劳动保护费：企业按规定发放的劳动保护用品的支出，如工作服、手套、防暑降温饮料以及在有碍身体健康的环境中施工的保健费用等。

（8）检验试验费：施工企业按照有关标准规定，对建筑以及材料、构件和建筑安装物进行一般鉴定、检查所发生的费用，包括自设试验室进行试验所耗用的材料等费用。不包括新结构、新材料的试验费，对构件做破坏性试验及其他特殊要求检验试验的费用和建设单位委托检测机构进行检测的费用，对此类检测发生的费用，由建设单位在工程建设其他费用中列支。但对施工企业提供的具有合格证明的材料进行检测不合格的，该检测费用由施工企业支付。

（9）工会经费：企业按《工会法》规定的全部职工工资总额比例计提的工会经费。

（10）职工教育经费：按职工工资总额的规定比例计提，企业为职工进行专业技术和职业技能培训，专业技术人员继续教育、职工职业技能鉴定、职业资格认定以及根据需要对职工进行各类文化教育所发生的费用。

（11）财产保险费：施工管理用财产、车辆等的保险费用。

（12）财务费：企业为施工生产筹集资金或提供预付款担保、履约担保、职工工资支付担保等所发生的各种费用。

（13）税金：企业按规定缴纳的房产税、车船使用税、土地使用税、印花税等。

（14）其他：包括技术转让费、技术开发费、投标费、业务招待费、绿化费、广告费、公证费、法律顾问费、审计费、咨询费、保险费等。

2）企业管理费的计算方法

企业管理费一般采用取费基数乘以费率的方法计算，取费基数有三种，分别是：以分部分项工程费为计算基础、以人工费和机械费合计为计算基础及以人工费为计算基础。企业管理费费率计算方法如下：

（1）以分部分项工程费为计算基础

$$\text{企业管理费费率（\%）}=\frac{\text{生产工人年平均管理费}}{\text{年有效施工天数}\times\text{人工单价}}\times\text{人工费占分部分项工程费比例} \tag{2-13}$$

（2）以人工费和机械费合计为计算基础

$$\text{企业管理费费率（\%）}=\frac{\text{生产工人年平均管理费}}{\text{年有效施工天数}\times(\text{人工单价}+\text{每一工日机械使用费})}\times 100\% \tag{2-14}$$

（3）以人工费为计算基础

$$\text{企业管理费费率（\%）}=\frac{\text{生产工人年平均管理费}}{\text{年有效施工天数}\times\text{人工单价}}\times 100\% \tag{2-15}$$

5. 利润

利润是指施工企业完成所承包工程获得的盈利，由施工企业根据企业自身需求并结合建筑市场实际自主确定。

工程造价管理机构在确定计价定额中利润时，应以定额人工费或定额人工费与机械费之和作为计算基数，其费率根据历年积累的工程造价资料，并结合建筑市场实际确定，以单位（单项）工程测算，利润在税前建筑安装工程费的比重可按不低于5%且不高于7%费率计算。利润应列入分部分项工程和措施项目费中。

6. 规费

规费是指按国家法律、法规规定，由省级政府和省级有关权力部门规定必须缴纳或计取的费用。主要包括社会保险费、住房公积金和工程排污费。

（1）社会保险费。包括：

① 养老保险费：企业按规定标准为职工缴纳的基本养老保险费。

② 失业保险费：企业按照国家规定标准为职工缴纳的失业保险费。

③ 医疗保险费：企业按照规定标准为职工缴纳的基本医疗保险费。

④ 生育保险费：企业按照国家规定为职工缴纳的生育保险费。

⑤ 工伤保险费：企业按照国务院制定的行业费率为职工缴纳的工伤保险费。

（2）住房公积金：企业按规定标准为职工缴纳的住房公积金。

$$\text{社会保险费和住房公积金} = \sum(\text{工程定额人工费} \times \text{社会保险费和住房公积金费率}) \tag{2-16}$$

（3）工程排污费：企业按规定缴纳的施工现场工程排污费。

工程排污费。工程排污费应按工程所在地环境保护等部门规定的标准缴纳，按实计取列入。

（4）其他应列而未列入的规费，按实际发生计取列入。

7. 税金

建筑安装工程税金是指国家税法规定的应计入建筑安装工程费用的营业税，城市维护建设税、教育费附加及地方教育费附加。在工程造价的计算过程中，营业税，城市维护建设税、教育费附加及地方教育费附加通常一并计算。

税金计算公式：

$$\text{税金} = \text{税前造价} \times \text{综合税率}(\%) \tag{2-17}$$

综合税率：

（1）纳税地点在市区的企业：

$$\text{综合税率}(\%) = \frac{1}{1-3\%-(3\%\times7\%)-(3\%\times3\%)-(3\%\times2\%)}-1 \tag{2-18}$$

（2）纳税地点在县城、镇的企业：

$$\text{综合税率}(\%) = \frac{1}{1-3\%-(3\%\times5\%)-(3\%\times3\%)-(3\%\times2\%)}-1 \tag{2-19}$$

（3）纳税地点不在市区、县城、镇的企业：

$$\text{综合税率}(\%) = \frac{1}{1-3\%-(3\%\times1\%)-(3\%\times3\%)-(3\%\times2\%)}-1 \tag{2-20}$$

（4）实行营业税改增值税的，按纳税地点现行税率计算。

三、按造价形成划分建筑安装工程费用项目的构成和计算

根据我国住房城乡建设部、财政部颁布的“关于印发《建筑安装工程费用项目组成》的通知”（建标〔2013〕44 号文），建筑安装工程费按照工程造价形成由分部分项工程费、措施项目费、其他项目费、规费和税金组成，分部分项工程费、措施项目费、其他项目费包含人工费、材料费、施工机具使用费、企业管理费和利润。如图 2-3 所示。

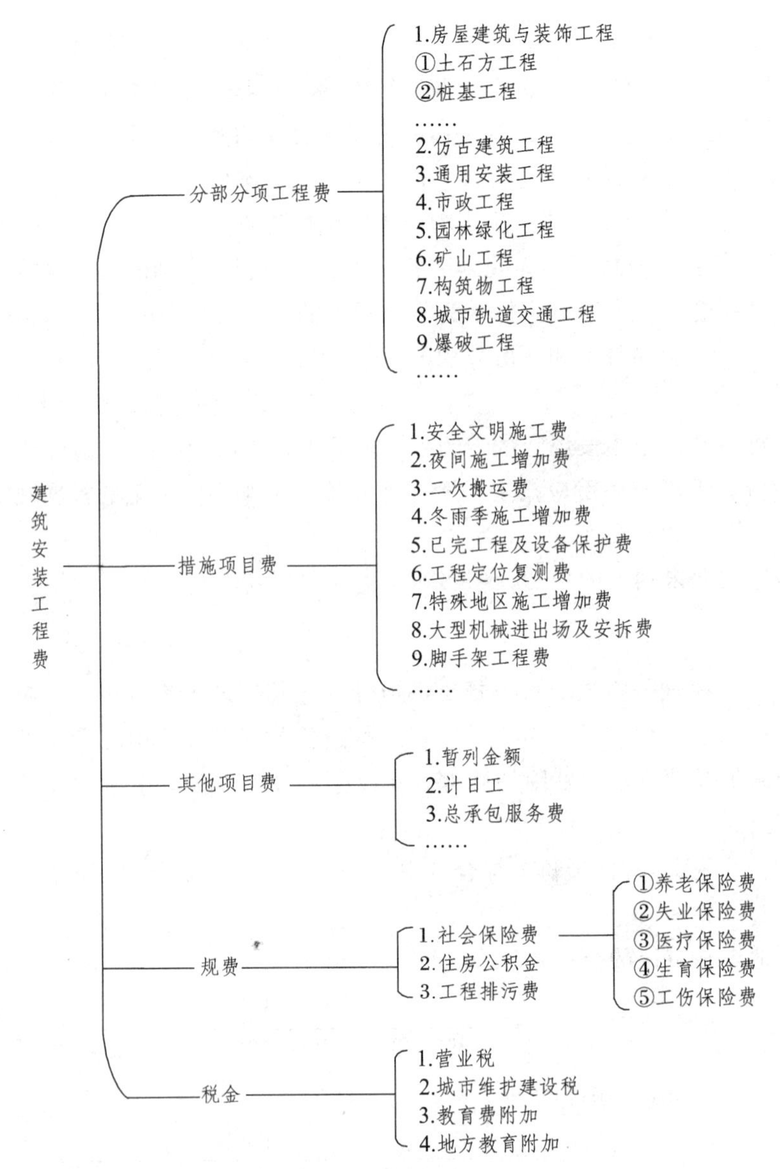

图 2-3　建筑安装工程费用项目组成表（按造价形成划分）

1. 分部分项工程费

分部分项工程费是指各专业工程的分部分项工程应予列支的各项费用。

（1）专业工程：是指按现行国家计量规范划分的房屋建筑与装饰工程、仿古建筑工程、通用安装工程、市政工程、园林绿化工程、矿山工程、构筑物工程、城市轨道交通工程、爆破工程等各类工程。

（2）分部分项工程：指按现行国家计量规范对各专业工程划分的项目。如按房屋建筑与装饰工程划分的土石方工程、地基处理与桩基工程、砌筑工程、钢筋及钢筋混凝土工程等。

各类专业工程的分部分项工程划分见现行国家或行业计量规范。

分部分项工程费通常用分部分项工程量乘以综合单价进行计算。综合单价包括人工费、材料费、施工机具使用费、企业管理费和利润，以及一定范围的风险费用。

$$分部分项工程费=\sum（分部分项工程量\times综合单价）\tag{2-21}$$

2. 措施项目费

措施项目费是指为完成建设工程施工，发生于该工程施工前和施工过程中的技术、生活、安全、环境保护等方面的费用。

1）措施项目包含的内容

（1）安全文明施工费。

① 环境保护费：施工现场为达到环保部门要求所需要的各项费用。

② 文明施工费：施工现场文明施工所需要的各项费用。

③ 安全施工费：施工现场安全施工所需要的各项费用。

④ 临时设施费：施工企业为进行建设工程施工所必须搭设的生活和生产用的临时建筑物、构筑物和其他临时设施费用。包括临时设施的搭设、维修、拆除、清理费或摊销费等。

（2）夜间施工增加费：因夜间施工所发生的夜班补助费、夜间施工降效、夜间施工照明设备摊销及照明用电等费用。

（3）二次搬运费：因施工场地条件限制而发生的材料、构配件、半成品等一次运输不能到达堆放地点，必须进行二次或多次搬运所发生的费用。

（4）冬雨季施工增加费：在冬季或雨季施工需增加的临时设施、防滑、排除雨雪，人工及施工机械效率降低等费用。

（5）已完工程及设备保护费：竣工验收前，对已完工程及设备采取的必要保护措施所发生的费用。

（6）工程定位复测费：工程施工过程中进行全部施工测量放线和复测工作的费用。

（7）特殊地区施工增加费：工程在沙漠或其边缘地区、高海拔、高寒、原始森林等特殊地区施工增加的费用。

（8）大型机械设备进出场及安拆费：机械整体或分体自停放场地运至施工现场或由一个施工地点运至另一个施工地点，所发生的机械进出场运输及转移费用及机械在施工现场进行安装、拆卸所需的人工费、材料费、机械费、试运转费和安装所需的辅助设施的费用。

（9）脚手架工程费：施工需要的各种脚手架搭、拆、运输费用以及脚手架购置费的摊销（或租赁）费用。

措施项目及其包含的内容详见各类专业工程的现行国家或行业计量规范。

2）措施项目费的计算

按照有关专业计量规范规定，措施项目分为应予计量的措施项目和不宜计量的措施项目两类。

（1）国家计量规范规定应予计量的措施项目，其计算公式为：

$$措施项目费=\sum（措施项目工程量\times综合单价）\tag{2-22}$$

（2）国家计量规范规定不宜计量的措施项目计算方法如下：

① 安全文明施工费。

$$安全文明施工费=计算基数\times安全文明施工费费率（\%）\tag{2-23}$$

计算基数应为定额基价（定额分部分项工程费+定额中可以计量的措施项目费）、定额人工费或（定额人工费+定额机械费），其费率由工程造价管理机构根据各专业工程的特点综合确定。

② 其余不宜计量的措施项目。包括夜间施工增加费、二次搬运费，冬雨季施工增加费、已完工程及设备保护费等。计算公式为：

$$措施项目费=计算基数\times措施项目费费率（\%） \tag{2-24}$$

式中，计费基数应为定额人工费或（定额人工费+定额机械费），其费率由工程造价管理机构根据各专业工程特点和调查资料综合分析后确定。

3. 其他项目费

1）暂列金额

暂列金额是指建设单位在工程量清单中暂定并包括在工程合同价款中的一笔款项。用于施工合同签订时尚未确定或者不可预见的所需材料、工程设备、服务的采购，施工中可能发生的工程变更、合同约定调整因素出现时的工程价款调整以及发生的索赔、现场签证确认等的费用。

暂列金额由建设单位根据工程特点，按有关计价规定估算，施工过程中由建设单位掌握使用、扣除合同价款调整后如有余额，归建设单位。

2）计日工

计日工是指在施工过程中，施工企业完成建设单位提出的施工图纸以外的零星项目或工作所需的费用。

计日工由建设单位和施工企业按施工过程中的签证计价。

3）总承包服务费

总承包服务费是指总承包人为配合、协调建设单位进行的专业工程发包，对建设单位自行采购的材料、工程设备等进行保管以及施工现场管理、竣工资料汇总整理等服务所需的费用。

总承包服务费由建设单位在招标控制价中根据总包服务范围和有关计价规定编制，施工企业投标时自主报价，施工过程中按签约合同价执行。

4. 规费和税金

规费和税金的构成和计算与按费用构成要素划分建筑安装工程费用项目组成部分是相同的。

第四节　工程建设其他费用的构成

工程建设其他费用，是指从工程筹建起到工程竣工验收交付使用止的整个建设期间，除建筑安装工程费用和设备及工、器具购置费用以外的，为保证工程建设顺利完成和交付使用后能够正常发挥效用而发生的各项费用。

工程建设其他费用，按其内容大体可分为三类。第一类指建设用地费；第二类指与工程建设有关的其他费用；第三类指与未来企业生产经营有关的其他费用。

一、建设用地费

建设用地费是指为获得工程项目建设土地的使用权而在建设期内发生的各项费用，包括通过划拨方式取得土地使用权而支付的土地征用及迁移补偿费，或者通过土地使用权出让方式取得土地使用权而支付的土地使用权出让金。建设用地的取得，实质是依法获取国有土地的使用权。根据我国《房地产管理法》规定，获取国有土地使用权的基本方式有两种：一是出让方式；二是划拨方式。建设土地取得的其他方式还包括租赁和转让方式。

建设用地如通过行政划拨方式取得，则须承担征地补偿费用或对原用地单位或个人的拆迁补偿费用；若通过市场机制取得，则不仅承担以上费用，还须向土地所有者支付有偿使用费，即土地出让金。

1. 征地补偿费用

建设征用土地费用由以下几个部分构成：

（1）土地补偿费。

土地补偿费是对农村集体经济组织因土地被征用而造成的经济损失的一种补偿。

（2）青苗补偿费和地上附着物补偿费。

青苗补偿费是因征地时对其正在生长的农作物受到损害而做出的一种赔偿。

（3）安置补助费。

安置补助费应支付给被征地单位和安置劳动力的单位，作为劳动力安置与培训的支出，以及作为不能就业人员的生活补助。

（4）新菜地开发建设基金。

新菜地开发建设基金指征用城市郊区商品菜地时支付的费用。这项费用交给地方财政，作为开发建设新菜地的投资。

（5）耕地占用税。

耕地占用税是对占用耕地建房或者从事其他非农业建设的单位和个人征收的一种税收，目的是合理利用土地资源、节约用地、保护农用耕地。

（6）土地管理费。

土地管理费主要作为征地工作中所发生的办公、会议、培训、宣传、差旅、借用人员工资等必要的费用。

2. 拆迁补偿费用

在城市规划区内国有土地上实施房屋拆迁，拆迁人应当对被拆迁人给予补偿、安置。

（1）拆迁补偿。

拆迁补偿的方式可以实行货币补偿，也可以实行房屋产权调换。

（2）搬迁、安置补助费。

拆迁人应当对被拆迁人或者房屋承租人支付搬迁补助费，对于在规定的搬迁期限届满前搬迁的，拆迁人可以付给提前搬家奖励费；在过渡期限内，被拆迁人或者房屋承租人自行安排住处的，拆迁人应当支付临时安置补助费；被拆迁人或者房屋承租人使用拆迁人提供的周转房的，拆迁人不支付临时安置补助费。

3. 出让金、土地转让金

土地使用权出让金为用地单位向国家支付的土地所有权收益，出让金标准一般参考城市基准地价并结合其他因素制定。基准地价由市土地管理局会同市物价局、市国有资产管理局、市房地产管理局等部门综合平衡后报市级人民政府审定通过，它以城市土地综合定级为基础，用某一地价或地价幅度表示某一类别用地在某一土地级别范围的地价，以此作为土地使用权出让价格的基础。

二、与建设项目相关的其他费用

1. 建设管理费

建设管理费是指建设单位为组织完成工程项目建设，在建设期内发生的各类管理性费用。

1）建设管理费的内容

（1）建设单位管理费：是指建设单位发生的管理性质的开支。包括：工作人员工资、工资性补贴、施工现场津贴、职工福利费、住房基金、基本养老保险费、基本医疗保险费、失业保险费、工伤保险费，办公费、差旅交通费、劳动保护费、工具器具使用费、固定资产使用费、必要的办公及生活用品购置费、必要的通信设备及交通工具购置费、零星固定资产购置费、招募生产工人费、技术图书资料费、业务招待费、设计审查费、工程招标费、合同契约公证费、法律顾问费、咨询费、完工清理费、竣工验收费、印花税和其他管理性质开支。

（2）工程监理费：是指建设单位委托工程监理单位实施工程监理的费用。此项费用应按国家发改委与建设部联合发布的《建设工程监理与相关服务收费管理规定》（发改价格〔2007〕670 号）计算。依法必须实行监理的建设工程施工阶段的监理收费实行政府指导价；其他建设工程施工阶段的监理收费和其他阶段的监理与相关服务收费实行市场调节价。

2）建设单位管理费的计算

建设单位管理费按照工程费用之和（包括设备工器具购置费和建筑安装工程费用）乘以建设单位管理费费率计算。

$$建设单位管理费 = 工程费用 \times 建设单位管理费费率 \qquad (2\text{-}25)$$

建设单位管理费费率按照建设项目的不同性质、不同规模确定。有的建设项目按照建设工期和规定的金额计算建设单位管理费。如采用监理，建设单位部分管理工作量转移至监理单位。监理费应根据委托的监理工作范围和监理深度在监理合同中商定或按当地或所属行业部门有关规定计算；如建设单位采用工程总承包方式，其总包管理费由建设单位与总包单位根据总包工作范围在合同中商定，从建设管理费中支出。

2. 可行性研究费

可行性研究费是指在工程项目投资决策阶段，依据调研报告对有关建设方案、技术方案或生产经营方案进行的技术经济论证，以及编制、评审可行性研究报告所需的费用。此项费用应依据前期研究委托合同计算，或参照《国家计委关于印发〈建设项目前期工作咨询收费暂行规定的通知》（计投资〔1999〕1283 号）规定计算。

3. 研究试验费

研究试验费是指为建设项目提供或验证设计数据、资料等进行必要的研究试验及按照相关规定在建设过程中必须进行试验、验证所需的费用。包括自行或委托其他部门研究试验所需人工费、材料费、试验设备及仪器使用费等。这项费用按照设计单位根据本工程项目的需要提出的研究试验内容和要求计算。在计算时要注意不应包括以下项目：

（1）应在科技三项费用（即新产品试制费、中间试验费和重要科学研究补助费）开支的项目。

（2）应在建筑安装费用中列支的施工企业对建筑材料、构件和建筑物进行一般鉴定、检查所发生的费用及技术革新的研究试验费。

（3）应由勘察设计费或工程费用中开支的项目。

4. 勘察设计费

勘察设计费是指对工程项目进行工程水文地质勘察、工程设计所发生的费用。包括：工程勘察费、初步设计费（基础设计费）、施工图设计费（详细设计费）、设计模型制作费。此项费用应按《关于发布〈工程勘察设计收费管理规定〉的通知》（计价格〔2002〕10号）的规定计算。

5. 环境影响评价费

环境影响评价费是指按照《中华人民共和国环境保护法》《中华人民共和国环境影响评价法》等规定，在工程项目投资决策过程中，对其进行环境污染或影响评价所需的费用。包括编制环境影响报告书（含大纲）环境影响报告表以及对环境影响报告书（含大纲）、环境影响报告表进行评估等所需的费用。此项费用可参照《关于规范环境影响咨询收费有关问题的通知》（计价格〔2002〕125号）规定计算。

6. 劳动安全卫生评价费

劳动安全卫生评价费是指按照劳动部《建设项目（工程）劳动安全卫生监察规定》和《建设项目（工程）劳动安全卫生预评价管理办法》的规定，在工程项目投资决策过程中，为编制劳动安全卫生评价报告所需的费用。包括编制建设项目劳动安全卫生预评价大纲和劳动安全卫生预评价报告书以及为编制上述文件所进行的工程分析和环境现状调查等所需费用。必须进行劳动安全卫生预评价的项目包括：

（1）属于《国家计划委员会、国家基本建设委员会、财政部关于基本建设项目和大中型划分标准的规定》中规定的大中型建设项目。

（2）属于《建筑设计防火规范》GB 50016 中规定的火灾危险性生产类别为甲类的建设项目。

（3）属于劳动部颁布的《爆炸危险场所安全规定》中规定的爆炸危险场所等级为特别危险场所和高度危险场所的建设项目。

（4）大量生产或使用《职业性接触毒物危害程度分级》GB Z230 规定的Ⅰ级、Ⅱ级危害程度的职业性接触毒物的建设项目。

（5）大量生产或使用石棉粉料或含有 10%以上的游离二氧化硅粉料的建设项目。

（6）其他由劳动行政部门确认的危险、危害因素大的建设项目。

7. 场地准备及临时设施费

1）场地准备及临时设施费的内容

（1）建设项目场地准备费是指为使工程项目的建设场地达到开工条件，由建设单位组织进行的场地平整等准备工作而发生的费用。

（2）建设单位临时设施费是指建设单位为满足工程项目建设、生活、办公的需要，用于临时设施建设、维修、租赁、使用所发生或摊销的费用。

2）场地准备及临时设施费的计算

（1）场地准备及临时设施应尽量与永久性工程统一考虑。建设场地的大型土石方工程应进入工程费用中的总图运输费用中。

（2）新建项目的场地准备和临时设施费应根据实际工程量估算，或按工程费用的比例计算。改扩建项目一般只计拆除清理费。

$$\text{场地准备和临时设施费} = \text{工程费用} \times \text{费率} + \text{拆除清理费} \tag{2-26}$$

（3）发生拆除清理费时可按新建同类工程造价或主材费、设备费的比例计算。凡可回收材料的拆除工程采用以料抵工方式冲抵拆除清理费。

（4）此项费用不包括已列入建筑安装工程费用中的施工单位临时设施费用。

8. 引进技术和引进设备其他费

引进技术和引进设备其他费是指引进技术和设备发生的但未计入设备购置费中的费用。

（1）引进项目图纸资料翻译复制费、备品备件测绘费。可根据引进项目的具体情况计列或按引进货价（FOB）的比例估列；引进项目发生备品备件测绘费时按具体情况估列。

（2）出国人员费用。包括买方人员出国设计联络、出国考察、联合设计、监造、培训等所发生的差旅费、生活费等。依据合同或协议规定的出国人次、期限以及相应的费用标准计算。生活费按照财政部、外交部规定的现行标准计算，差旅费按中国民航公布的票价计算。

（3）来华人员费用。包括卖方来华工程技术人员的现场办公费用、往返现场交通费用、接待费用等。依据引进合同或协议有关条款及来华技术人员派遣计划进行计算。来华人员接待费用可按每人次费用指标计算。引进合同价款中已包括的费用内容，不得重复计算。

（4）银行担保及承诺费。指引进项目由国内外金融机构出面承担风险和责任担保所发生的费用，以及支付贷款机构的承诺费用。应按担保或承诺协议计取，投资估算和概算编制时可以担保金额或承诺金额为基数乘以费率计算。

9. 工程保险费

工程保险费是指为转移工程项目建设的意外风险，在建设期内对建筑工程、安装工程、机械设备和人身安全进行投保而发生的费用。包括建筑安装工程一切险、引进设备财产保险和人身意外伤害险等。

根据不同的工程类别，分别以其建筑、安装工程费乘以建筑、安装工程保险费率计算。民用建筑（住宅楼、综合性大楼、商场、旅馆、医院、学校）占建筑工程费的2%～4%；其他建筑（工业厂房、仓库、道路、码头、水坝、隧道、桥梁、管道等）占建筑工程费的3%～6%；安装工程（农业、工业、机械、电子、电器、纺织、矿山、石油、化学及钢铁工业、钢结构桥梁）占建筑工程费的3%～6%。

10. 特殊设备安全监督检验费

特殊设备安全监督检验费是指安全监察部门对在施工现场组装的锅炉及压力容器、压力管道、消防设备、燃气设备、电梯等特殊设备和设施实施安全检验收取的费用。此项费用按照建设项目所在省（市、自治区）安全监察部门的规定标准计算。无具体规定的，在编制投资估算和概算时可按受检设备现场安装费的比例估算。

11. 市政公用设施费

市政公用设施费是指使用市政公用设施的工程项目，按照项目所在地省级人民政府有关规定建设或缴纳的市政公用设施建设配套费用，以及绿化工程补偿费用。此项费用按工程所在地人民政府规定标准计列。

三、与未来生产经营相关的其他费用

1. 联合试运转费

联合试运转费是指新建或新增加生产能力的工程项目，在交付生产前按照设计文件规定的工程质量标准和技术要求，对整个生产线或装置进行负荷联合试运转所发生的费用净支出（试运转支出大于收入的差额部分费用）。试运转支出包括试运转所需原材料、燃料及动力消耗、低值易耗品、其他物料消耗、工具用具使用费、机械使用费、保险金、施工单位参加试运转人员工资以及专家指导费等；试运转收入包括试运转期间的产品销售收入和其他收入。联合试运转费不包括应由设备安装工程费用开支的调试及试车费用，以及在试运转中暴露出来的因施工原因或设备缺陷等发生的处理费用。

2. 专利及专有技术使用费

1）专利及专有技术使用费的主要内容

① 国外设计及技术资料费、引进有效专利、专有技术使用费和技术保密费。

② 国内有效专利、专有技术使用费。

③ 商标权、商誉和特许经营权费等。

2）专利及专有技术使用费的计算

在专利及专有技术使用费计算时应注意以下问题：

① 按专利使用许可协议和专有技术使用合同的规定计列。

② 专有技术的界定应以省、部级鉴定批准为依据。

③ 项目投资中只计算需在建设期支付的专利及专有技术使用费。协议或合同规定在生产期支付的使用费应在生产成本中核算。

④ 一次性支付的商标权、商誉及特许经营权费按协议或合同规定计列。协议或合同规定在生产期支付的商标权或特许经营权费应在生产成本中核算。

⑤ 为项目配套的专用设施投资，包括专用铁路线、专用公路、专用通信设施、送变电站、地下管道、专用码头等，如由项目建设单位负责投资但产权不归属本单位的，应作无形资产处理。

3. 生产准备及开办费

1）生产准备及开办费的内容

在建设期内，建设单位为保证项目正常生产而发生的人员培训费、提前进厂费以及投产使用必备的办公、生活家具用具及工器具等的购置费用。包括：

① 人员培训费及提前进厂费。包括自行组织培训或委托其他单位培训的人员工资、工资性补贴、职工福利费、差旅交通费、劳动保护费、学习资料费等。

② 为保证初期正常生产（或营业、使用）所必需的生产办公、生活家具用具购置费。

③ 为保证初期正常生产（或营业、使用）必需的第一套不够固定资产标准的生产工具、器具、用具购置费。不包括备品备件费。

2）生产准备及开办费的计算

① 新建项目按设计定员为基数计算，改扩建项目按新增设计定员为基数计算：

生产准备费=设计定员×生产准备费指标（元/人） （2-27）

② 可采用综合的生产准备费指标进行计算，也可以按费用内容的分类指标计算。

第五节 预备费、建设期利息、固定资产投资方向调节税

一、预备费

1. 基本预备费

1）基本预备费的内容

基本预备费是指在初步设计及概算内难以预料的工程费用，费用内容包括：

（1）在批准的初步设计范围内，技术设计、施工图设计及施工过程中所增加的工程费用；设计变更、工程变更、材料代用、局部地基处理等增加的费用。

（2）一般自然灾害造成的损失和预防自然灾害所采取的措施费用。实行工程保险的工程项目，该费用应适当降低。

（3）竣工验收时为鉴定工程质量对隐蔽工程进行必要的挖掘和修复费用。

（4）超规超限设备运输增加的费用。

2）基本预备费的计算

基本预备费是按工程费用和工程建设其他费用二者之和为计取基础，乘以基本预备费费率进行计算。基本预备费费率的取值应执行国家及部门的有关规定。

基本预备费=（工程费用+工程建设其他费用）×基本预备费费率 （2-28）

2. 价差预备费

1）价差预备费的内容

价差预备费是指为在建设期内利率、汇率或价格等因素的变化而预留的可能增加的费用，亦称为价格变动不可预见费。价差预备费的内容包括：人工、设备、材料、施工机械的价差费，建筑安装工程费及工程建设其他费用调整，利率、汇率调整等增加的费用。

2）价差预备费的计算

价差预备费一般根据国家规定的投资综合价格指数，按估算年份价格水平的投资额为基数，采用复利方法计算。计算公式为：

$$\mathrm{PF}=\sum I_t\left[(1+f)^m(1+f^{0.5})(1+f)^{t-1}-1\right] \tag{2-29}$$

式中　PF——价差预备费；

n——建设期年份数；

I_t——建设期中第 t 年的投资计划额，包括工程费用、工程建设其他费用及基本预备费，即第 t 年的静态投资计划额；

f——年涨价率；政府部门有规定的按规定执行，没有规定的由可行性研究人员预测；

m——建设前期年限（从编制估算到开工建设，单位：年）。

【例 2-4】某建设项目，项目前期年限 1 年，建设期 3 年，各年投资计划额如下：第一年投资 600 万，第二年投资 780 万，第三年投资 920 万，年均投资价格上涨率为 8%，该项目价差预备费为多少万元?

【解】第 1 年涨价预备费 $\mathrm{PF}_1=600\times[(1+8\%)(1+8\%)^{0.5}(1+8\%)^{1-1}-1]=73.42$（万元）

第 1 年涨价预备费 $\mathrm{PF}_2=780\times[(1+8\%)(1+8\%)^{0.5}(1+8\%)^{2-1}-1]=165.48$（万元）

第 1 年涨价预备费 $\mathrm{PF}_3=920\times[(1+8\%)(1+8\%)^{0.5}(1+8\%)^{3-1}-1]=284.40$（万元）

$$\mathrm{PF}=73.42+165.48+284.40=523.30\text{ 万元}$$

二、建设期利息

建设期贷款利息包括向国内银行和其他非银行金融机构贷款、出口信贷、外国政府贷款、国际商业银行贷款以及在境内外发行的债券等在建设期间内应偿还的借款利息。

建设期利息的计算要根据借款在建设期各年年初发生或者在各年年内均衡发生而采用不同的计算公式。

（1）借款额在建设期各年年初发生，建设期利息的计算公式为：

$$q_j=(P_{j-1}+A_j)\cdot i \tag{2-30}$$

式中　q_j——建设期 j 年应计利息；

P_{j-1}——建设期第（j-1）年末累计贷款本金与利息之和；

P_j——建设期第 j 年贷款金额；

i——年利率。

（2）当总贷款是分年均衡发放时，建设期利息的计算可按当年借款在年中支用考虑，即当年贷款按半年计息，上年贷款按全年计息。计算公式为：

$$q_j=(P_{j-1}+\frac{1}{2}A_j)\cdot i \tag{2-31}$$

国外贷款利息的计算中，还应包括国外贷款银行根据贷款协议向贷款方以年利率的方式收取的手续费、管理费、承诺费，以及国内代理机构经国家主管部门批准的以年利率的方式向贷款单位收取的转贷费、担保费、管理费等。

【例 2-5】某新建项目，建设期为 4 年，第 1 年借款 200 万元，第 2 年借款 300 万元，第 3 年借款 300 万元，第 4 年借款 200 万元，各年借款均在年内均衡发生，借款年利率为 6%，每年计息 1 次，建设期内按期支付利息。试计算该项目的建设期利息。

【解】第 1 年借款利息、第 2 年借款利息、第 3 年借款利息、第 4 年借款利息、该项目的建设期利息分别为：

$$q_1=\left(P_{1-1}+\frac{A_1}{2}\right)\times i=\frac{200}{2}\times 6\%=6\text{（万元）}$$

$$q_2=\left(P_{2-1}+\frac{A_2}{2}\right)\times i=\left(200+\frac{300}{2}\right)\times 6\%=21\text{（万元）}$$

$$q_3=\left(P_{3-1}+\frac{A_3}{2}\right)\times i=\left(200+300+\frac{300}{2}\right)\times 6\%=39\text{（万元）}$$

$$q_4=\left(P_{4-1}+\frac{A_4}{2}\right)\times i=\left(200+300+300+\frac{200}{2}\right)\times 6\%=54\text{（万元）}$$

$$q=q_1+q_2+q_3+q_4=6+21+39+54=120\text{（万元）}$$

【例 2-6】某新建项目，需贷款 2 500 万，建设期 4 年，分年进行均衡贷款，第一年贷款 40%，以后各年均贷 20%，年贷款利率为 6 %，建设期内利息只计利息不支付，则该项目建设期贷款利息为多少万元？

【解】第 1 年贷款额：2 500×40%=1 000（万元）

第 2 ~ 4 年每年贷款额：2 500×20%=500（万元）

在建设期，各年利息计算如下：

$$q_1=\left(P_{1-1}+\frac{A_1}{2}\right)\times i=\frac{1000}{2}\times 6\%=30\text{（万元）}$$

$$q_2=\left(P_{2-1}+\frac{A_2}{2}\right)\times i=\left(1000+30+\frac{500}{2}\right)\times 6\%=76.8\text{（万元）}$$

$$q_3=\left(P_{3-1}+\frac{A_3}{2}\right)\times i=\left(1000+30+500+76.8+\frac{500}{2}\right)\times 6\%=111.408\text{（万元）}$$

$$q_4=\left(P_{4-1}+\frac{A_4}{2}\right)\times i=\left(1000+30+500+76.8+500+111.408+\frac{500}{2}\right)\times 6\%=148.09\text{（万元）}$$

$$q=q_1+q_2+q_3+q_4=30+76.8+111.408+148.09=366.298\text{（万元）}$$

三、固定资产投资方向调节税

按照 1991 年 4 月 16 日由第 82 号国务院令发布的《中华人民共和国固定资产投资方向调节税暂行条例》（以下简称《暂行条例》），国家计委、国家税务局计投资〔1991〕1045 号文《关于实施〈中华人民共和国固定资产投资方向调节税暂行条例〉的若干补充规定》及国家税务局国税发〔1991〕113 号文颁发的《中华人民共和国固定资产投资方向调节税暂行条例实施细则》的规定，我国开征固定资产投资方向调节税。固定资产投资方向调节税在调控国民经济、遏制投资膨胀等方面发挥了一定作用。亚洲金融危机发生后，为了鼓励社会投资、拉动经济增长，减轻金融危机的不利影响，国务院自2000年1月1日起暂停征收投资税，但该税种并未取消。直至2012年11月9日，国务院令第628号，公布《国务院关于修改和废止部分行政法规的决定》（以下简称《决定》），自2013年1月1日起施行。《决定》修改和废止了部分行政法规，其中包括1991年发布的《暂行条例》。

第六节　世界银行建设工程造价构成

世界银行、国际咨询工程师联合会对工程项目的总建设成本（相当于我国的工程造价）作了统一规定，工程项目总建设成本包括直接建设成本、间接建设成本、应急费和建设成本上升费等。各部分详细内容如下。

一、项目直接建设成本

项目直接建设成本包括以下内容：

（1）土地征购费。

（2）场外设施费用。如道路、码头、桥梁、机场、输电线路等设施费用。

（3）场地费用。指用于场地准备、厂区道路、铁路、围栏、场内设施等的建设费用。

（4）工艺设备费。指主要设备、辅助设备及零配件的购置费用，包括海运包装费用、交货港离岸价，但不包括税金。

（5）设备安装费。指设备供应商的监理费用，本国劳务及工资费用，辅助材料、施工设备，消耗品和工具等费用，以及安装承包商的管理费和利润等。

（6）管道系统费用。指与系统的材料及劳务相关的全部费用。

（7）电气设备费。其内容与第4项类似。

（8）电气安装费。指设备供应商的监理费用，本国劳务与工资费用，辅助材料、电缆管道和工具费用，以及营造承包商的管理费和利润。

（9）仪器仪表费。指所有自动仪表、控制板、配线和辅助材料的费用以及供应商的监理费用、外国或本国劳务及工资费用、承包商的管理费和利润。

（10）机械的绝缘和油漆费。指与机械及管道的绝缘和油漆相关的全部费用。

（11）工艺建筑费。指原材料、劳务费以及与基础、建筑结构、屋顶、内外装修、公共设施有关的全部费用。

（12）服务性建筑费用。其内容与第（11）项相似。

（13）工厂普通公共设施费。包括材料和劳务费以及与供水、燃料供应、通风、蒸汽发生及分配、下水道、污物处理等公共设施有关的费用。

（14）车辆费。指工艺操作必需的机动设备零件费用，包括海运包装费用以及交货港的离岸价，但不包括税金。

（15）其他当地费用。指那些不能归类于以上任何一个项目，不能计入项目间接成本，但在建设期间又是必不可少的当地费用。如临时设备、临时公共设施及场地的维持费，营地设施及其管理，建筑保险和债券，杂项开支等费用。

二、项目间接建设成本

项目间接建设成本包括以下内容：

（1）项目管理费。

① 总部人员的薪金和福利费，以及用于初步和详细工程设计、采购、时间和成本控制、行政和其他一般管理的费用。

② 施工管理现场人员的薪金、福利费和用于施工现场监督、质量保证、现场采购、时间及成本控制、行政及其他施工管理机构的费用。

③ 零星杂项费用，如返工、旅行、生活津贴、业务支出等。

④ 各种酬金。

（2）开工试车费。指工厂投料试车必需的劳务和材料费用。

（3）业主的行政性费用。指业主的项目管理人员费用及支出。

（4）生产前费用。指前期研究、勘测、建矿、采矿等费用。

（5）运费和保险费。指海运、国内运输、许可证及佣金、海洋保险、综合保险等费用。

（6）地方税。指地方关税、地方税及对特殊项目征收的税金。

三、应急费

（1）未明确项目的准备金。

此项准备金用于在估算时不可能明确的潜在项目，包括那些在做成本估算时因为缺乏完整、准确和详细的资料而不能完全预见和不能注明的项目，并且这些项目是必须完成的，或它们的费用是必定要发生的。在每一个组成部分中均单独以一定的百分比确定，并作为估算的一个项目单独列出。此项准备金不是为了支付工作范围以外可能增加的项目，不是用以应付天灾、非正常经济情况及罢工等情况，也不是用来补偿估算的任何误差，而是用来支付那些几乎可以肯定要发生的费用。因此，它是估算不可缺少的一个组成部分。

（2）不可预见准备金。

此项准备金（在未明确项目准备金之外）用于在估算达到了一定的完整性并符合技术标准的基础上，由于物质、社会和经济的变化，导致估算增加的情况。此种情况可能发生，也可能不发生。因此，不可预见准备金只是一种储备，可能不动用。

四、建设成本上升费用

通常，估算中使用的构成工资率、材料和设备价格基础的截止日期就是“估算日期”。必须对该日期或已知成本基础进行调整，以补偿直至工程结束时的未知价格增长。工程的各个主要组成部分（国内劳务和相关成本、本国材料、外国材料、本国设备、外国设备、项目管理机构）的细目划分决定以后，便可确定每一个主要组成部分的增长率。这个增长率是一项判断因素。它以已发表的国内和国际成本指数、公司记录等为依据，并与实际供应商进行核对，然后根据确定的增长率和从工程进度表中获得的各主要组成部分的中点值，计算出每项主要组成部分的成本上升值。

习 题

1. 某进口设备装运港船上交货价为 280 万美元，国际运费率 1.5‰，运输保险费率 3‰，银行财务费率 5‰，外贸手续费率 1.5%，关税税率 20%，增值税税率 17%，消费税税率为 10%，求进口设备原价。（银行外汇牌价为 1 美元=6.3 元人民币）

2. 某建设项目工程费用为 6 000 万元，工程建设其他费用为 1 200 万元，已知基本预备费费率为 6%，项目建设前期年限为 1 年，建设期为 2 年，各年计划投资额为：第一年完成投资 40%，第二年完成投资 60%。年均投资价格上涨率为 5%，求建设项目建设期间涨价预备费。

3. 某建设项目，建设期为 3 年，建设期内各年均衡获得的贷款额分别为 1 000 万元、800 万元、600 万元，贷款年利率为 8%，期内只计息不支付。试计算建设期贷款利息。

4. 某工程在建设期初的建安工程费和设备工器具购置费为 45 000 万元。按本项目实施进度计划，项目前期年限 1 年，建设期 3 年，投资分年使用比例为：第一年 25%，第二年 55%，第三年 20%，投资在每年平均支用，建设期内预计年平均价格总水平上涨率为 5%。建设期利息为 1 395 万元，工程建设其他费用为 3 860 万元，基本预备费率为 10%。试计算该项目的建设投资。

第三章 建设工程决策阶段工程造价管理

【学习目标】

1. 掌握投资估算的内容和编制方法。
2. 熟悉财务评价的内容和方法。
3. 熟悉该阶段的造价管理的主要内容。
4. 了解可行性研究报告的内容。

第一节 建设工程决策阶段工程造价管理的内容

一、建设项目决策的含义

1. 建设项目决策的概念

建设项目决策是选择和决定投资行动方案的过程，是对拟建项目的必要性和可行性进行技术经济论证，对不同建设方案进行技术经济比较及作出判断和决定的过程。

正确的投资行为来源于正确的投资决策，决策正确与否，不仅关系到工程造价的高低和投资效益的好坏，也直接影响到建设项目的成败。

2. 项目投资决策的阶段划分

建设项目投资决策是一个由粗到细，由浅到深的过程，主要包括四个阶段：机会研究、预可行性研究、可行性研究、评估和决策阶段。

1）机会研究

投资机会研究又称投资机会论证。这一阶段的主要任务是提出建设项目投资方向建议，即在一个确定的地区和部门内，根据自然资源、市场需求、国家产业政策和国际贸易情况，通过调查、预测和分析研究，选择建设项目，寻找投资的有利机会。机会研究要解决两个方面的问题：一是社会是否需要；二是有没有可以开展项目的基本条件。

机会研究一般从以下三个方面着手开展工作：第一，以开发利用本地区的某一丰富资源为基础，谋求投资机会；第二，以现有工业的拓展和产品深加工为基础，通过增加现有企业的生产能力与生产工序等途径创造投资机会；第三，以优越的地理位置、便利的交通条件为基础分析各种投资机会。

这一阶段的工作比较粗略，一般是根据条件和背景相类似的工程项目来估算投资额和生产成本，初步分析建设投资效果，提供一个或一个以上可能进行建设的项目投资或投资方案。这个阶段所估算的投资额和生产成本的精确程度控制在±30%左右。大中型项目的机会研究所需时间在 1 ~ 3 个月，所需费用占投资总额的 0.2% ~ 1%。如果投资者对这个项目感兴趣，再进行下一步的可行性研究工作。

该阶段的工作成果为项目建议书，项目建议书的内容视项目的不同情况而有繁有简，但一般应包括以下几个方面：

（1）建设项目提出的必要性和依据。引进技术和进口设备的，还要说明国内外技术差距概况及进口的理由。

（2）产品方案、拟建规模和建设地点的初步设想。

（3）资源情况、建设条件、协作关系等的初步分析。

（4）投资估算和资金筹措设想。利用外资项目要说明利用外资的可能性，以及偿还贷款能力的大体测算。

（5）项目的进度安排。

（6）经济效益和社会效益的估计。

工程咨询公司在编制项目建议书时主要的咨询依据有：宏观信息资料；项目所在地资料；已有类似项目的有关数据和其他经济数据；有关规定，如银行贷款利率等。

2）初步可行性研究

在项目建议书被主管计划部门批准后，对于投资规模大，技术工艺又比较复杂的大中型骨干项目，需要先进行初步可行性研究。初步可行性研究也称为预可行性研究，是正式的详细可行性研究前的预备性研究阶段。经过投资机会研究认为可行的建设项目，值得继续研究，但又不能肯定是否值得进行详细可行研究时，就要做初步可行性研究，进一步判断这个项目是否具有生命力，是否有较高的经济效益。若经过初步可行性研究，认为该项目具有一定的可行性，便可转入详细可行性研究阶段。否则，就终止该项目的前期研究工作。初步可行性研究作为投资项目机会研究与详细可行性研究的中间性或过渡性研究阶段。主要目的有：

（1）确定项目是否还要进行详细可行性研究。

（2）确定哪些关键问题需要进行辅助性专题研究。

初步可行性研究内容和结构与详细可行性研究基本相同，主要区别是所获得资料的详尽程度和研究深度不同。对建设投资和生产成本的估算精度一般要求控制在±20%左右，研究时间大约为 4 ~ 6 个月，所需费用占投资总额的 0.25% ~ 1.25%。

3）详细可行性研究

详细可行性研究又称技术经济可行性研究，是可行性研究的主要阶段，是建设项目投资决策的基础。它为项目决策提供技术、经济、社会、商业方面的评价依据，为项目的具体实施提供科学依据。这一阶段的主要目标有：

（1）提出项目建设方案。

（2）效益分析和最终方案选择。

（3）确定项目投资的最终可行性和选择依据标准。

这一阶段的内容比较详尽，所花费的时间和精力都比较大。而且本阶段还为下一步工程设计提供基础资料和决策依据。在此阶段，建设投资和生产成本计算精度控制在±10%以内；大型项目研究工作所花费的时间为 8 ~ 12 个月，所需费用占投资总额的 0.2% ~ 1%；中小型项目研究工作所花费的时间为 4 ~ 6 个月，所需费用约占投资额的 1% ~ 3%。

工程咨询公司编制可行性研究报告的依据主要有：国民经济发展的长远规划、国家经济建设的方针、任务和技术经济政策；项目建议书和委托单位的要求；厂址选择、工程设计、技术经济分析所需的地理、气象、地质、自然和经济、社会等基础资料和数据；有关的技术经济方面的规范、标准、定额等指标；国家或有关部门颁布的有关项目经济评价的基本参数和指标。

4）评价和决策阶段

评价是由投资决策部门组织和授权有关咨询公司或有关专家，代表项目业主和出资人对建设项目可行性研究报告进行全面的审核和再评价。其主要任务是对拟建项目的可行性研究报告提出评价意见，最终决策该项目投资是否可行，确定最佳投资方案。项目评价与决策是在可行性研究报告基础上进行的，其内容包括：

（1）全面审核可行性研究报告中反映的各项情况是否属实。

（2）分析项目可行性研究报告中各项指标计算是否正确，包括各种参数、基础数据、定额费率的选择。

（3）从企业、国家和社会等方面综合分析和判断工程项目的经济效益和社会效益。

（4）分析判断项目可行性研究的可靠性、真实性和客观性，对项目做出最终的投资决策。

（5）最后写出项目评估报告。

由于基础资料的占有程度、研究深度与可靠程度要求不同，可行性研究的各个工作阶段的研究性质、工作目标、工作要求、工作时间与费用各不相同。一般来说，各阶段的研究内容由浅入深，项目投资和成本估算的精度要求由粗到细，研究工作量由小到大，研究目标和作用逐步提高，因此，工作时间和费用也逐渐增加（见表 3-1）。

表 3-1　项目投资决策的阶段划分表

工作阶段	机会研究	预可行性研究	可行性研究	前评价阶段	审批阶段
工作性质	项目设想	项目初步选择	项目拟定	项目评估	项目审批
工作内容	向计划部门提出建设项目投资方向建议，解决两个方面的问题：一是社会是否需要；二是有没有可以开展项目的基本条件	对项目进行初步技术、经济分析，筛选项目方案，决定是否需要进一步作详细可行性研究或否定项目	进行深入细致的技术经济分析，多方案选优，提出结论性意见。是投资决策的主要阶段，是建设项目投资决策的基础	综合分析各种效益，对可行性研究报告进行评估和审查，分析判断其可靠性和真实性	项目主管单位或业主，根据咨询评估机构的评价结论，结合国家宏观经济条件，对项目是否建设、何时建设进行审批和决策
工作成果及作用	编制项目建议书，作为判定经济计划的基础， 为初步选择投资项目提供依据	编制初步可行性报告，判定是否有必要进行下一步详细可行性研究，进一步判明建设项目的生命力	编制可行性研究报告，作为项目投资决策的基础和重要依据	提出项目评估报告，为投资决策提供最后决策依据，决定项目取舍和选择最佳投资方案	提出项目审批报告，对项目是否建设、何时建设进行审批和决策

续表

工作性质	项目设想	项目初步选择	项目拟定	项目评估	项目审批
估算精度	±30%	±20%	±10%	±10%	—
研究费用占总投资	0.2%～1%	0.25%～1.25	大项目 0.2%～1.0% 小项目 1.0%～3.0%	—	—
需要时间/月	1～3	4～6	8～12	—	—

3. 建设项目决策与工程造价的关系

1）项目决策的正确性是工程造价合理性的前提

项目决策正确，意味着对项目建设做出科学的决断。优选出最佳投资行动方案，达到资源的合理配置。这样才能合理地估计和计算工程造价，并且在实施最优投资方案过程中，有效地控制工程造价。项目决策失误，主要体现在对不该建设的项目进行投资建设，或者项目建设地点的选择错误、或投资方案不合理等。诸如此类的决策失误，会直接带来不必要的资金投入和人力、物力的浪费，甚至造成不可弥补的损失。在这种情况下，再进行工程造价的确定和控制已经毫无意义了。因此，要达到工程造价的合理性，首先就要保证项目决策的正确性，避免决策失误。

2）项目决策的内容是决定工程造价的基础

建设标准的确定、建设地点的选择、工艺的评选、设备的选用等，直接关系到工程造价的高低。据有关资料统计，在项目建设各个阶段中，投资决策阶段影响工程造价的程度最高，为 80%～90%。因此，决策阶段中的项目决策内容是决定工程造价的基础，将直接影响决策阶段之后各建设阶段工程造价的确定与控制。

3）造价高低、投资多少也影响项目决策

决策阶段的投资估算是进行投资方案选择的重要依据之一，同时也是决定项目是否可行及主管部门进行项目审批的参考依据。

4）项目决策的深度影响投资估算的精确度和工程造价的控制效果

投资决策过程，是一个由浅入深、不断深化的过程。不同阶段决策的深度不同，投资估算的精确度也不同：投资机会及项目建议书阶段，投资估算的误差率在±30%左右；详细可行性研究阶段，投资估算误差率在±10%以内。

由于在项目建设各阶段，即决策阶段、初步设计阶段、技术设计阶段、施工图设计阶段、工程招投标及承发包阶段、施工阶段、竣工验收阶段，通过工程造价的确定与控制，相应形成投资估算、设计概算、修正概算、施工图预算、承包合同价、结算价及竣工决算，这些造价形式之间存在着前者控制后者，后者补充前者这样的相互作用关系。只有加强项目决策的深度，采用科学的估算方法和可靠的数据资料，合理的计算投资估算，保证投资估算打足，才能保证其他阶段的造价被控制在合理范围。

二、建设项目决策阶段工程造价的主要内容

项目投资决策阶段工程造价管理，主要从整体上把握项目的投资，分析确定建设项目工程造价的主要影响因素（图 3-1），编制建设项目的投资估算，对建设项目进行经济财务

分析，考察建设项目的国民经济评价与社会效益评价，结合建设项目的决策阶段的不确定性因素并对建设项目进行风险管理等。

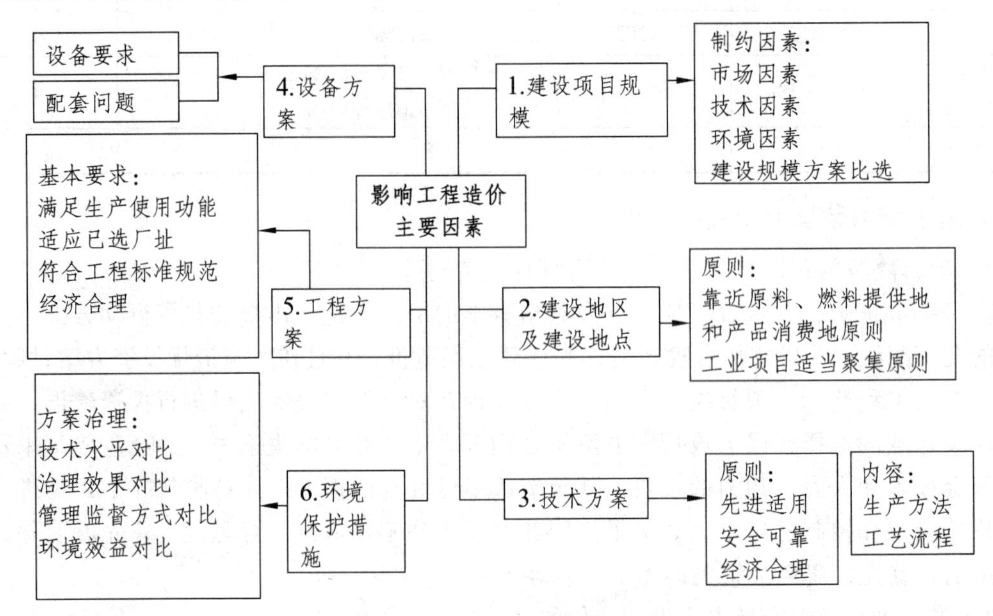

图 3-1　项目决策阶段影响工程造价的主要因素

1. 项目建设规模

项目建设规模也称项目生产规模，是指项目设定的正常生产运营年份可能达到的生产能力或者使用效益。

每一个建设项目都存在着一个合理规模的选择问题，规模过小，资源得不到有效配置，单位产品成本高，经济效益低下；规模过大，超过市场产品需求量，则会导致产品积压或降价销售，项目经济效益也会低下。因此，项目规模的合理选择关系着项目的成败，决定着工程造价合理与否。在确定项目规模时，不仅要考虑项目内部各因素之间的数量匹配、能力协调，还要使所有生产力因素共同形成的经济实体（如项目）在规模上大小适应。

合理经济规模是指在一定技术条件下，项目投入产出比处于较优状态，资源和资金可以得到充分利用，并可获得较优经济效益的规模。每一个建设项目都存在着一个合理规模的选择问题，项目规模合理化的制约因素有市场因素、技术因素、环境因素。

2. 建设地区及建设地点（厂址）

一般情况下，确定某个建设项目的具体地址（或厂址），需要经过建设地区选择和建设地点选择（厂址选择）这样两个不同层次的、相互联系又相互区别的工作阶段。这两个阶段是一种递进关系。其中，建设地区选择是指在几个不同地区之间对拟建项目适宜配置在哪个区域范围的选择；建设地点选择是指对项目具体坐落位置的选择。

1）建设地区的选择

（1）设地区的选择要充分考虑各种因素的制约，具体要考虑以下因素：

① 要符合国发经济发展战略规划、国家工业布局总体规划和地区经济发展规划的要求。

② 要根据项目的特点和需要，充分考虑原材料条件、能源条件、水源条件、各地区对

项目需求及运输条件等。

③ 要综合考虑气象、地质、水文等建厂的自然条件。

④ 要充分考虑劳动力来源、生活环境、协作、施工力量、风俗文化等社会环境因素的影响。

（2）在综合考虑上述因素的基础上，建设地区的选择要遵循以下两个基本原则：

① 靠近原料、燃料提供地和产品消费地的原则。

② 工业项目适当聚集的原则。

2）建设地点的选择

建设地点的选择是一项极为复杂的技术经济综合性很强的系统工程，它不仅涉及项目建设条件、产品生产要素、生态环境和未来产品销售等重要问题，受社会、政治、经济、国防等多种因素的制约；而且还直接影响到项目建设投资、建设速度和施工条件，以及未来企业的经营管理及所在地点的城乡建设规划和发展。因此，必须从国民经济和社会发展的全局出发，运用系统观点和方法分析决策。

选择建设地点的要求主要有：

（1）节约土地。项目的建设应尽可能节约土地，尽量把厂址放在荒地、劣地、山地和空地，尽可能不占或少占耕地，节省土地的补偿费用。

（2）减少拆迁移民。

（3）尽量选在工程地质、水文地质条件较好的地段，土壤耐压力应满足拟建厂的要求，严防选在断层、溶岩、流沙层和有用矿床上，以及洪水淹没区，已采矿坑塌陷区、滑坡区。厂址的地下水位应尽可能低于地下建筑物的基准面。

（4）有利于厂区合理布置和安全运行。厂区土地面积与外形能满足厂房与各种构筑物的需要，并适合于按科学的工艺流程布置厂房与构筑物；厂区地形力求平坦而略有坡度（一般以 5%～10%为宜），以减少平整土地的土方工程量，节约投资，满足生产安全要求，又便于地面排水。

（5）应尽量靠近交通运输条件和水电等供应条件好的地方。应靠近铁路、公路、水路，以缩短运输距离，应便于供电、供热和其他协作条件的取得，减少建设投资。

（6）应尽量减少对环境的污染。对于排放大量有害气体和烟尘的项目，不能建在城市的上风口，以免对整个城市造成污染；对于噪声大的项目，厂址应选在距离居民集中地区较远的地方，同时，要设置一定宽度的绿化带，以减弱噪声的干扰。上述条件能否满足，不仅关系到建设工程造价的高低和建设期限，对项目投产后的运营状况也有很大影响。因此，在确定厂址时，也应进行方案的技术经济分析、比较，选择最佳厂址。

3）厂址选择时的费用分析

在进行厂址多方案技术经济分析时，除比较上述厂址条件外，还应从两方面进行分析：

（1）项目投资费用。包括土地征购费、拆迁补偿费、土石方工程费、运输设施费、排水及污水处理设施费、动力设施费、生活设施费、临时设施费、建材运输费等。

（2）项目投产后生产经营费用比较。包括原材料、燃料运入及产品运出费用，给排水、污水处理费用，动力供应费用等。

3. 技术方案

技术方案选择的内容：生产方法选择、工艺流程方案选择。生产工艺是指生产产品所采用的工艺流程和制作方法。工艺流程是指投入物（原料或半成品）经过有次序的生产加工，成为产出物（产品或加工品）的过程。选择技术方案时应遵循的基本原则，先进适用、安全可靠、经济合理。

4. 设备方案

（1）对于主要设备方案选择，应符合以下要求：

① 主要设备方案应与确定的建设规模、产品方案和技术相适应，并满足项目投产后生产或使用的要求。

② 主要设备之间、主要设备与辅助设备之间要相互匹配。

③ 设备质量可靠、性能成熟，保证生产和产品质量稳定。

④ 在保证设备性能前提下，力求经济合理。

⑤ 选择的设备应符合政府部门或专门机构发布的技术标准要求。

（2）在设备选用中，应注意处理好以下问题：

① 尽量选用国产设备。凡国内能够制造，并能保证质量、数量和按期供货的设备，或者进口一些技术资料就能仿制的设备，原则上必须国内生产，不必从国外进口；凡只引进关键设备就能由国内配套使用的，就不必成套引进。

② 注意进口设备之间以及国内外设备之间的衔接配套问题。有时一个项目从国外引进设备时，为了考虑各供应厂家的设备特长和价格等问题，可能分别向几家制造厂购买，这时，就必须注意各厂所供设备之间技术、效率等方面的衔接配套问题。为了避免各厂所供设备不能配套衔接，引进时最好采用总承包的方式。

③ 注意进口设备与原有国产设备、厂房之间的配套问题。主要应注意本厂原有国产设备的质量、性能与引进设备是否配套，以免因国内外设备能力不平衡而影响生产。有的项目利用原有厂房安装引进设备，就应把原有厂房的结构、面积、高度以及原有设备的情况了解清楚，以免设备到厂后安装不下或互不适应而造成浪费。

④ 注意进口设备与原材料、备品备件及维修能力之间的要配套问题。应尽量避免引进的设备所用主要原料需要进口。采用进口设备还必须同时组织国内研制所需备品备件问题，以保证设备长期发挥作用。另外，对于进口的设备，还必须懂得如何操作和维修，否则不能发挥设备的先进性。

第二节　建设项目投资估算

一、建设项目投资估算的含义

1. 投资估算的概念

投资估算是在在项目决策过程中，对拟建项目的建设规模、技术方案、设备方案、工程方案及项目实施进度等进行研究并基本确定的基础上，对建设项目投资数额（包括工程造价和流动资金）进行的估计。

2. 投资估算的作用

（1）投资估算是拟建项目项目建议书、可行性研究报告的重要组成部分，是有关部门审批项目建议书和可行性研究报告的依据之一，并对制订项目规划、控制项目规模起参考作用。

（2）投资估算是项目投资决策的重要依据，对于制订融资方案、进行经济评价和进行方案选优起着重要的作用。

当可行性研究报告被批准后，其投资估算额即作为设计任务书中下达的投资限额，即建设项目投资的最高限额，不得随意突破。

（3）投资估算是编制初步设计概算的依据，同时还对初步设计概算起控制作用，是项目投资控制的目标之一。

3. 投资估算的阶段划分

国外项目投资估算的阶段划分一般从开发设想直至施工图设计，比我国跨度大。我国只是指决策阶段。如表 3-2 所示。

表 3-2　投资估算的阶段划分

国内				国外	
阶段名称	误差控制	工作性质	常用估算方法	阶段名称	误差控制
项目规划阶段	>±30%	项目设想	单位生产能力估算法、匡算法	项目的投资设想阶段（毛估阶段、比照估算）	>±30%
项目建议书阶段	±30%以内	项目汇总	生产能力指数法 系数估算法	项目的投资机会研究阶段（粗估阶段、因素估算）	±30%以内
初步可行性阶段	±20%以内	项目初选	比例系数法 指标估算法	项目的初步可行性研究时期（初步估算阶段、认可估算）	±20%以内
详细可行性阶段	±10%以内	项目拟订	模拟概算法	项目的详细可行性研究时期（确定估算、控制估算）	±10%以内
				项目的工程设计阶段（详细估算、投标估算）	±5%以内

4. 影响投资估算准确程度的因素

（1）项目本身的复杂程度及对其认知的程度。

（2）对项目构思和描述的详细程度。

（3）工程计价的技术经济指标的完整性和可靠程度。

（4）项目所在地的自然环境描述的翔实性。

（5）项目所在地的经济环境描述的翔实性。

（6）有关建筑材料、设备的价格信息和预测数据的可信度。

（7）估算人员的水平、采用的方法等。

二、建设项目投资估算的内容和深度

1. 投资估算的内容

1）专业构成内容

一项完整的建设项目一般都包括有建筑工程和设备安装工程等四大类。因此，工程估算内容也就分为建筑工程估算和设备安装工程估算等四大类。

（1）建筑工程投资估算。

所谓建筑工程投资估算，系指对各种厂房（车间）、仓库、住宅、宿舍、病房、影剧院、商厦、教学楼等建筑物和矿井、铁路、公路、桥涵、港口、码头等构筑物的土木建筑、各种管道、电气照明线路敷设、设备基础、炉窑砌筑、金属结构工程以及水利工程进行新建或扩建时所需费用的计算。

（2）安装工程投资估算。

所谓安装工程投资估算，系指对需要安装的机器设备进行组装、装配和安装所需全部费用的计算。包括生产、动力、起重、运输、传动和医疗、实验以及体育等设备，与设备相连的工作台、梯子、栏杆以及附属于被安装设备的管线敷设工程和被安装设备的绝缘、保温、刷油等工程。

上述两类工程在基本建设过程中是必须兴工动料的工程，它通过施工活动才能实现，属于创造物质财富的生产性活动，是基本建设工作的重要组成部分。因此，也是工程估算内容的重要组成部分。

（3）设备购置投资的估算。

设备购置投资估算，是指对生产、动力、起重、运输、传动、实验、医疗和体育等设备的订购采购工作。设备购置费在工业建设中其投资费用占总投资的 40% ~ 55%。但设备投资的估算也是一项极为复杂的技术经济工作并具有与建筑安装工程不可比拟的经济特点，为此，对它的造价估算在此不作详述。

（4）工程建设其他费用的估算。

该项费用的估算，一般都有规定有现成的指标，依据建设项目的有关条件，主要有土地转让费、与工程建设有关的其他费用、业主费用、总预算费用、建设期贷款利息等，经过计算则可求得。

2）费用构成内容

投资估算的内容，从费用构成包括该项目从筹建、设计、施工直至竣工投产所需的全部费用，分为固定资产投资和流动资金两部分。

固定资产投资估算的内容包括建筑安装工程费、设备及工器具购置费、工程建设其他费、基本预备费、涨价预备费、建设期利息、固定资产投资方向调节税等。固定资产投资可分为静态部分和动态部分。涉及价格、汇率、利率、税率等变动因素的部分，如涨价预备费、建设期贷款利息和固定资产投资方向调节税等构成动态部分，其余费用组成静态投资部分。

流动资金是指生产经营性项目投产后，用于购买原材料、燃料、支付工资及其他经营费用等所需的周转资金，即为财务中的营运资金。

为了确定投资，不留缺口，不仅要准确地计算出静态投资，而且还应该充分考虑动态投资部分以及流动资金的估算，这样，投资估算才能全面地反映工程造价的构成和对拟建项目的经济论证、评价、决策等起重要的作用。参见图 3-2。

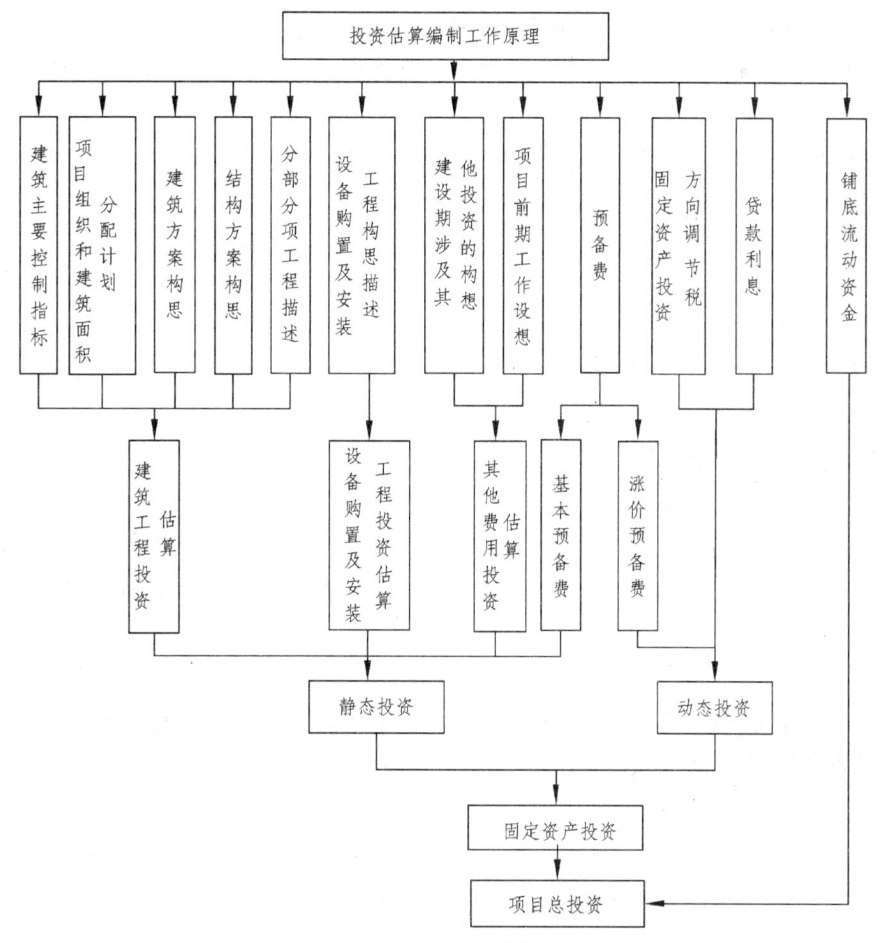

图 3-2　建设项目投资估算编制工作原理

2. 投资估算文件的组成

投资估算文件的组成：一般由封面、签署页、编制说明、投资估算分析、总投资估算表、单项工程估算表、主要技术经济指标等内容组成。

1）封面

封面在估算文件单独成册才需要。

2）文字（编制说明）

一般包括以下内容：

（1）工程概况：建设规模、范围、不包括工程投资估算的内容和费用、编制情况等。

（2）编制依据。

① 国家或地区建设主管部门发布的有关法律、法规、规章、规程、有关造价文件等。

② 项目建议书（或建设规划），可行性研究报告（或设计任务书），与建设项目相关的工程地质资料、设计文件、图纸等。

③ 投资估算指标、概算指标（定额）、预算定额、工程建设其他费用定额（规定）、技

术经济指标、类似工程造价、价格指数等。

④ 当地建设同期的要素市场价格情况及变化趋势，政府有关部门、金融机构等部门发布的价格指数、利率、汇率、税率等有关参数。

⑤ 当地建筑工程取费标准，如措施费、企业管理费、规费、利润、税金以及与建设有关的其他费用标准等。

⑥ 现场情况，如地理位置、地质条件、交通、供水、供电条件等。

⑦ 如采用国外资金，说明汇率情况及贷款利率。

⑧ 其他经验参考数据，如材料、设备运杂费率，设备安装费率，零星工程及辅材的比率等。

⑨ 委托人提供的其他技术经济资料。

在编制投资估算时上述资料越具体、越完备，编制的投资估算就越准确、越全面。

（3）征地拆迁、供水供电、考察咨询费等的计算。

（4）其他需要说明的问题。

3）表格

① 项目投资总估算表；② 工程建设其他费用计算表；③ 主要材料估算表；④ 主要引进设备用表；⑤ 流动资金估算表；⑥ 投资计划与资金筹措表；⑦ 主要技术经济指标及投资估算分析（表格）。

4）计算说明

表格中②~⑥项不一定非要用表格表示，用计算说明并配合计算式也可以，计算依据要注清楚。此外，建设期贷款利息、预备费等也可以在此计算。

3. 投资估算的编制原则

投资估算是拟建项目前期可行性研究的一个重要内容，是经济效益评价的基础. 是项目决策的重要依据。投资估算质量如何，将决定着拟建项目能否纳入建设计划的前途“命运”。因此，在编制投资估算时应符合下列原则：

（1）实事求是的原则。从实际出发，深入开展调查研究，掌握第一手资料，决不能弄虚作假，保证资料的可靠性。

（2）合理利用资源、效益最高的原则。市场经济环境中，利用有限的资源. 尽可能满足需要。

（3）尽量做到快、准的原则。一般投资估算误差都比较大。通过艰苦细致的工作，加强研究，积累资料，尽量做到又快、又准拿出项目的投资估算。

（4）适应高科技发展的原则。从编制投资估算角度出发，在资料收集，信息储存、处理、使用以及编制方法选择和编制过程应逐步实现计算机化、网络化。

三、常用建设项目投资估算的编制方法（图 3-3）

（一）固定资产投资的估算

1. 静态投资部分估算

包括建筑安装工程费用、设备与工器具购置费、工程建设其他费用、基本预备费。

现行建设投资估算的方法，主要以类似工程对比为主要思路，利用各种数学模型和统计经验公式进行估算，主要包括简单估算法、投资分类估算法和以现代数学为理论基础的估算方法。

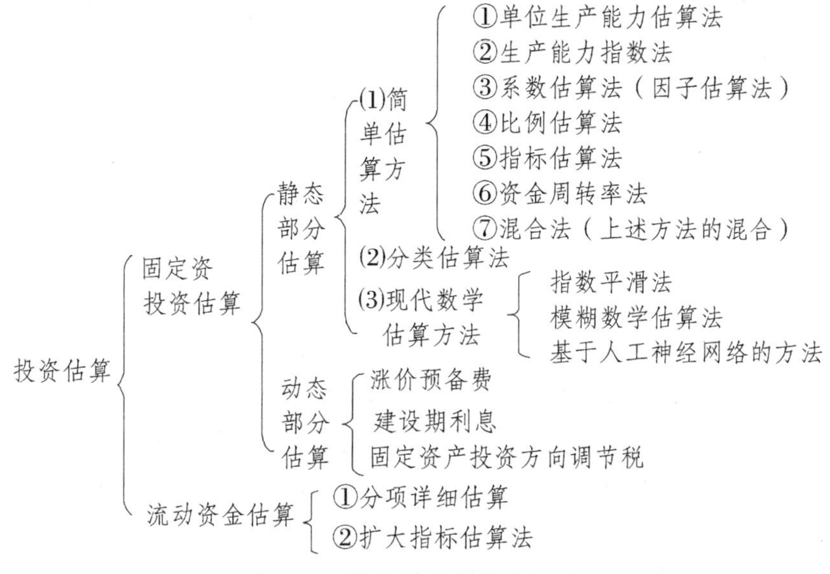

图 3-3　投资估算的编制方法

1）简单估算法

（1）单位生产能力估算法。

单位生产能力估算法是根据已建成、性质类似的建设项目（或生产装置）的投资额或生产能力，以及拟建项目（或生产装置）的生产能力，做适当调整后得出拟建项目估算值。其计算模型如下：

$$C_2=\left(\frac{C_1}{Q_1}\right)\cdot Q_2\cdot f$$

式中　C_1——已建类似项目的静态投资额；

C_2——拟建项目静态投资额；

Q_1——已建类似项目的生产能力；

Q_2——拟建项目的生产能力；

f——不同时期、不同地点的定额、单价、费用变更等的综合调整系数。

该方法一般只能进行粗略快速的估计。因为项目之间时间、空间等因素的差异性，往往生产能力和造价之间不是一种线性关系，所以，在使用这种方法时要注意拟建项目的生产能力和类似项目的可比性，否则误差很大。

由于在实际工作中不容易找到与拟建项目完全类似的项目，通常是把项目按其下属的车间、设施和装置进行分解，分别套用类似车间、设施和装置的单位生产能力投资指标计算，然后加总求得项目总投资。或根据拟建项目的规模和建设条件，将投资进行适当调整后估算项目的投资。

【例 3-1】某地 2015 年拟建一座工厂，年生产产品 80 万吨。2012 年在另一地区已建类似工厂，年生产同类产品 60 万吨，投资 6.72 亿元。若综合调整系数为 1.15，用单位生产能力估算法计算拟建项目的投资额是多少？

【解】拟建项目投资 $C_2=(C_1/Q_1)\times Q_2\times f=6.72/60\times 80\times 1.15=10.304$（亿元）

（2）生产能力指数法。

生产能力指数法又叫指数估算法，同单位生产能力估算法的原理一样，它的改进之处在于将生产能力和造价之间的关系考虑为一种非线性的指数关系，在一定程度上提高了估算精度。其计算模型如下：

$$C_2 = C_1\left(\frac{Q_2}{Q_1}\right)^n f$$

式中 n——生产能力指数，$0\leqslant n\leqslant 1$。其他符号定义同前。

运用这种方法的重要条件是要有合理的生产能力指数。当已建类似项目和拟建类似项目规模相差不大，生产规模比值关系在 0.5 ~ 2.0 时，n 的取值近似为 1；当已建类似项目和拟建类似项目规模相差小于 50 倍，且拟建项目生产规模的扩大仅靠增大设备规模达到时，则 n 取 0.6 ~ 0.7；若是靠增加相同规模设备的数量达到时，则 n 取 0.8 ~ 0.9。

该方法计算简单、速度快，往往只需知道工艺流程及规模即可，也较单位生产能力估算法精度有较大提高。但该方法要求估算资料可靠，条件基本相同。

【例 3-2】2007 年在某地建设年产 55 万吨某产品的装置投资额为 30 000 万元，若 2015 年在该地建设年产 82 万吨同类产品的装置，工程条件与上述装置类似，试估算该装置的投资额（生产能力指数 n=0.5，假定从 2007 年到 2015 年每年平均工程造价指数为 1.1，即每年递增 10%）。

【解】

$$C_2 = C_1\left(\frac{Q_2}{Q_1}\right)^n f$$

$$=30\,000\times(82/55)^{0.5}\times 1.1^8$$

$$=78\,521.451\,2\text{（万元）}$$

（3）系数估算法。

系数估算法也称为因子估算法，它是以拟建项目的主体工程费或主要设备费为基数，以其他工程费占主体工程费的百分比为系数来估算项目总投资的方法。系数估算法的方法较多，有代表性的包括设备系数法、主体专业系数法、朗格系数法等。

① 设备系数法。

该法以拟建项目的设备费为基数，根据已建成的同类项目中建筑安装工程费和其他工程费等占设备价值的百分比，求出拟建项目建筑安装工程费和其他工程费，进而求出项目总投资。计算公式如下：

$$C = E(1 + f_1P_1 + f_2P_2 + f_3P_3 + L) + I$$

式中 C——拟建项目或装置的建设投资额；

E——根据设备清单按现行价格计算的设备费（包括运杂费）的总和；

P_1, P_2, P_3——表示已建成项目中的建筑、安装及其他工程费用分别占设备费的百分比；

f_1, f_2, f_3——表示由于时间因素引起的定额、价格、费用标准等变化的综合调整系数；

I——拟建项目的其他费用。

【例 3-3】某拟建项目设备投资额估计为 500 万元，类似工程设备费 300 万元，建筑工程费 50 万元，安装工程费 20 万元，工程建设其他费 15 万元，拟建项目相应于类似工程在建筑安装工程建设其他费三方面的综合调整系数分别为 1.1、1.05、1.25，拟建项目其他费用估计为 10 万元，试估算拟建项目投资额。

【解】　C=500[1+（50/300）×1.1+（20/300）×1.05+（15/300）×1.25]+10
=667.9167（万元）

② 主体专业系数法。

以拟建项目中投资比重较大，并与生产能力直接相关的工艺设备投资为基数，根据已建同类项目的有关资料，计算出拟建项目各专业工程（总图、土建、暖通、给排水、管道、电气及电信、自控仪表及其他费用等）占工艺设备投资的百分比，计算出各专业的投资，进而求项目总投资。计算公式为：

$$C = E(1+f_1P_1'+f_2P_2'+f_3P_3'+L)+I$$

式中　$P_1', P_2', P_3' \cdots$——已建项目中各专业工程费用与设备投资的比重，其余符号含义与前式符号含义相同。

【例 3-4】拟建设项目生产能力 180 万吨工厂，已知类似工程生产能力 150 万吨，设备投资额是 6 800 万元，类似工程中建筑、安装、工程建设其他费、工器具费用占设备费的比例分别为 25%、25%、8%、6%，求拟建项目静态投资（已知 n=0.85，f=1.15，相应类似工程在建筑安装工程建设其他费、工器具费的综合调整系数为 1.2、1.15、1.05、0.95）。

要点分析：应分成两步来完成：一是根据生产能力指数法先求出拟建项目的设备费；二是以设备费为基数采用设备系数法计算。

【解】根据背景资料，拟建项目的设备费计算如下：

$$C_2 = C_1\left(\frac{Q_2}{Q_1}\right)^n f$$

$E=C_2$ =6 800×（180/150）0.85×1.15=9 130.841 7（万元）

$$C = E(1+f_1P'_1+f_2P_2'+f_3P_3'+L)+I$$

=9 130.841 7×（1+25%×1.2+25%×1.15+8%×1.05+6%×0.95）+0
=15 782.659 9（万元）

③ 朗格系数法。朗格系数法以设备费为基础，乘以相应系数来推算建设项目的总费用。其基本公式为：

$$D = (1+\sum K_i)K_c \cdot C$$

式中　D——总建设费用；

C——主要设备费用；

K_i——管线、仪表、建筑物等项费用的估算系数；

K_c——包括工程费、合同费、应急费等间接费在内的总估算系数。

总建设费用与设备费用之比为朗格系数 K_L，即：

$$K_L=(1+\sum K_i)K_c$$

此法是世行项目投资估算常采用的方法。比较简单，但没有考虑设备材质、规格的差异，朗格系数法估算误差在 10%～15%。郎格系数包含的内容见表 3-3。

表 3-3 朗格系数包含的内容

<table>
<tr><td colspan="2">项 目</td><td>固体流程</td><td>固流流程</td><td>流体流程</td></tr>
<tr><td colspan="2">朗格系数 K_L</td><td>3.1</td><td>3.63</td><td>4.74</td></tr>
<tr><td rowspan="4">内容</td><td>（a）包括基础、设备、绝热、油漆及设备安装费</td><td colspan="3">E×1.43</td></tr>
<tr><td>（b）包括上述在内和配管工程费</td><td>（a）×1.1</td><td>（a）×1.25</td><td>（a）×1.6</td></tr>
<tr><td>（c）装置直接费</td><td colspan="3">（b）×1.5</td></tr>
<tr><td>（d）包括上述在内和间接费，总费用（C）</td><td>（c）×1.31</td><td>（c）×1.35</td><td>（c）×1.38</td></tr>
</table>

【例 3-5】某地建造一座生产流程为固流流程的工厂，生产设备到达该工地的费用为 5 000 万元。试估算该工厂各部分的投资和总投资。

【解】工厂的生产流程属于固流流程，在采用朗格系数法时，应采用固流流程的数据。计算如下：

① 设备到达现场的费用 E = 5 000 万元

② 计算费用（a）

（a）=E×1.43= 7 150（万元）

则设备基础、绝热、油刷及安装费用为：7 150-5 000= 2 150（万元）

③ 计算费用（b）：

（b）=E×1.43×1.25=5 000×1.43×1.25=8 937.5（万元）

则其中配管（管道工程）费用为：8 937.5-7 150=1 787.5（万元）

④ 计算费用（c）：

（c）=E×1.43×1.25×1.5=13 406.25（万元）

则电气、仪表、建筑等工程费用为：13 406.25-8 937.5=4 468.75（万元）

⑤ 计算费用（d）投资（C）：

C=E×1.43×1.25×1.5×1.35=18 098.437 5（万元）

⑥ 则间接费用为：18 098.437 5-13 406.25=4 692.187 5（万元）

由此估算出该厂的总投资为 18 098.437 5 万元，其中间接费用为 4 692.187 5 万元。

（4）比例估算法。

根据统计资料，先求出已有同类企业主要设备投资占全厂建设投资的比例，然后再估算出拟建项目的主要设备投资，即可按比例求出拟建项目的建设投资。比例估算法适用于设备投资占比例较大的项目。其计算模型如下：

$$I=\frac{1}{K}\sum_{i=1}^{n}Q_iP_i$$

式中　I——拟建项目的建设投资；

K——主要设备投资占项目总造价的比重；

Q_i——第 i 种主要设备的数量；

P_i——第 i 种主要设备的单价（到厂价格）；

n——主要设备类数。

【例 3-6】某项目需 A、B、C 三种设备，A 设备 5 台，该设备费用 600 万元/台，B 设备 4 台，设备费用 700 万元/台，C 设备 3 台，设备费用 900 万元/台，有类似工程设备费 4 900 万元，项目总投资 7 800 万元，求拟建项目投资额。

【解】类似工程设备占投资费用的比例 K=4 900/7 800，则：

拟建项目投资额=（7 800/4 900）×（600×5+700×4+900×3）

= 13 530.612 24（万元）

（5）指标估算法。

这种方法是把建设项目划分为建筑工程、设备安装工程、设备及工器具购置费及其他基本建设费等费用项目或单位工程，再根据各种具体的投资估算指标，进行各项费用项目或单位工程投资的估算，在此基础上，可汇总成每一单项工程的投资。另外再估算工程其他费用及预备费，即求得建设项目总投资。

投资估算指标是编制和确定项目可行性研究报告中投资估算的基础和依据，与概预算定额比较，估算指标是以独立的建设项目、单项工程或单位工程为对象，综合项目全过程投资和建设中的各类成本和费用，反映出其扩大的经济指标，具有较强的综合性和概括性。

投资估算指标分为建设项目综合指标、单项工程指标和单位工程指标三种。建设项目综合指标一般以项目的综合生产能力单位投资表示，或以使用功能表示。单项工程指标一般以单项工程生产能力单位投资表示。单位工程指标按规定应列入能独立设计、施工的工程项目的费用，即建筑安装工程费，一般以如下方式表示：房屋区别不同结构形式以元/m^2表示；管道区别不同的材质、管径以元/m 表示。

使用指标估算法，应注意以下事项：

① 使用指标估算法应根据不同地区、年代而进行调整。因为地区、年代不同，设备与材料的价格均有差异，调整方法可以按主要材料消耗量或“工程量”为计算依据；也可以按不同的工程项目的“万元工料消耗定额”而定不同的系数。在有关部门颁布有定额或材料价差系数（物价指数）时，可据其调整。

② 使用估算指标法进行投资估算决不能生搬硬套，必须对工艺流程、定额、价格及费用标准进行分析，经过实事求是的调整与换算后，才能提高其精度。

2）投资分类估算法

建设投资由建筑工程费、设备及工器具购置费、安装工程费、工程建设其他费用、基本预备费、涨价预备费、建设期利息构成。预备费在投资估算或概算编制阶段按第一、二部分费用比例分摊进相应资产，在工程决算时按实际发生情况计入相应资产。

（1）建筑工程费的估算方法。

① 单位建筑工程投资估算法。

单位建筑工程投资估算法，以单位建筑工程量投资乘以建筑工程总量计算。一般工业与民用建筑以单位建筑面积（m^2）的投资，工业窑炉砌筑以单位容积（m^3）的投资，水库以水坝单位长度（m）的投资，铁路路基以单位长度（km）的投资，矿山掘进以单位长度（m）的投资，乘以相应的建筑工程总量计算建筑工程费。

② 单位实物工程量投资估算法。

单位实物工程量投资估算法，以单位实物工程量的投资乘以实物工程总量计算。土石方工程按每立方米投资，矿井港道衬砌工程按每延米投资，路面铺设工程按每平方米投资，乘以相应的实物工程总量计算建筑工程费。

③ 概算指标投资估算法。

对于没有上述估算指标且建筑工程费占总投资比例较大的项目，可采用概算指标估算法。采用这种估算法，应占有较为详细的工程资料、建筑材料价格和工程费用指标，投入时间和工作量较大。具体估算方法见有关专门机构发布的概算编制办法。

（2）设备及工器具购置费估算方法。

设备购置费估算应根据项目主要设备表及价格、费用资料编制。工器具购置费一般按占设备费的一定比例计取。

设备及工器具购置费，包括设备的购置费、工器具购置费、现场制作非标准设备费、生产用家具购置费和相应的运杂费。对于价值高的设备应按单台（套）估算购置费；价值较小的设备可按类估算。国内设备和进口设备的购置费应分别估算。

国内设备购置费为设备出厂价加运杂费，运杂费可按设备出厂价的一定百分比计算。

进口设备购置费由进口设备货价、进口从属费用及国内运杂费组成。进口从属费用包括国外运费、国外运输保险费、进口关税、消费税、进口环节增值税、外贸手续税、银行财务费和海关监管手续费。国内运杂费包括运输费、装卸费、运输保险费等。

现场制作非标准设备，由材料费、人工费和管理费组成，按其占设备总费用的一定比例估算。

（3）安装工程费估算方法。

需要安装的设备应按估算安装工程费，包括各种机电设备装配和安装工程费用，与设备相连的工作台、梯子及其装设工程费用，附属于被安装设备的管线敷设工程费用；安装设备的绝缘、保温、防腐等工程费用；单体试运转和联动无负荷运转费用等。

安装工程费通常按行业或专门机构发布的安装工程定额、取费标准和指标估算投资。具体计算可按安装费率、每吨设备安装费或者每单位安装实物工程量的费用估算，即：

安装工程费=设备原价×安装费率

安装工程费=设备吨位×每吨安装费

安装工程费=安装工程实物量×安装费用指标

（4）工程建设其他费用估算。

工程建设其他费用按各项费用科目的费率或者取费标准估算。

3）以现代数学为理论基础的估算方法

近年来，随着计算机应用及全面普及，出现多种以现代数学方法为理论基础的投资估算方法。其代表方法主要有指数平滑法、模糊数学估算法和基于人工神经网络的估算方法。

2. 动态投资部分估算

动态投资估算主要包括涨价预备费、建设期贷款利息和固定资产投资方向调节税内容，对于涉外项目还应考虑汇率的变化对投资的影响。 动态投资的估算应以基准年静态投资的资金使用计划为基础来计算以上各种变动因素，而不是以编制年的静态投资为基础计算。动态投资估算主要包括：

1）由价格变动可能增加的投资额

由价格变动可能增加的投资额即涨价预备费、建设期贷款利息和固定资产投资方向调节税。

（1）涨价预备费。

涨价预备费即建筑项目在建设期间内材料、人工、设备等价格发生变化引起工程造价变化，而事先预留的费用，也称为价格变动不可预见费。包括：

① 人工、设备、材料、施工机械的价差费。

② 建筑安装工程费及工程建设其他费用调整。

③ 利率、汇率调整等增加的费用。

涨价预备费根据国家规定的投资综合价格指数，按估算年份价格水平的投资额为基数，采用复利方法计算。

$$\mathrm{PF}=\sum_{t=1}^{n} I_t\left[(1+f)^m(1+f)^{0.5}(1+f)^{t-1}-1\right]$$

式中 PF ——涨价预备费，单位为元；

n——建设期，单位为年；

I_t——建设期中第 t 年的投资计划额，包括工程费用、工程建设其他费用及基本预备费，即第 t 年的静态投资，单位为元；

f——年均投资价格上涨率；

m——建设前期年限（从编制估算到开工建设），单位为年。

【例 3-7】某建设项目，经投资估算确定的工程费用与工程建设其他费用合计为 2 000 万元，项目建设前期为 0 年，项目建设期为 2 年，每年各完成投资计划 50%在基本预备费率为 5%，年均投资价格上涨率为 10%情况下，该项目建设期的涨价预备费为多少？

【解】静态投资=2 000×（1+5%）=2 100（万元）

建设期每年投资为：1 050（万元）。

第一年涨价预备费为：

PF_1=1 050×[（1+10%）0.5−1]=51.25（万元）

第二年涨价预备费为：

PF_2=1 050×[（1+10%）1.5−1]=161.37（万元）

所以，建设期的涨价预备费为：

PF=51.25+61.37=212.62（万元）

（2）建设期贷款利息估算。

① 对于贷款总额一次性贷款且利率固定的贷款，计算公式如下：

$$F = P \times (1+i)^n$$

$$I = F - P$$

式中　F——建设期还款时的本利和；

P——一次性贷款金额；

i——年利率；

I——贷款利息；

n——贷款期限。

② 对于总贷款是分年度均衡发放时，建设期利息的计算可按当年借款在年中支用考虑，即当年贷款按半年计息，上年贷款按全年计息。计算公式如下：

$$F = (P_{n-1} + \frac{1}{2} \times A_n)i$$

式中　F——第 n 年的贷款利息；

P_{n-1}——第 $n-1$ 年的贷款本利和；

A_n——第 n 年的贷款金额；

i——贷款年利率。

【例 3-8】某项目的建设期为 4 年。分年均衡贷款，第一年贷款 1 000 万元，第二年贷款 1 540 万元，第三年贷款 2 300 万元，第四年贷款 2 890 万元，年利率为 7.74%，建设期内利息只计息不支付，计算建设期贷款利息。

试计算该项目建设期的贷款利息。

【解】各年的贷款利息为：

第 1 年：F_1=1 000×50%×7.74%=38.7（万元）

第 2 年：F_2=（38.7+1 000+1 540×50%）×7.74%=140（万元）

第 3 年：F_3=（38.7+1 000+140+1 540+2 300×50%）×7.74%=299.44（万元）

第 4 年：F_4=（38.7+1 000+ 140+1 540+ 299.44+2 300+2 890×50%）×7.74%=523.47（万元）

因此，建设期贷款利息= F_1+ F_2 +F_3+ F_4=1 001.6 万元。

2）汇率变化可能增加的投资额

估计汇率变化对建设项目投资的影响，通过预测汇率在项目建设期内的变化程度，以估算年份的投资额为基数，计算而得。

汇率的概念：两种不同币种之间的兑换比率，或者说一种货币表现另一种货币的价格。

对于涉外项目还应考虑汇率的变化对投资的影响。汇率的变化意味着一种货币相对于另一种货币的贬值或升值。在我国，人民币与外币之间的汇率采取以人民币表示外币价格的形式给出，如 1 美元=6.35 元人民币。

（1）外息币对人民币升值。

项目从国外市场购买设备材料所支付的外币金额不变，但换算成人民币的金额增加；从国外贷款，本息支付的外币金额不变，但换算成人民币的金额增加。

（2）外息币对人民币贬值。

项目从国外市场购买设备材料所支付的外币金额不变，但换算成人民币的金额减少；

从国外贷款，本息支付的外币金额不变，但换算成人民币的金额减少。

3. 建设投资估算表编制

在估算出建设投资后需编制建设投资估算表，为后期的融资决策提供依据。建设投资可按概算法或按形成资产法分类。

（1）按概算法分类：按照概算法编制的建设投资估算表如表 3-4 所示。

（2）按形成资产法分类。

建设投资由形成固定资产的费用、形成无形资产的费用、形成其他资产的费用和预备费四部分组成。

按形成资产法编制的建设投资估算表如表 3-5 所示。

表 3-4　建设投资估算表（概算法，人民币单位：万元，外币单位：美元）

序号	工程或费用名称	建筑工程费	设备购置费	安装工程费	其他费用	合计	其中：外币	比例/%
1	工程费用							
1.1	主体工程							
1.1.1	×××							
	……							
1.2	辅助工程							
1.2.1	×××							
	……							
1.3	公用工程							
1.3.1	×××							
	……							
1.4	服务性工程							
1.4.1	×××							
	……							
1.5	厂外工程							
1.5.1	×××							
	……							
1.6	×××							
2	工程建设其他费用							
2.1	×××							
	……							
3	预备费							
3.1	基本预备费							
3.2	涨价预备费							
4	建设投资合计							
	比例/%							

表 3-5　建设投资估算表（形成资产法，人民币单位：万元，外币单位：美元）

序号	工程或费用名称	建筑工程费	设备购置费	安装工程费	其他费用	合计	其中：外币	比例/%
1	固定资产费用							
1.1	工程费用							
1.1.1	×××							
1.1.2	×××							
1.1.3	×××							
	……							
1.2	固定资产其他费用							
	×××							
	……							
2	无形资产费用							
2.1	×××							
	……							
3	其他资产费用							
3.1	×××							
	……							
4	预备费							
4.1	基本预备费							
4.2	涨价预备费							
5	建设投资合计							
	比例/%							

（二）流动资金估算

这里的流动资金是指建筑项目投产后为维持正常生产经营，用于购买原材料、燃料、支付工资及其他生产经营费用等所必不可少的周转资金。它是伴随着固定资产投资而发生的永久性流动投资，它等于项目投产运营后所需全部流动资产扣除流动负债后的余额。其中，流动资产主要考虑应收与预付账款、现金和存货；流动负债主要考虑应付与预收款。由此看出，这里所指的流动资金的概念，实际上就是财务中的营运资金。

流动资金的估算一般采用两种方法：扩大指标估算法、分项详细估算法。一般采用分项详细估算法，个别情况或者小型项目可采用扩大指标法，两种方法对比表 3-6。

表 3-6　流动资金估算方法对比

方法	定义	估算的具体步骤或内容
分项详细估算法	分项详细估算法是根据周转额与周转速度之间的关系，对构成流动资金的各项流动资产和流动负债分别进行估算	流动资金=流动资产-流动负债 流动资产=现金+存货+应收账款 流动负债=应付账款+预收账款
扩大指标估算法	扩大指标估算法是根据现有同类企业的实际资料，求得各种流动资金率指标，也可依据行业或部门给定的参考值或经验确定比率，将各类流动资金率乘以相对应的费用基数来估算流动资金	流动资金=固定资产投资×流动资金占固定资产投资总投资比例

1. 扩大指标估算法

扩大指标估算法是按照流动资金占某种基数的比率来进行估算。一般常用的基数有销售收入、经营成本、总成本费用和固定资产投资等，究竟采用何种基数依行业习惯而定。所采用的比率根据经验确定，或根据现有同类企业的实际资料确定，或依行业、部门给定的参考值确定。扩大指标估算法简便易行，但准确度不高，适用于项目建议书阶段的估算。

（1）产值（或销售收入）资金率估算法。

一般加工工业项目大多采用产值（或销售收入）资金率进行估算。

流动资金额=年产值（年销售收入额）×产值（销售收入）资金率

【例 3-9】某项目的年产值为 3 000 万元，其类似企业百元产值的流动资金占用率为 20%，则该项目的流动资金应为：

3 000×20%=600（万元）

（2）经营成本（或总成本）资金率估算法。经营成本是一项反映物质、劳动消耗水平和技术、生产管理水平的综合指标。一些工业项目，尤其是采掘工业项目常用经营成本（或总成本）资金率估算流动资金。

流动资金额=年经营成本（年总成本）×经营成本资金率（总成本资金率）

【例 3-10】某建设项目，某年经营成本 6 000 万元，营业收入资金率 20%，经营成本资金率 30%，则该企业的流动资金额为：

6 000×30%=1 800（万元）

（3）固定资产投资资金率估算法。固定资产投资资金率是流动资金占固定资产投资的百分比。如化工项目流动资金约占固定资产投资的 15%～20%，一般工业项目流动资金占固定资产投资的 5%～12%。

流动资金额=固定资产投资×固定资产投资资金率

（4）单位产量资金率估算法。单位产量资金率即单位产量占用流动资金的数额。

流动资金额=年生产能力×单位产量资金率

2. 分项详细估算法

分项详细估算法是根据周转额与周转速度之间的关系，对构成流动资金的各项流动资产和流动负债分别进行估算。它是国际上通行的流动资金估算方法。在可行性研究中，为简化计算，仅对流动资产中存货、现金、应收账款和流动负债中应付账款、预收账款进行估算。表达式为：

流动资金=流动资产-流动负债

式中　流动资产=现金+存货+应收账款

流动负债=应付账款+预收账款

流动资金=流动资产（存货、现金、应收账款、预付账款）-

流动负债（应付帐款、预收账款）

流动资金本年增加额=本年流动资金-上年流动资金

可通过编制“流动资金估算表”对各项流动资金进行估算，首先计算各类流动资产和流动负债的年周转次数，然后再分项估算占用资金金额。

（1）周转次数计算。

周转次数是指流动资金的各个构成项目在一年内完成多少个生产过程。

流动资金的周转次数=360÷最低周转天数

（2）应收账款估算。

应收账款指企业因销售商品、提供劳务以及办理工程结算等业务，应向购货单位、接受劳务的单位收取的账款。

应收账款=年经营成本÷应收账款周转次数

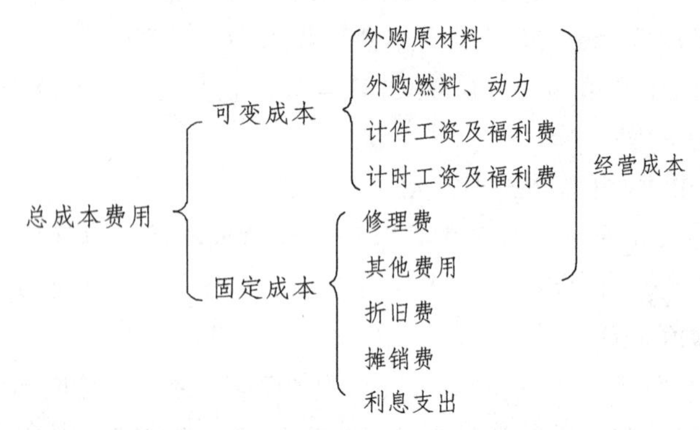

图 3-4　总成本费用构成

图 3-4 是总成本费用构成图。经营成本是项目评价中所使用的特定概念，作为项目运营期的主要现金流出，其构成和估算可采取下式表达：

经营成本=外购原材料、燃料和动力费+工资及福利费+修理费+其他费用

式中，其他费用是指从制造费用、管理费用和销售费用中扣除了折旧费、摊销费、修理费、工资及福利费以后的其余部分。

（3）预付账款估算。

预付账款估算指企业为购买各类材料、半成品或服务预先支付的款项。

预付账款=预付的外购商品或服务年费用÷预付账款周转次数

（4）存货估算。

存货指企业在生产经营过程中为销售或生产耗用而储备的物资。包括原材料、辅助材料、燃料、低值易耗品、维修备件、包装物、在产品、自制半成品、产成品等，为简化计算，仅考虑外购原材料、外购燃料、在产品和产成品，并分项进行计算。

存货=外购原材料+外购燃料+在产品+产成品

$$外购原材料=\frac{年外购原材料费用}{外购燃料年周转次数}$$

$$在产品=\frac{年外购原材料、燃料+年工资及福利费+年修理费+年其他制造费}{在产品年周转次数}$$

$$产成品=\frac{(年经营成本-年其他营业费用)}{产成品周转次数}$$

（5）现金需要量估算。

项目流动资金中的现金是指货币资金，即企业生产运营活动中停留货币形态的那部分资金，包括企业库存现金和银行存款。

$$现金需要量=\frac{年工资及福利费+年其他费用}{现金年周转次数}$$

年其他费用=制造费用+管理费用+销售费用-

（以上三项费用所含的工资及福利费、折旧费、维简费、摊销费、修理费）

（6）流动负债估算。

流动负债是指在一年或者超过一年的一个营业周期内，需要偿还的各种债务。在可行性研究中，流动负债只考虑应付账款一项。

$$应付账款=\frac{年外购原材料燃料动力费及其他材料年费用}{应付账款周转次数}$$

预收账款=预收的营业收入年金额÷预收账款周转次数

流动资金本年增加额=本年流动资金-上年流动资金

【例 3-11】某项目达到设计生产能力后，定员 500 人，人均年工资及附加 2 万元，全年外购原材料为 20 000 万元，周转次数 5 次；年外购燃料 1 500 万元，周转次数 6 次；年支付动力费 3 000 万元，在产品和产成品周转次数分别为 12 次和 15 次，年其他制造费用为 300 万元，年修理费、其他费用分别为 1 000 万元、850 万元，应收账款、现金、应付账款周转次数分别为 8 次、8 次、7 次。根据以上条件，计算达到设计能力的流动资金，（需列出公式和详细计算式），填写流动资金估算表。

【解】编制流动资金估算表，见表 3-7。

表 3-7　流动资金估算表

序号	项目	最低周转天数/天	周转次数	金额/万元
1	流动资产			11 956.666 6
1.1	应收账款		8	3 418.75
1.2	存货			8 306.666 6
1.2.1	外购原材料费		5	4 000
1.2.2	外购燃料费		6	250
1.2.3	在产品		12	2 233.333 3
1.2.4	产成品		15	1 823.333 3
1.3	现金		8	2 31.25
1.4	预付账款			
2	流动负债			3 500
2.1	应付账款		7	3 500
2.2	预收账款			
3	流动资金（1-2）			8 456.666 6

流动资金估算计算如下：

流动资产=应收账款+预付账款+存货+现金

① 应收账款=年经营成本/年周转次数

年经营成本=外购原材料+燃料+动力+工资及附加+修理费+其他费用

=20 000+1 500+3 000+500×2+1 000+850=27 350（万元）

应收账款=27 350/8=3 418.75（万元）

② 存货。

年外购原材料=年外购原材料费/年周转次数=20 000/5=4 000（万元）

年燃料=年外购燃料费/年周转次数=1 500/6=250（万元）

在产品=（年外购原材料、燃料动力费+年工资及福利费+年修理费+年其他制造费）/年周转次数

=（20 000+1 500+3 000+500×2+1 000+300）/12=2 233.333 3（万元）

产成品=年经营成本/年周转次数

=27 350/15=1823.333 3（万元）

存货=4 000+250+2 233.333 3+1 823.333 3=8 306.666 6（万元）

③ 现金=（年工资及福利费+年其他费）/年周转次数

=（500×2+850）/8=231.25（万元）

④ 流动资产=应收账款+预付账款+存货+现金

=3 418.75+0+8 306.666 6+231.25=11 956.666 6（万元）

⑤ 应付账款=年外购原材料、燃料动力费/年周转次数

=（20 000+1 500+3 000）/7=3 500（万元）

⑥ 流动负债=应付账款+预收账款=3 500+0=3 500（万元）

⑦ 流动资金=流动资产–流动负债=11 956.666 6–3 500=8 456.666 6（万元）

（7）估算流动资金应注意的问题。

① 在采用分项详细估算法时，应根据项目实际情况分别确定现金、应收账款、存货和应付账款的最低周转天数，并考虑一定的保险系数。

② 在不同生产负荷下的流动资金，应按不同生产负荷所需的各项费用金额，分别按照上述的计算公式进行估算，而不能直接按照100%的生产负荷下的流动资金乘以生产负荷百分比求得。

③ 流动资金属于长期性（永久性）流动资产，流动资金的筹措可通过长期负债和资本金（一般要求占30%）的方式解决。

（三）项目总投资与分年投资计划

1）项目总投资

在估算出项目总投资后需编制项目总投资估算汇总表，如表3-8所示。

2）分年投资计划

在估算出项目总投资后，需要知道分年度的投资计划，为筹措资金等作准备。如表3-9所示。

表 3-8　项目总投资估算汇总表

人民币单位：万元，外币单位：				
序号	费用名称	投资额		估算说明
		合计	其中：外汇	
1	建设投资			
1.1	建设投资静态部分			
1.1.1	建筑工程费			
1.1.2	设备及工器具购置费			
1.1.3	安装工程费			
1.1.4	工程建设其他费用			
1.1.5	基本预备费			
1.2	建设投资动态部分			
1.2.1	涨价预备费			
2	建设期利息			
3	流动资金			
4	项目总投资（1+2+3）			

表 3-9　分年投资计划表

人民币单位：万元，外币单位：							
序号	项目	人民币			外币		
		第 1 年	第 2 年	…	第 1 年	第 2 年	…
	分年计划（%）						
1	建设投资						
2	建设期利息						
3	流动资金						
4	项目投入总资金（1+2+3）						

四、投资估算的审查

投资估算的审查主要审查投资估算编制依据、编制内容、费用划分及投资数额等几方面。

1. 审查投资估算编制的依据

1）编制依据的时效性、准确性

估算项目投资所需的数据资料很多，如已建同类型项目的投资、设备和材料价格、运杂费率、有关的定额、指标、标准，以及有关规定等，这些资料既可能随时间而发生不同程度的变化，又因工程项目内容和标准的不同而有所差异。因此，必须注意其时效性。同时根据工艺水平、规模大小、自然条件、环境因素等对已建项目与拟建项目在投资方面形成的差异进行调整。

2）投资估算方法的科学性、适用性

投资估算方法有许多种类，每种估算方法都有各自适用条件和范围，并具有不同的精确度。如果使用的投资估算方法与项目的客观条件和情况不相适应，或者超出了该方法的适用范围，那就不能保证投资估算的质量。投资估算方法的审查，是为了将投资估算方法自身固有的适用性和局限性对工程项目投资估算值的可靠性、科学性的影响，控制在一个较为合理的范围。

一般来说，供决策用的投资估算，不宜使用单一的投资估算方法，而是综合使用几种投资估算方法，互相补充，相互校核。对于投资额较大、较重要的工程应优选近似概算的方法；对于投资额不大，一般规模的工程项目，适宜使用类似比较或系数估算法。此外还应针对工程项目建设前期阶段不同，选用不同的投资估算方法。

2. 审查投资估算编制内容

审查投资估算编制内容的核心是防止编制投资估算时有多项、重项、漏项现象，从而保证投资估算内容准确，估算合理。编制内容与规划要求的一致性。

（1）审查投资估算包括的工程内容与规划要求是否一致，是否漏掉了某些辅助工程、室外工程等的建设费用。

（2）审查项目投资估算中生产装置的技术水平和自动化程度是否符合规划要求的先进程度。

（3）审查是否对拟建项目与已运行项目在工程成本、工艺水平、规模大小、环境因素等方面的差异作了适当的调整。

（4）审查所取基本预备费和涨价预备费是否恰当。

3. 审查投资估算的费用划分及投资数额

如投资主体自有的稀缺资源是否考虑了机会成本，沉没成本是否剔除等。

（1）审查费用项目与规划要求、实际情况是否相符，有否漏项或重项，估算的费用项目是否符合国家规定，是否针对具体情况作了适当的增减。

（2）审查“三废”处理所需投资是否进行了估算，其估算数额是否符合实际。

（3）审查是否考虑了物价上涨和汇率变动对投资额的影响，考虑的波动变化幅度是否合适。

（4）审查是否考虑了采用新技术、新材料、新工艺以及现行标准和规范比已运行项目的要求提高所需增加的投资额，考虑的额度是否合适。

（5）审查项目投资主体自有的稀缺资源是否考虑了机会成本，沉没成本有否剔除。

第三节　建设项目经济评价

一、资金的时间价值

资金的时间价值，是指资金在生产和流通过程中随着时间推移而产生的增值，是指在不考虑通货膨胀和风险性因素的情况下，资金在其周转使用过程中随着时间因素的变化而变化的价值，其实质是资金周转使用后带来的利润或实现的增值。

1. 资金的时间价值影响因素

（1）资金的使用时间。在单位资金和利率 > 0，资金使用时间越长，则资金的时间价值越大；反之，资金使用时间越短，则资金的时间价值越小。

（2）资金数量的多少。在单位时间和利率 > 0，资金数量越大，资金的时间价值就越大；反之，资金的数量越小，资金的时间价值就越小。

（3）资金投入和回收的特点。在总投入资金一定的情况下，前期投入的资金越多，资金的时间价值越小；反之，后期投入的资金越多，资金的时间价值越大。在资金回收额一定的情况下，前期回收的资金越多，资金的时间价值越大；反之，后期回收的资金越多，资金的时间价值小。

（4）资金周转的速度。在单位时间、单位资金和利率（利率>0），资金周转的越快，资金的时间价值越大；反之，资金周转的越慢，资金的时间价值越小。

2. 资金等值计算

不同时间发生的等额资金在价值上是不等的，在进行资金价值大小对比时，必须将不同时间的资金折算为同一时间后才能进行大小的比较。把一个时点上发生的资金金额折算成另一个时点上的等值金额，称为资金的等值计算。资金时间价值的计算有两种方法：一是只就本金计算利息的单利法；二是不仅本金要计算利息，利息也能生利，即俗称“利上加利”的复利法。相比较而言，复利法更能确切地反映本金及其增值部分的时间价值。

1）利息与利率

资金时间价值可以用绝对数（如利息额），也可以用相对数（如利息率）来表示。通常用利息额的多少作为衡量资金时间价值的绝对尺度， 用利息率（利率）作为衡量资金时间价值的相对尺度。

（1）利息。

狭义的利息指在借贷过程中，债务人支付给债权人超过原借贷金额的部分。广义的利息指一定数额货币经过一定时间后资金的绝对增值，用“I”表示。广义的利息包括信贷利息、经营利润，常常被看成是资金的一种机会成本。

（2）利率。

利率-利息递增的比率，就是在单位时间内所得利息额与原借贷金额之比，通常采用百分数，常用“i”表示。

$$\text{利率}（i\%）=\frac{\text{每单位时间增加的利息}}{\text{原金额（本金）}}\times 100\%$$

利率用于表示计算利息的时间单位称为计息周期。计息周期通常用年、月、日表示，也可用半年、季度来计算，用“n”表示。利率的高低由以下因素决定。

① 首先取决于社会平均利润率。在通常情况下，平均利润率是利率的最高界限。

② 取决于借贷资本的供求情况。

③ 借出资本的风险。

④ 通货膨胀。

⑤ 借出资本的期限长短。

（3）利息的计算。

① 单利——每期均按原始本金计息（利不生利）。

以本金为基数计算利息，所生利息不再加入本金滚动计算下期利息（各期的利息是相同的）。即通常所说的“利不生利”的计息方法。其计算式如下：

$$I = P \cdot i \cdot n$$

$$F=P（1+ i \times n）$$

式中 I——利息；

P——本金；

n——计息期数；

i——利率；

F——本利和。

在以单利计息的情况下，总利息与本金、利率以及计息周期数成正比的关系。

② 复利——利滚利。

既对本金计算利息，也对前期的利息计算利息。将所生利息加入本金，逐年滚动计算利息的方法（各期的利息是不同的）。即通常所说的“利生利 ”“利滚利”的计息方式。

$$F=P（1+i）^n$$

$$I=F-P=P[(1+i)^n-1]$$

公式的推导如表 3-10 所示。

表 3-10　复利公式推导表

年份	年初本金 P	当年利息 I	年末本利和 F
1	P	Pi	$P(1+i)$
2	$P(1+i)$	$P(1+i)\cdot i$	$P(1+i)^2$
……	……	……	……
$n-1$	$P(1+i)^{n-2}$	$P(1+i)^{n-2}\cdot i$	$P(1+i)^{n-1}$
n	$P(1+i)^{n-1}$	$P(1+i)^{n-1}\cdot i$	$P(1+i)^n$

注：除非特别指明，在计算利息的时候使用的是复利计息。

同一笔借款，在利率和计息周期均相同的情况下，用复利计算出的利息金额比用单利计算出的利息金额多。且本金越大、利率越高、计息周期越多时，两者差距就越大。

【例 3-12】假如以年利率 6%借入资金 1 000 元，单利计息，共借 4 年，其偿还情况见表 3-11。

表 3-11　单利计息偿还的情况

年份	年初欠款	年末应付利息	年末欠款	年末偿还
1	1 000	1 000×0.06=60	1 060	0
2	1 060	1 000×0.06=60	1 120	0
3	1 120	1 000×0.06=60	1 180	0
4	1 180	1 000×0.06=60	1 240	1 240

【例 3-13】假如以年利率 6%借入资金 1 000 元，复利计息，共借 4 年，其偿还情况见表 3-12。

表 3-12　复利计息偿还的情况

年份	年初欠款	年末应付利息	年末欠款	年末偿还
1	1 000	1 000×0.06=60	1 060	0
2	1 060	1 060×0.06=63.60	1 123.60	0
3	1 123.60	1 123.60×0.06=67.42	1 191.02	0
4	1 191.02	1 191.02×0.06=71.46	1 262.48	1 262.48

2）现金流量

在考察对象整个期间各时点 t 上实际发生的资金流出或资金流入称为现金流量，其中在某一时间点上流出系统的资金称为现金流出，用符号（CO）t 表示，流入系统的资金称为现金流入，用符号（CI）t 表示。同一时间点上的现金流入和现金流出的代数和，称为净现金流量。现金流入、现金流出和净现金流量，统称为现金流量。

（1）现金流量表。

为了便于分析不同时间点上的现金流入和现金流出，计算其净现金流量，通常采用现金流量表的形式来表示特定项目在一定时间内发生的现金流量。

（2）现金流量图。

为了更简单直观地反映项目的收入和支出，一般用一个数轴图形来表示现金流入、现金流出与相应时间的对应关系，这一图形就称为现金流量图。

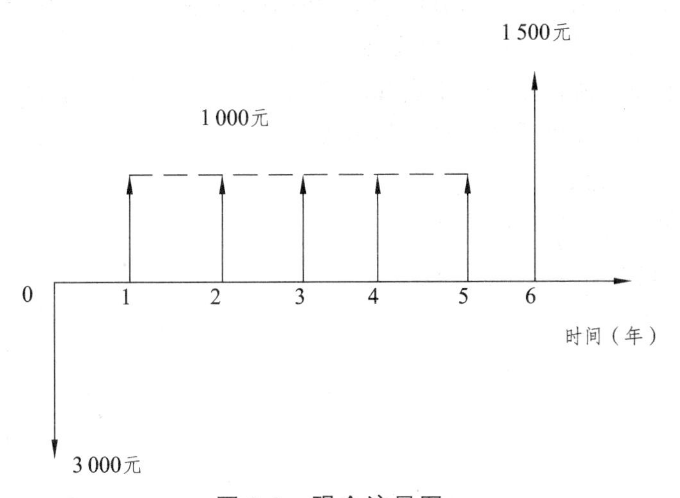

图 3-5　现金流量图

图 3-5 中横轴是时间轴，表示一个从零开始到 n 时间序列，每一间隔代表 1 个时间单位（一个计息期）。随计息期长短的不同，时间单位可以取年、季或月等。

为简便起见，一般都把各年的收支金额当作集中在年末发生的。横轴的零点表示时间序列的起点，同时也是第一个计息期的起始，从 1－n 分别代表各计息期的终点，第一个计息期的终点，也就是第二个计息期的起点，n 点时间序列的终点。横轴反映的是所考察的经济系统的寿命周期。

与横轴相连的垂直线，代表不同时间点上流入或流出系统的现金流量。垂直线的箭头表示现金流动的方向，向上表示现金流入，即表示效益；向下表示现金流出，即表示费用。垂直线的长度与现金流量的金额成正比，金额越大，相应垂直线的长度越长。一般现金流量图上要注明每一笔现金流量的金额。

现金流量图绘制中注意现金流量的三要素：

① 现金流量的大小（现金流量数额）。

② 方向（现金流入或现金流出）。

③ 作用点（现金流量发生的时间点）。

计算时需要注意：现金流量只计算现金收支，不计算非现金收支；只考虑现金，不考虑借款利息。因为在进行项目的经济评价时，是把项目看成一个独立的系统，然后考察项目在建设期和生产期内各年流出该系统内部的资金转换，如折旧、维修费等，以及只在账面显示并没有实际发生的收支内容，如应收账款、应付款项等，就不能计入现金流量。

3）现值和终值的计算

现值，是指未来某一时点上的一定量资金折算到现在所对应的价值，俗称“本金”，通常记作“P”。把将来某时点发生的资金金额折算成现在时点上的等值金额，称为“折现”或“贴现”。

终值又称将来值，是现在一定量的资金折算到未来某一时点所对应的价值，俗称“本利和”，通常记作“F”。

现值和终值是一定量资金在前后两个不同时点上对应的价值，其差额即为资金的时间价值。现值与终值之间的关系：现值+复利利息=终值。

生活中计算利息时所称本金、本利和的概念，相当于资金时间价值理论中的现值和终值，利率可视为资金时间价值的一种具体表现，现值和终值对应的时点之间可以划分为 n 期（$n \geq 1$），相当于计息期。

（1）一次支付的终值和现值计算。

① 一次支付现金流量图（图 3-6）。

图 3-6　一次支付现金流量图

② 终值、现值计算（图 3-7）。

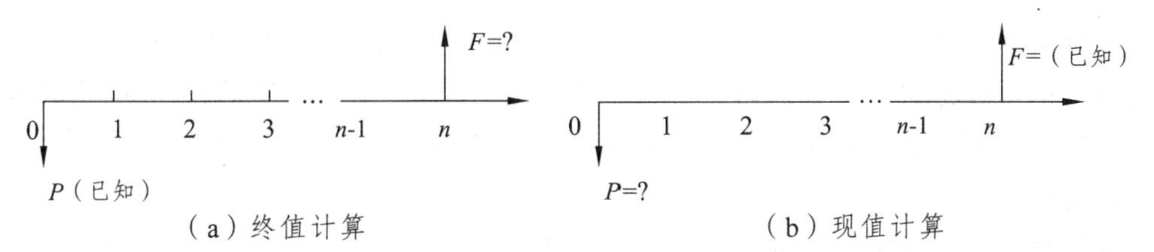

（a）终值计算　　　　　　　　　　（b）现值计算

图 3-7　终值、现值计算

$$F = P(1+i)^n$$

$$P = F(1+i)^{-n}$$

式中　F——终值；

P——现值；

i——折现率、利率；

n——计息期数；

$(1+i)^n$——一次支付终值系数，用符号（F/P，i，n）表示；

$(1+i)^{-n}$——一次支付现值系数，也可叫折现系数或贴现系数，用符号（P/F，i，n）表示。

以上两式亦可记作：

$F=P$（F/P，i，n）　　$P = F$（P/F，i，n）

从上可以看出：现值系数与终值系数是互为倒数。

一次支付现值系数、一次支付终值系数可以查表得到。

【例 3-14】某人借款 10 000 元，年复利率 i=10%，5 年末连本带利一次需偿还多少？［终值计算（已知 P 求 F）］

【解】$F=P(1+i)^n$ =10 000×(1+10%)^5=16 105.1（元）

【例 3-15】某人希望 5 年末有 10 000 元资金，年复利率 i=10%，试问现在需一次存款多少？［现值计算（已知 F 求 P）］

【解】$P=F(1+i)^{-n}$ = 10 000×(1+10%)$^{-5}$=6 209（元）

（2）等额支付系列的终值、现值计算。

① 等额支付现金流量图（图 3-8）。

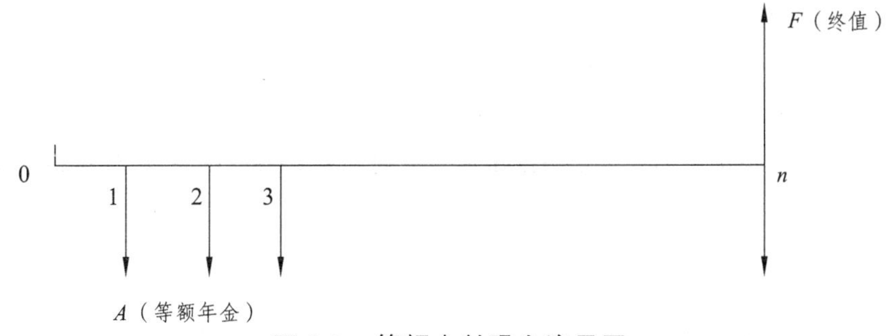

图 3-8　等额支付现金流量图

② 等额支付终值计算。

年金按其每次收付款项发生的时点不同，可以分为四种：普通年金（后付年金）、预付年金（先付年金、即付年金）、递延年金、永续年金。其中最基本的是普通年金，其他类型的年金都可以看成是普通年金的转化形式。普通年金终值是指一定时期内，每期期末等额收入或支出的本利和，也就是将每一期的金额，按复利换算到最后一期期末的终值，然后加总，就是该年金终值。本书的年金均指普通年金。

等额年金：发生在某一时间序列各计算期末（不包括零期）的等额资金的价值，如在图 3-9 中，除 0 点外，从 1-n 期末的资金流量都相等的 A 即为等额年金。等额年金与终值之间的换算见图 3-9。年金是指一定时期内每次等额收付的系列款项，通常记作 A。具有两个特点：一是金额相等；二是时间间隔相等。也可以理解为年金是指等额、定期的系列收支。在现实工作中年金应用很广泛。例如，分期付款赊购、分期偿还贷款、分期发放养老金、分期支付工程款、每年相同的销售收入等，都属于年金收付形式。

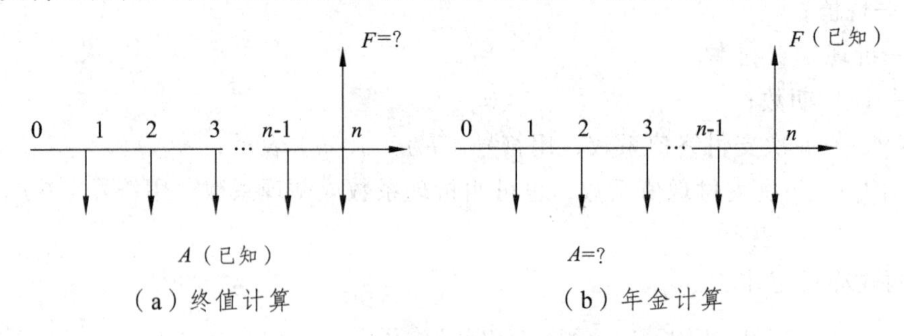

（a）终值计算　　（b）年金计算

图 3-9　等额支付年金和终值换算图

$$F = A\frac{(1+i)^n - 1}{i}$$

$$A = F\frac{i}{(1+i)^n - 1}$$

式中　A——从第 1 年末至第 n 年末的等额现金流序列，称为“等额年金”；

F——终值；

i——折现率、利率；

n——计息期数；

$\frac{(1+i)^n - 1}{i}$——等额支付系列终值系数或年金终值系数，用符号（F/A，i，n）表示。

以上两式亦可记作：

$$F=A（F/A，i，n）$$

$$A = F（A/F，i，n）$$

【例 3-16】若 10 年内，每年末存 1000 元，年利率 8%，问 10 年末本利和为多少？［等额支付终值计算（已知 A，求 F）］

【解】

$$F = A\frac{(1+i)^n - 1}{i}$$

$$=1\,000\times\frac{(1+8\%)-1}{8\%}=14\,487（元）$$

③ 等额支付现值计算。

等额年金与现值的换算，见图 3-10。

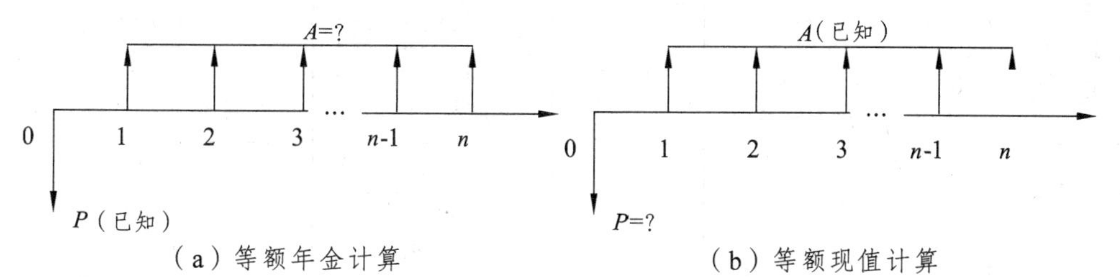

（a）等额年金计算　　（b）等额现值计算

图 3-10　等额支付年金和现值换算图

$$A = P\frac{i(1+i)^n}{(1+i)^n - 1}$$

$$P = A\frac{(1+i)^n - 1}{i(1+i)^n}$$

式中 $\frac{(1+i)^n - 1}{i(1+i)^n}$——等额支付系列现值系数或年金现值系数，用符号（$P/A$，$i$，$n$）表示；

其他符号同上。

以上两式亦可记作：

$$A = P(A/P,\ i,\ n)$$

$$P = A(P/A,\ i,\ n)$$

若 $n \to \infty$，则 $P = A/i$

【例 3-17】如期望 5 年内每年末收回 1 000 元，问在利率为 10%时，开始需一次投资多少？[等额支付现值计算（已知 A，求 P）]

【解】　$P = A\frac{(1+i)^n - 1}{i(1+i)^n}$

$$= 1\,000 \times \frac{(1+10\%)^5 - 1}{10\%(1+10\%)^5} = 3\,790.8\text{（元）}$$

表 3-13 为常用的等值计算公式。

表 3-13　常用的等值计算公式

公式名称	图形表达式	已知→未知	公式	系数名称
整付终值公式	0　1　2　3　…　N　F　P	$P \to F$	$F = P(1+i)^n = P(F/P,\ i,\ n)$	$(1+i)^n$——整付终值利率系数
整付现值公式		$F \to P$	$P = F(1+i)^{-n} = F(P/F,\ i,\ n)$	$(1+i)^{-n}$——整付现值利率系数

续表

公式名称	图形表达式	已知→未知	公式	系数名称
等额分付终值公式	0 1 2 3 … N F A	$A \to F$	$F = A\left[\frac{(1+i)^n - 1}{i}\right]$ $= A(F/A,\ i,\ n)$	$\left[\frac{(1+i)^n - 1}{i}\right]$ ——等额分付终值利率系数
等额分付偿债基金公式		$F \to A$	$A = F\left[\frac{i}{(1+i)^n - 1}\right]$ $= F(A/F,\ i,\ n)$	$\left[\frac{i}{(1+i)^n - 1}\right]$ ——偿债基金利率系数
等额分付现值公式	1 2 3 … N 0 A	$A \to P$	$P = A\left[\frac{(1+i)^n - 1}{i(1+i)^n}\right]$ $= A(P/A,\ i,\ n)$	$\left[\frac{(1+i)^n - 1}{i(1+i)^n}\right]$ ——等额分付现值利率系数
等额分付资本回收公式		$P \to A$	$A = P\left[\frac{i(1+i)^n}{(1+i)^n - 1}\right]$ $= P(A/P,\ i,\ n)$	$\left[\frac{i(1+i)^n}{(1+i)^n - 1}\right]$ ——资本回收利率系数

二、财务基础数据测算

财务基础数据测算是指在项目市场、资源、技术条件分析评价的基础上，从项目（或企业）的角度出发，依据现行的法律法规、价格政策、税收政策和其他有关规定，对一系列有关的财务基础数据进行调查、搜集、整理和测算，并编制有关的财务基础数据估算表格的工作。

1. 财务基础数据测算的内容

包括对项目计算期内各年的经济活动情况及全部财务收支结果的估算，具体包括：

1）项目总投资及其资金来源和筹措

包括项目总投资和项目建设期间各年度投资支出的测算，并在此基础上制定资金筹措和使用计划，指明资金来源和运用方式、进行筹资方案分析论证。

2）生产成本费用

据评价目的与要求，需要按照不同的分类方法分别测算总成本费用、可变成本和固定成本、经营成本。可采用制造成本法和完全成本法进行测算。

3）营业收入与税金及附加

销售收入按当年生产产品的销售量与产品单价计算；而销售税金是指项目生产期内因销售产品（营业或提供劳务）而发生的从销售收入中缴纳的税金，是损益表和现金流量表中的一个独立项目。

4）销售利润的形成与分配

企业销售利润除了交纳所得税外，在弥补以往亏损和提取公积金以后，才能作为偿还借款的资金来源。

5）贷款还本付息测算

贷款还本付息测算包括本金和利息数量，以及清偿贷款本息所需的实际时间，它反映了项目的清偿能力。

2. 财务基础数据估算表

（1）《建设项目经济评价方法与参数》（第三版）中明确规定：进行财务效益和费用估算，需要编制下列财务分析辅助报表：

① 建设投资估算表。

② 建设期利息估算表。

③ 流动资金估算表。

④ 项目总投资使用计划与资金筹措表。

⑤ 营业收入、营业税金及附加和增值税估算表。

⑥ 总成本费用估算表。

（2）对于采用生产要素法编制的总成本费用估算表，应编制下列基础报表：

① 外购原材料费估算表。

② 外购燃料和动力费估算表。

③ 固定资产折旧费估算表。

④ 无形资产和其他资产摊销估算。

⑤ 工资及福利费估算表。

（3）对于采用生产成本加期间费用估算法编制的总成本费用估算表，根据国家现行的企业财务会计制度的相应要求，另行编制配套的基础报表。

（4）财务基础数据估算表间关系。

① 财务基础数据估算表的分类。

上述估算表可归纳为三大类：

第一类，预测项目建设期间的资金流动状况的报表：如投资使用计划与资金筹措表和固定资产投资估算表。

第二类，预测项目投产后的资金流动状况的报表：如流动资金估算表、总成本费用估算表、销售收入和税金及附加估算表、损益表等。为编制生产总成本费用估算表，还附设了材料、能源成本预测，固定资产折旧和无形资产摊销费三张估算表。

第三类，预测项目投产后用规定的资金来源归还固定资产借款本息的情况，即为借款还本付息表，它反映项目建设期和生产期内资金流动情况和项目投资偿还能力与速度。

第一类估算表的编制顺序是先编制投资估算表（建设投资、流动资金），然后再编制资金投入计划与资金筹措表。

第二类的总成本费用估算表所需的附表，只要能满足财务分析对基本数据的要求即可，有的附表也可合并列入总成本费用估算表中，或作文字说明，而后根据总成本费用估算表、销售（营业）收入和税金估算表的数据，综合估算出项目利润总额列入损益和利润分配表。

第三类估算表是把前两类估算表中的主要数据经过综合分析和计算，按照国家现行规定，编制成项目借款偿还计划表。

② 财务数据估算表之间的关系（图 3-11）。

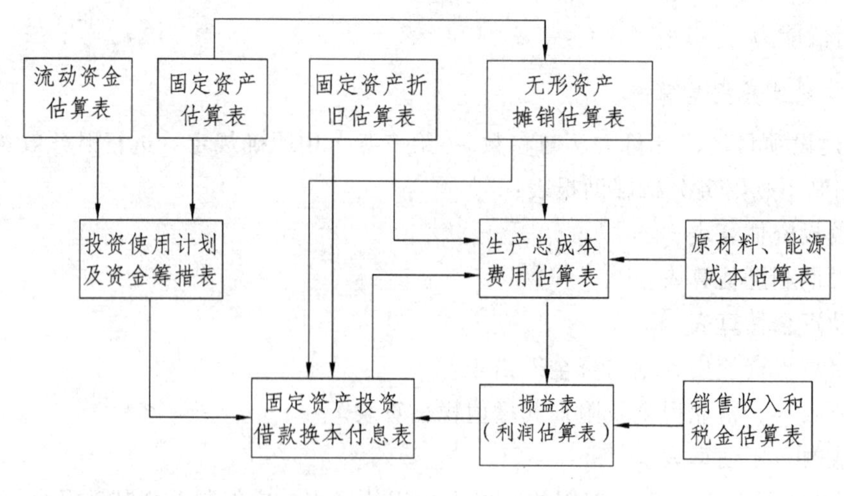

图 3-11　财务估算表关系图

3. 项目计算期的确定

项目计算期是指经济评价中为进行动态分析所设定的期限，包括建设期和运营期。

建设期是指项目资金正式投入开始到项目建成投产为止所需要的时间，可按合理工期或预计的建设进度确定；运营期分为投产期和达产期两个阶段。投产期是指项目投入生产，但生产能力尚未完全达到设计能力时的过渡阶段。达产期是指生产运营达到设计预期水平后的时间。运营期一般应以项目主要设备的经济寿命期确定。

项目计算期应根据多种因素综合确定，包括行业特点、主要装置（或设备）的经济寿命等。行业有规定时，应从其规定。

有些折旧年限很长甚至是“永久性”的工程项目，其计算期中的生产（使用）期可低于其折旧年限，此时在财务现金流量表及资金来源与运用表中最末一年“回收固定资产余值”栏内填写该年的固定资产净值。

计算期不宜定得过长（一般不超过 20 年），对于某些水利、交通运输等服务年限较长的特殊项目，经营期的年限可适当延长。具体计算期可由部门或行业根据本部门或行业项目的特点自行确定，因此无法对项目计算期作出统一规定。

三、财务评价

1. 财务评价的概念

财务评价也称财务分析，是在国家现行财税制度和价格体系的前提下，从项目角度出发，计算项目范围内的财务效益和费用，分析项目的盈利能力和清偿能力，评价项目在财务上的可行性。财务评价是建设项目经济评价中的微观层次，它主要从微观投资主体的角度分析项目可以给投资主体带来的效益以及投资风险。

根据《关于建设项目经济评价工作的若干规定》（第三版），财务评价的内容应根据项目的性质和目标确定。对于经营性项目，财务评价应通过编制财务分析报表，计算财务指标，分析项目的盈利能力、偿债能力和财务生存能力，判断项目的财务可接受性，明确项目对财务主体及投资者的价值贡献，为项目决策提供依据；对于非经营性项目，财务分析应主要分析项目的财务生存能力。

2. 财务评价的分类

财务评价可分为融资前分析和融资后分析，一般宜先进行融资前分析，在融资前分析结论满足要求的情况下，初步设定融资方案，再进行融资后分析。

（1）融资前分析排除融资方案变化的影响，从项目投资总获利能力的角度，编制项目投资现金流量表，考察项目方案设计的合理性。在项目建议书阶段，可只进行融资前分析。

融资前分析以动态分析为主，以静态分析为辅；以营业收入、建设投资、经营成本和流动资金估算为基础，考察整个计算期内现金流入和现金流出，编制项目投资现金流量表，利用资金时间价值原理进行折现，计算项目投资收益率和净现值等指标。

（2）融资后分析以融资前分析和初步融资方案为基础，考察项目在拟定融资条件下的盈利能力、偿债能力和财务生存能力，判断项目方案在融资条件下的可行性。

3. 财务评价的作用

（1）考察项目的财务盈利能力。

（2）帮助投资者作出融资决策。

（3）用于制定适宜的资金规划。

（4）为协调企业利益与国家利益提供依据。

4. 财务评价的内容和工作程序

1）内容

建设项目财务评价的内容应根据项目性质、项目目标、项目投资者、项目财务主体以及项目对经济与社会的影响程度等具体情况确定。

对于经营性项目，财务分析从建设项目的角度出发，分析项目的盈利能力、偿债能力和财务生存能力，据此考察项目的财务可行性和财务可接受性，明确项目对财务主体及投资者的价值贡献，并得出财务评价的结论。对于非经营性项目，财务分析主要分析项目的财务生存能力。

（1）项目的盈利能力。

项目的盈利能力是指分析和测算建设项目计算期的盈利能力和盈利水平。主要分析指标包括项目投资财务内部收益率和财务净现值、项目资本金财务内部收益率、投资回收期、总投资收益率和项目资本金净利润率，可根据项目的特点及财务分析的目的和要求等选用。

（2）偿债能力。

项目偿债能力是指分析和判断财务主体的偿债能力，其主要指标包括利息备付率、偿债备付率和资产负债率等。

（3）财务生存能力。

财务生存能力分析是根据项目财务计划现金流量表，通过考察项目计算期内的投资、融资和经营活动所产生的各项现金流入和流出，计算净现金流量和累计盈余资金，分析项目是否有足够的净现金流量维持正常运营，以实现财务的可持续性。

2）工作程序

财务评价是在项目市场研究、生产条件及技术研究的基础上进行的，它主要通过有关的基础数据，编制财务报表，计算分析相关经济评价指标，做出评价结论，评价流程如图3-12所示。

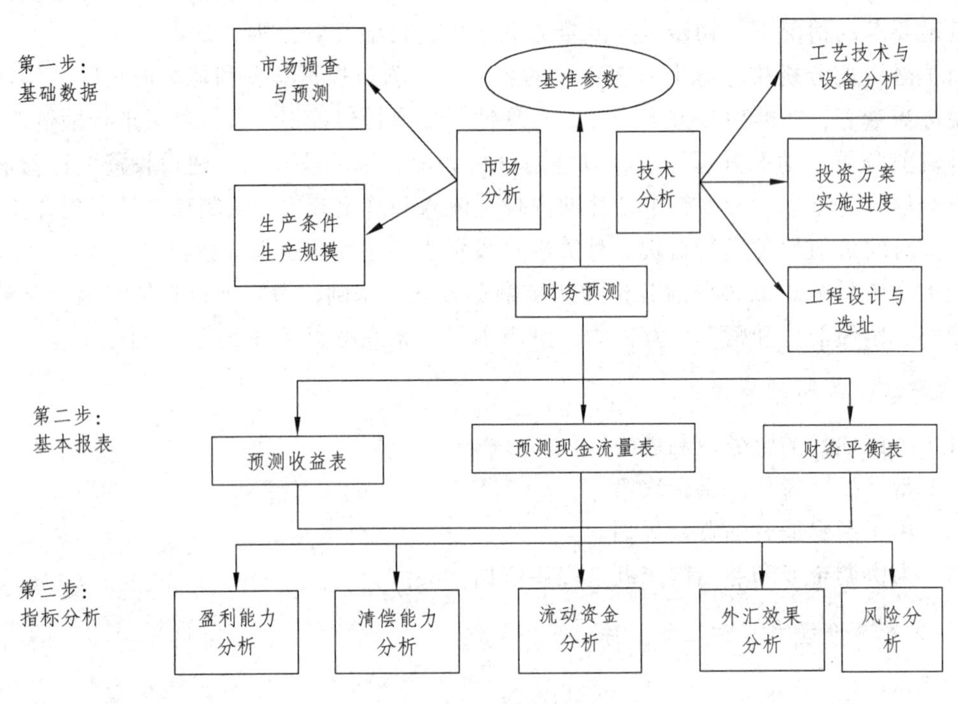

图3-12　建设项目财务评价流程

（1）熟悉建设项目的基本情况。

熟悉建设项目的基本情况包括目的、意义、要求、建设条件和投资环境，做好市场调查研究和预测、项目技术水平研究和设计方案。

（2）收集、整理和计算有关技术经济基础数据资料与参数。

（3）根据基础财务数据资料编制基本财务报表。

（4）财务评价指标的计算与评价。

运用财务报表的数据与相关参数，计算项目的各财务分析指标值，并进行经济可行性分析，得出结论。具体步骤如下：

① 首先进行融资前的盈利能力分析，其结果体现项目方案本身设计的合理性，用于初步投资决策以及方案或项目的必选。

② 如果第一步分析的结论是"可行的"，那么进一步去寻求适宜的资金来源和融资方案，就需要借助于对项目的融资后分析，即资本金盈利能力分析，投资者和债权人可据此作出最终的投融资决策。

（5）进行不确定性分析。

（6）作出项目财务评价的最终结论。

5. 财务评价中报表的编制

财务分析报表的组成如图 3-13 所示。

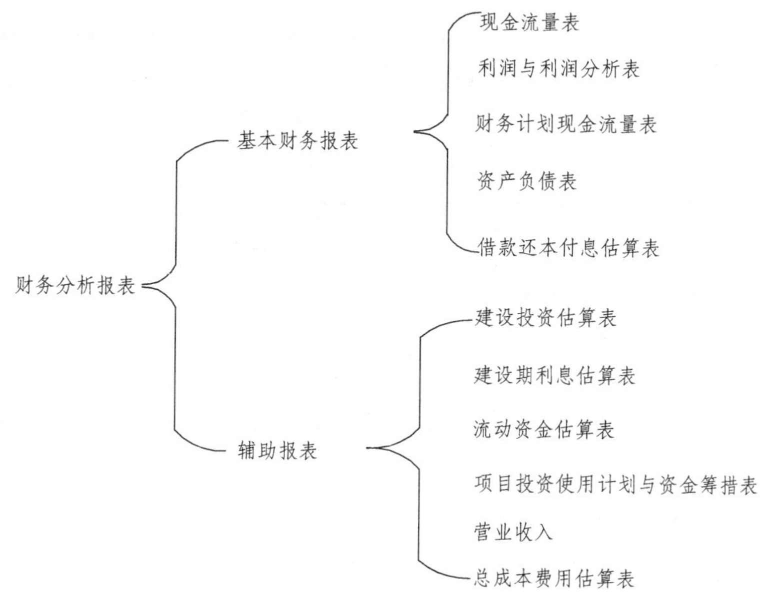

图 3-13　财务分析报表组成

1）现金流量表的编制

现金流量及现金流量表的概念。在商品货币经济中，任何建设项目的效益和费用都可以抽象为现金流量系统。从项目财务评价角度看，在某一时点上流出项目的资金称为现金流出，记为 CO；流入项目的资金称为现金流入，记为 CI。现金流入与现金流出统称为现金流量，现金流入为正现金流量，现金流出为负现金流量。同一时点上的现金流入量与现金流出量的代数和 (CI－CO) 称为净现金流量，记为 NCF。

建设项目的现金流量系统将项目计算期内各年的现金流入与现金流出按照各自发生的时点顺序排列，表达为具有确定时间概念的现金流量。现金流量表即是对建设项目现金流量系统的表格式反映，用以计算各项静态和动态评价指标，进行项目财务盈利能力分析。按投资计算基础的不同，现金流量表分为全部投资的现金流量表和自有资金现金流量表。

（1）全部投资现金流量表的编制

全部投资现金流量表是站在项目全部投资的角度，或者说不分投资资金来源，是在设定项目全部投资均为自有资金条件下的项目现金流量系统的表格式反映。报表格式见表 3-14。表中计算期的年序为 1，2，…，n，建设开始年作为计算期的第一年，年序为 1。当项目建设期以前所发生的费用占总费用的比例不大时，为简化计算，这部分费用可列入年序 1。若需单独列出，可在年序 1 以前另加一栏“建设起点”，年序填零，将建设期以前发生的现金流出填入该栏。

① 现金流入为产品销售（营业）收入、回收固定资产余值、回收流动资金 3 项之和。其中，产品销售（营业）收入是项目建成投产后对外销售产品或提供劳务所取得的收入，是项目生产经营成果的货币表现。计算销售收入时，假设生产出来的产品全部售出，销售量等于生产量，即：

$$销售收入=销售量\times销售单价=生产量\times销售单价$$

销售价格一般采用出厂价格，也可根据需要采用送达用户的价格或离岸价格。产品销售（营业）收入的各年数据取自产品销售（营业）收入和销售税金及附加估算表。另外，固定资产余值和流动资金均在计算期最后一年回收。固定资产余值回收额为固定资产折旧费估算表中固定资产期末净值合计，流动资金回收额为项目全部流动资金。

表 3-14　财务现金流量表（全部投资）　　单位：万元

序号	项目	合计	建设期		投产期		达产期			
			1	2	3	4	5	6	…	n
	生产负荷/%									
1	现金流入									
1.1	产品销售收入									
1.2	回收固定资产余值									
1.3	回收流动资金									
1.4	其他收入									
2	现金流出									
2.1	固定资产投资									
2.2	流动资金									
2.3	经营成本									
2.4	销售税金及附加									
2.5	所得税									
3	净现金流量									
4	累计净现金流量									
5	所得税前净现金流量									
6	所得税前累计净现金流量									

计算指标：所得税前、所得税后

财务内部收益率 FIRR=

财务净现值 FNPV(i_c=%)=

投资回收期 P_t=

② 现金流出包含有投资、经营成本及税金。固定资产投资和流动资金的数额取自投资计划与资金筹措表中有关项目。经营成本是指总成本费用扣除固定资产折旧费、维简费、无形资产及递延资产摊销费和利息支出以后的余额。其计算公式为：

$$经营成本=总成本费用-折旧费-维简费-推销费-利息支出$$

经营成本取自《总成本费用估算表》。销售税金及附加包含有增值税、营业税、消费税、资源税、城乡维护建设税和教育费附加，它们取自产品销售（营业）收入和销售税金及附加估算表，所得税的数据来源于损益表。

③ 项目计算期各年的净现金流量为各年现金流入量减对应年份的现金流出量，各年累

计净现金流量为本年及以前各年净现金流量之和。

④ 所得税前净现金流量为上述净现金流量加所得税之和，也即在现金流出中不计入所得税时的净现金流量。所得税前累计净现金流量的计算方法与上述累计净现金流量的相同。

（2）自有资金现金流量表的编制。

自有资金现金流量表是站在项目投资主体角度考察项目的现金流入流出情况（表3-15）。从项目投资主体的角度看，建设项目投资借款是现金流入，但又同时将借款用于项目投资则构成同一时点、相同数额的现金流出，二者相抵对净现金流量的计算实无影响。因此表中投资只计自有资金。另一方面，现金流入又是因项目全部投资所获得，故应将借款本金的偿还及利息支付计入现金流出。

表 3-15　财务现金流量表（自有资金）

序号	项目	合计	建设期		投产期		达产期			
			1	2	3	4	5	6	…	n
	生产负荷/%									
1	现金流入									
1.1	产品销售收入									
1.2	回收固定资产余值									
1.3	回收流动资金									
1.4	其他收入									
2	现金流出									
2.1	自由资金									
2.2	借款本金偿还									
2.3	借款利息支出									
2.4	经营成本									
2.5	销售税金及附加									
3	净现金流量									
计算指标： 财务内部收益率 FIRR= 财务净现值 FNPV(i_c=%)=										

① 现金流入各项和数据来源与全部投资现金流量表相同。

② 现金流出项目自有资金数额取自投资计划与资金筹措表中资金筹措项下的自有资金分项。借款本金偿还由两部分组成：一部分为借款还本付息计算表中本年还本额；另一部分为流动资金借款本金偿还，一般发生在计算期最后一年。借款利息支付数额来自总成本费用估算表中的利息支出项。现金流出中其他各项与全部投资现金流量表中相同。

③ 项目计算期各年的净现金流量为各年现金流入量减对应年份的现金流出量。

2）损益表的编制

损益表编制反映项目计算期内各年的利润总额、所得税及税后利润分配情况（表3-16）。损益表的编制以利润总额的计算过程为基础。利润总额的计算公式为：

利润总额=营业利润+投资净收益+营业外收支净额

式中　营业利润=主营业务利润+其他业务利润－管理费－财务费

主营业务利润=主营业务收入－主营业务成本－销售费用－销售税金及附加

营业外收支净额=营业外收入－营业外支出

在测算项目利润时，投资净收益一般属于项目建成投产后的对外再投资收益，这类活动在项目评价时难以估算，因此可以暂不计入。营业外收支净额，除非已有明确的来源和开支项目需要单独列出，否则也暂不计入。

表 3-16　损益表

序号	项目	投产期		达产期				合计
		3	4	5	6	…	n	
	生产负荷/%							
1	销售（营业）收入							
2	销售税金及附加							
3	总成本费用							
4	利润总额							
5	所得税							
6	税后利润							
7	弥补损失							
8	法定盈余公积金							
9	公益金							
10	应付利润							
11	未分配利润							
12	累计未分配利润							

（1）产品销售（营业）收入、销售税金及附加、总成本费用的各年度数据分别取自相应的辅助报表。

（2）利润总额等于产品销售（营业）收入减销售税金及附加减总成本费用。

（3）所得税=应纳税所得额×所得税税率。应纳税所得额为利润总额根据国家有关规定进行调整后的数额。在建设项目财务评价中，主要是按减免所得税及用税前利润弥补上年度亏损的有关规定进行的调整。按现行《工业企业财务制度》规定，企业发生的年度亏损，可以用下一年度的税前利润等弥补，下一年度利润不足弥补的，可以在 5 年内延续弥补，5 年内不足弥补的，用税后利润弥补。

（4）税后利润=利润总额－所得税。

（5）弥补损失主要是指支付被没收的此物损失，支付各项税收的滞纳金及罚款，弥补以前的年度亏损。

（6）税后利润按法定盈余公积金、公益金、应付利润及未分配利润等项进行分配。

① 表中法定盈余公积金按照税后利润扣除用于弥补以前年度亏损额后的 10%提取，盈余公积金已达注册资金 50%时可以不再提取。公益金主要用于企业的职工集体福利设施支出。

② 应付利润为向投资者分配的利润。

③ 未分配利润主要指向投资者分配完利润后剩余的利润，可用于偿还固定资产投资借款及弥补以前年度亏损。

3）资金来源与资金运用表的编制

资金来源与运用表能全面反映项目的资金活动全貌（表 3-17）。编制该表时，首先要计算项目计算期内各年的资金来源与资金运用，然后通过资金来源与资金运用的差额反映项目各年的资金盈余或短缺情况。项目的资金筹措方案和借款及偿还计划应能使表中各年度的累计盈余资金额始终大于或等于零，否则，项目将因资金短缺而不能按计划顺利运行。

资金来源与运用表反映项目计算期内各年的资金盈余或短缺情况，用于选择资金筹措方案，制定适宜的借款及偿还计划，并为编制资产负债表提供依据。

表 3-17　资金来源与运用表　　单位：万元

序号	项目	合计	建设期		投产期		达产期			
			1	2	3	4	5	6	…	n
	生产负荷/%									
1	资金来源									
1.1	利润总额									
1.2	折旧费									
1.3	摊销费									
1.4	长期借款									
1.5	流动资金借款									
1.6	短期借款									
1.7	自有资金									
1.8	其他资金									
1.9	回收固定资产余值									
1.10	回收流动资金									
2	资金运用									
2.1	固定资产投资									
2.2	建设期贷款利息									
2.3	流动资金									
2.4	所得税									
2.5	应付利润									
2.6	长期借款还本									
2.7	流动资金借款还本									
2.8	其他短期借款还本									
3	盈余资金									
4	累计盈余资金									

（1）利润总额、折旧费、摊销费数据分别取自损益表、固定资产折旧费估算表、无形及递延资产摊销估算表。

（2）长期借款、流动资金借款、其他短期借款、自有资金及“其他”项的数据均取自投资计划与资金筹措表。其中，在建设期，长期借款当年应计利息若未用自有资金支付，应计入同年长期借款额，否则项目资金不能平衡。其他短期借款主要指为解决项目暂时的年度资金短缺而使用的短期借款，其利息计入财务费用，本金在下一年度偿还。

（3）回收固定资产余值及回收流动资金同全部投资现金流量表编制中的有关说明。

（4）固定资产投资（含投资方向调节税）、建设期利息及流动资金数据取自投资计划与资金筹措表。

（5）所得税及应付利润数据取自损益表。

（6）长期借款本金偿还额为借款还本付息计算表中本年还本数；流动资金借款本金一般在项目计算期末一次偿还；其他短期借款本金偿还额为上年度其他短期借款额。

（7）盈余资金等于资金来源减去资金运用。

（8）累计盈余资金各年数额为当年及以前各年盈余资金之和。

4）资产负债表的编制

资产负债表综合反映项目计算期内各年末资产、负债和所有者权益的增减变化及对应关系，用以考察项目资产、负债、所有者权益的结构是否合理，进行清偿能力分析。资产负债表的编制依据是"资产=负债+所有者权益"，见表3-18。

表3-18　资产负债表　　单位：万元

序号	项目	合计	建设期		投产期		达产期			
			1	2	3	4	5	6	…	n
1	资产									
1.1	流动资产									
1.2	应收账款									
1.3	存货									
1.4	现金									
1.5	累计盈余资金									
1.6	其他流动资产									
1.7	在建工程									
1.8	固定资产									
1.9	原值									
1.10	累计折旧									
2	净值									
2.1	无形及递延资产值									
2.2	负债及所有者权益									
2.3	流动负债总额									
2.4	应付账款									
2.5	流动资金借款									
2.6	中长期借款									
2.7	负债小计									
2.8	所有者权益									
3	资本金									
4	资本公积金									
	累计盈余公积金									
	累计未分配利润									
清偿能力分析：1. 资产负债率 2. 流动比率 3. 速动比率										

（1）资产由流动资产、在建工程、固定资产净值、无形及递延资产净值4项组成。

① 流动资产总额为应收账款、存货、现金、累计盈余资金之和。前三项数据来自流动资金估算表；累计盈余资金数额则取自资金来源与运用表，但应扣除其中包含的回收固定资产余值及自有流动资金。

② 在建工程是指投资计划与资金筹措表中的年固定资产投资额，其中包括固定资产投资方向调节税和建设期利息。

③ 固定资产净值和无形及递延资产净值分别从固定资产折旧费估算表和无形及递延资产摊销估算表取得。

（2）负债包括流动负债和长期负债。流动负债中的应付账款数据可由流动资金估算表直接取得。流动资金借款和其他短期借款两项流动负债及长期借款均指借款余额，需根据资金来源与运用表中的对应项及相应的本金偿还项进行计算。

① 长期借款及其他短期借款余额的计算按下式进行：

$$第T年借款余额=\sum_{t=1}^{T}(借款-本金偿还)_t$$

式中：$(借款-本金偿还)_t$为资金来源与运用表中第t年借款与同一年度本金偿还之差。

② 按照流动资金借款本金在项目计算期末用回收流动资金一次偿还的一般假设，流动资金借款余额的计算按下式进行：

$$第T年借款余额=\sum_{t=1}^{T}(借款)_t$$

式中：$(借款)_t$为资金来源与运用表中第t年流动资金借款。若为其他情况，可参照长期借款的计算方法计算。

（3）所有者权益包括资本金、资本公积金、累计盈余公积金及累计未分配利润。其中，累计未分配利润可直接得自损益表；累计盈余公积金也可由损益表中盈余公积金项计算各年份的累计值，但应根据有无用盈余公积金弥补亏损或转增资本金的情况进行相应调整。资本金为项目投资中累计自有资金（扣除资本溢价），当存在由资本公积金或盈余公积金转增资本金的情况时应进行相应调整。资本公积金为累计资本溢价及赠款，转增资本金时进行相应调整资产负债表满足等式：资产=负债+所有者权益。

5）外汇平衡表

对涉及外汇收入和支出的项目，需要编制外汇平衡表，见表3-19。

表3-19　外汇平衡表

序号	项目	建设期			投产期		达到设计生产能力生产期			合计	
		1	2	3	4	5	6	7	…	N	
	生产负荷/%										
1	外汇来源										
1.1	产品销售外汇收入										
1.2	外汇借款										

续表

序号	项目	建设期			投产期		达到设计生产能力生产期			合计	
		1	2	3	4	5	6	7	…	N	
1.3	其他外汇收入										
2	外汇运用										
2.1	固定资产投资中外汇支出										
2.2	进口原材料										
2.3	进口零部件										
2.4	技术转让费										
2.5	偿付外汇借款本息										
2.6	其他外汇支出										
2.7	外汇余缺										

6. 财务评价指标体系

建设工程财务评价指标体系根据不同的标准，可作两种分类：

（1）根据建筑工程财务评价时是否考虑资金的时间价值，可将常用的财务评价指标分为静态指标（以非折现现金流量分析为基础）和动态指标（以折现现金流量分析为基础）两类（图 3-14）。融资前分析以动态分析为主，静态分析为辅；融资后分析包括动态分析和静态分析。

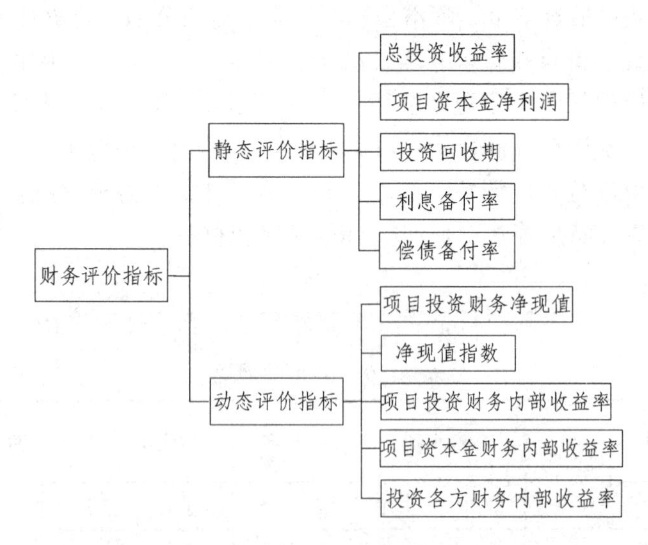

图 3-14　财务评价指标分类（按是否考虑资金的时间价值）

（2）根据评价的内容不同，可分为盈利能力分析指标、偿债能力分析指标和财务生存能力分析指标（图 3-15）。

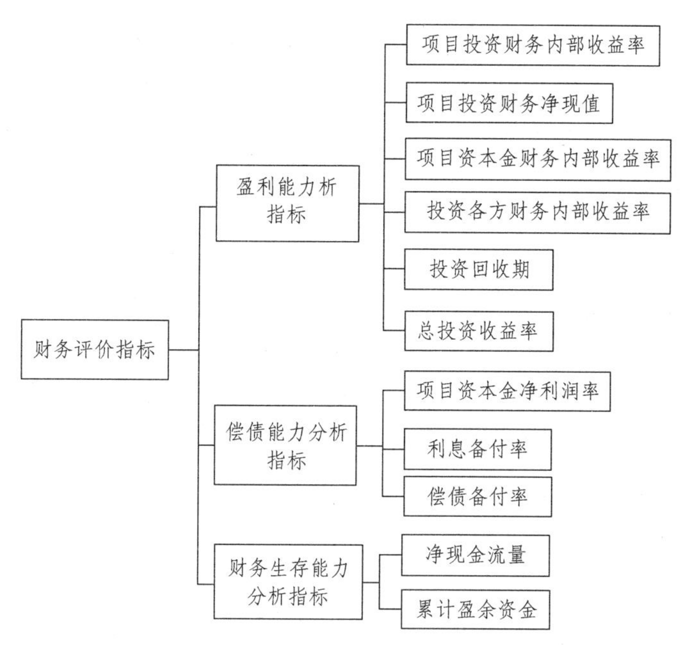

图 3-15 财务评价指标分类（按内容不同）

（3）财务评价的内容与评价指标见表 3-20。

表 3-20 财务评价的内容与评价指标

评价内容	基本报表	评价指标	
		静态指标	动态指标
盈利能力分析	项目投资现金流量表	全部投资回收期 总投资收益率	财务内部收益率 财务净现值
	资本金现金流量表		项目资本金财务内部收益率 财务净现值
	利润与利润收益表	项目资本金净利润率	
偿债能力分析	借款还本付息表	偿债备付率 利息备付率	
	资产负债表	资产负债率 流动比率 速动比率	
财务生存能力分析	财务计划现金流量表	累计盈余资金	财务净现值
外汇平衡分析	财务外汇平衡表		
不确定性分析	盈亏平衡分析	盈亏平衡产量 盈亏平衡生产能力利用率	
	敏感性分析	灵敏度 不确定因素的临界值	
风险分析	概率分析	NPV≥0 的累计概率	
	定性分析		

① 财务盈利能力评价主要考察投资项目的盈利水平。为此目的，需编制项目投资现金流量表、项目资本金现金流量表、利润与利润分配表三个基本财务报表。计算财务内部收益率、财务净现值、投资回收期、总投资收益率、项目资本金收益率等指标。

② 项目偿债能力分析可在编制贷款偿还表的基础上进行。为了表明项目的偿债能力，可按尽早还款的方法计算。在计算中，贷款利息一般做如下假设：长期借款，当年贷款按半年计息，当年还款按全年计息。

③ 财务的生存能力分析，是通过考察项目计算期内的投资、融资和经营活动所产生的各项现金流入和流出，计算净现金流量和累计盈余资金，分析项目是否有足够的净现金流量维持正常运营，以实现财务可持续性。而财务可持续性应首先体现在有足够大的经营活动净现金流量，其次各年累计盈余资金不应出现负值。若出现负值，应进行短期借款，同时分析该短期借款的年份长短和数额大小，进一步判断项目的财务生存能力。短期借款应体现在财务计划现金流量表中，其利息应计入财务费用。为维持项目正常运营，还应分析短期借款的可靠性。

④ 外汇平衡分析主要是考察涉及外汇收支的项目在计算期内各年的外汇余缺程度，在编制外汇平衡表的基础上，了解各年外汇余缺状况，对外汇不能平衡的年份根据外汇短缺程度，提出切实可行的解决方案。

⑤ 不确定性分析包括盈亏平衡分析和敏感性分析。

⑥ 风险分析主要包括概率分析定量法和定性分析，并依此来判断风险的大小，给出合适的风险管理措施。

7. 财务评价方法

1）财务盈利能力评价

（1）财务净现值（FNPV）。

财务净现值是指按行业的基准收益率或投资主体设定的折现率，将方案计算期内各年发生的净现金流量折现到建设期初的现值之和。它是考察项目在计算期内盈利能力的动态评价指标、绝对指标。其表达式为：

$$FNPV=\sum_{i=1}^{n}(CI-CO)_t(1+i_c)^{-t}$$

式中 FNPV——财务净现值；

CI——现金流入；

CO——现金流出；

$(CI-CO)_t$——第 t 年的净现金流量；

n——项目计算期；

i_c——基准折现率。

财务净现值大于零，表明项目的盈利能力超过了基准收益率或折现率；财务净现值小于零，表明项目的盈利能力达不到基准收益率或设定的折现率的水平；财务净现值为零，表明项目的盈利能力水平正好等于基准收益率或设定的折现率。因此，财务净现值指标判别准则是：若 FNPV≥0，则方案可行；若 FNPV < 0，则方案应予拒绝。

财务净现值全面考虑了项目计算期内所有的现金流量大小及分布，同时考虑了资金的时间价值，因而可作为项目经济效果评价的主要指标。

（2）财务内部收益率（FIRR）。

财务内部收益率本身是一个折现率，它是指项目在整个计算期内各年净现金流量现值累计等于零时的折现率。它反映项目所占用资金的盈利率，是考察项目盈利能力的主要动态评价指标、相对指标。其表达式为：

$$\sum_{i=1}^{n}(\mathrm{CI}-\mathrm{CO})_t \times (1+\mathrm{FIRR})^{-t}=0$$

式中 FIRR——财务内部收益率。

财务内部收益率的具体计算可根据现金流量表中净现金流量用试差法进行。具体计算公式为：

$$\mathrm{FIRR}=i_1+\frac{\mathrm{FNPV}(i_1)}{\mathrm{FNPV}(i_1)-\mathrm{FNPV}(i_2)}(i_2-i_1)$$

式中 i_1——较低的试算折现率，使 $\mathrm{FNPV}(i_1)\geqslant 0$。

i_2——较低的试算折现率，使 $\mathrm{FNPV}(i_2)\leqslant 0$。

$$\mathrm{FNPV}(i_1)=\sum_{i=1}^{n}(\mathrm{CI}-\mathrm{CO})_t(1+i_1)^{-t}$$

$$\mathrm{FNPV}(i_2)=\sum_{i=1}^{n}(\mathrm{CI}-\mathrm{CO})_t(1+i_2)^{-t}$$

由此计算出的财务内部收益率通常为一近似值。为控制误差，一般要求 $(i_2-i_1)\leqslant 5\%$。

判别准则：当 $\mathrm{FIRR}\geqslant i_c$ 时，则 $\mathrm{FNPV}\geqslant 0$，方案财务效果可行；若 $\mathrm{FIRR}<i_c$，则 $\mathrm{FNPV}<0$，方案财务效果不可行。

【例 3-18】某方案净现金流量如表 3-21 所示，当基准收益率为 12%时，试用内部收益率指标判断方案是否可行。

表 3-21　某方案净现金流量

年份	0	1	2	3	4	5
净现金流量/万元	−200	40	60	40	80	80

【解】第一步：初估 FIRR 的值。

设 i_c=12%，则：

FNPV_1=−200+40（P/F，12%，1）+60（P/F，12%，2）+40（P/F，12%，3）+80（P/F，12%，4）+80（P/F，12%，5）=8.25（万元）

第二步：再估 FIRR 的值。

设 i_c=15%，FNPV_2=−8.04（万元）。

第三步：用线性插入法算出内部收益率 FIRR 的近似值。

FIRR =12%+8.25÷（8.25+8.04）×（15%−12%）=13.52%

由于 FIRR 大于基准收益率，即 13.52% > 12%，故该方案在财政上是可行的。

（3）投资回收期。

投资回收期是指以项目的净收益回收项目全部投资（固定资产投资、流动资金）所需要的时间。它是考察项目在财务上的投资回收能力的主要静态评价指标。投资回收期以年表示，一般从建设开始年算起，若从项目投产开始年算起，应予以特别注明。其表达式为：

$$\sum_{t=1}^{P_t}(\mathrm{CI}-\mathrm{CO})_t=0$$

式中　$(\mathrm{CI}-\mathrm{CO})_t$——第 t 年的净现金流量；

P_t——投资回收期。

项目投资回收期可借助项目投资现金流量表计算。项目投资现金流量表中累计净现金流量由负值变为零的时点，即为项目的投资回收期。可分别计算出项目所得税前及所得税后的全部投资回收期。计算公式为：

$$P_t=（累计净现金流量开始出现正值的年份数-1）+\frac{上年累计净现金流量的绝对值}{当年净现金流量}$$

求出的投资回收期 (P_t) 与行业的基准投资回收期 (P_c) 比较，当 (P_t-P_c) 时，表明项目投资能在规定的时间内收回，则项目在财务上可以考虑被接受。

投资回收期短，表明项目投资回收期快，抗风险能力强。

【例 3-19】某投资方案的净现金流量及累计净现金流量如表 3-22 所示，求投资回收期。

表 3-22　某方案净现金流量

现金流量表									
年份	1	2	3	4	5	6	7	8	9～20
净现金流量/万元	−180	−250	−150	84	112	150	150	150	150
累计净现金流量/万元	−180	−430	−580	−496	−384	−234	−84	66	1866

【解】$P_t=(8-1)+84\div150=7.56$（年）

（4）总投资收益率（ROI）。

总投资收益率系项目达到设计能力后正常年份的年息税前利润或运营期内年平均息税前利润（EBIT）与项目总投资（TI）的比率。它考察项目总投资的盈利水平。计算公式为：

$$\mathrm{ROI}=\frac{\mathrm{EBIT}}{\mathrm{TI}}\times100\%$$

式中　EBIT——项目正常年份的年息税前利润或运营期内年平均息税前利润；

TI——项目总投资（建设投资+流动资金）。

在财务评价中，总投资收益率高于同行业收益率参考值，表明用总投资收益率表示的盈利能力满足要求。

（5）项目资本金净利润率（ROE）。

项目资本金净利润率系指项目达到设计能力后正常年份的年净利润或运营期内年平均净利润（NP）与项目资本金（EC）的比率。其表达式为：

$$\mathrm{ROE}=\frac{\mathrm{NP}}{\mathrm{EC}}\times100\%$$

式中　NP——项目正常年份的年净利润或运营期内年平均净利润；

EC——项目资本金。

项目资本金净利润率表示项目资本金的盈利水平，项目资本金净利润率高于同行业的净利润率参考值，表明用项目资本金净利润率表示的盈利能力满足要求。

2）项目清偿能力分析的指标计算与评价

（1）固定资产投资国内借款偿还期。

固定资产投资国内借款偿还期，简称借款偿还期，是指在国家财政规定及项目具体财务条件下，以项目投产后可用于还款的资金偿还固定资产投资国内借款本金和建设期利息（不包括已用自有资金支付的建设期利息）所需要的时间。其表达式为：

$$\sum_{t=1}^{P_d} R_t - I_d = 0$$

式中　I_d——固定资产投资国内借款本金和建设期利息（不包括已用自有资金支付的部分）之和；

P_d——固定资产投资国内借款偿还期（从借款开始年计算，当从投产年算起时，应予注明）；

R_t——第 t 年可用于还款的资金，包括利润、折旧、摊销及其他还款资金。

借款偿还期可由资金来源与运用表及（国内）借款还本付息计算表直接推算，以年表示。

详细计算公式为：

$$P_d = T - t + \frac{R'_T}{R_T}$$

式中　T——借款偿还后开始出现盈余年份数；

t——开始借款年份数（从投产年算起时，为投产年年份数）；

R'_T——第 T 年偿还借款额；

R_T——第 T 年可用于还款的资金额。

借款偿还期满足贷款机构的要求期限时，即认为项目是有清偿能力的。

（2）利息备付率（ICR）。

利息备付率是指项目在借款偿还期内，各年可用于支付利息的税息前利润（EBIT）与当期应付利息（PI）费用的比值，其表达式为：

$$ICR=EBIT/PI$$

式中　税息前利润（EBIT）=利润总额+计入总成本费用的利息费用

当期应付利息是指计入总成本费用的全部利息。

利息备付率应当按年计算。利息备付率表示项目的利润偿付利息的保证倍率。对于正常运营的企业，利息备付率应当大于 1，否则，表示付息能力保障程度不足。

（3）偿债备付率（DSCR）。

偿债备付率是指项目在借款偿还期内，各年可用于还本付息资金与当期应还本付息金额（PD）的比值，其表达式为：

$$DSCR=\frac{EBITDA-T_{AX}}{PD}$$

式中　EBITDA——息税前利润加折旧和摊销。

TAX——企业所得税。

PD——应还本付息金额，包括还本金额和计入总成本费用的全部利息。融资租赁费用可视同借款偿还。运营期内的短期借款本息也应纳入计算。

偿债备付率应分年计算。偿债备付率表示可用于还本付息的资金偿还借款本息的保证倍率。偿债备付率在正常情况下应当大于 1。当指标小于 1 时，表示当年资金来源不足以偿付当期债务，需要通过短期借款偿付已到期债务。

（4）财务比率。

根据资产负债表可计算资产负债率、流动比率和速动比率等财务比率，以分析项目的清偿能力。

① 资产负债率。资产负债率是负债总额与资产总额之比，是反映项目各年所面临的财务风险程度及偿债能力的指标。其计算公式为：

$$资产负债率=\frac{负债总额}{资产总额}\times 100\%$$

适度的资产负债率，表明企业经营安全、稳健，具有较强的筹资能力，也表明企业和债权人的风险较小。对该指标的分析，应结合国家宏观经济状况、行业发展趋势、企业所处竞争环境等具体条件判定。项目财务分析中，在长期债务还清后，可不再计算资产负债率。

② 流动比率。流动比率是流动资产总额与流动负债总额之比，是反映项目各年偿付流动负债能力的指标。其计算公式为：

$$流动比率=\frac{流动资产总额}{流动负债总额}\times 100\%$$

③ 速动比率。速动比率是流动资产减存货后的差额（即为速动资产）与流动负债总额之比，是反映项目各年快速偿付流动负债能力的指标。其计算公式为：

$$速动比率=\frac{流动资产-存货}{流动负债总额}\times 100\%$$

3）不确定性分析

考察经济效果时，需要使用各种参数，如工程总投资、工程建设期、产量等，这些数据都带有不确定性，不可能与实际情况完全吻合，主要影响因素如下：

① 原始数据可靠性不够。

② 原始数据太少。

③ 原始数据的处理方法不当。

④ 预测模型和预测方法有问题。

⑤ 国家宏观政策的重大变化。

⑥ 存在不能计量的因素和未知因素。

⑦ 各种不可抗力因素。

⑧ 市场情况的变化。

⑨ 其他。

在前面的经济评价时，都是以一些确定的数据为基础的，如项目总投资、建设期、年销售收入、年经营成本、年利率等指标值，认为它们是已知的、确定的，即使对某个指标值所做的估计或预测，也认为是可靠、有效的。但在实际工作中，由于前述各种影响因素的存在，这些指标值与实际值之间往往存在差异，这样就对项目评价结果产生了影响。如果不对此分析，而仅凭对一些基础数据所做的确定性分析为依据来取决项目，就可能导致投资决策的失误。

例如，某项目的标准折现率为 8%，根据项目基础数据求出的内部收益率为 10%，由于内部收益率 > 标准折现率，根据方案评价准则自然认为项目是可行的。但如果凭此就作出投资决策则是欠考虑的，因为还没有考虑不确定性和风险问题，比如只要在项目实施过程中存在通货膨胀且通货膨胀率高于 2%，则项目的风险就很大，甚至会变成不可行的。因此，为了有效地减少不确定性因素对项目经济效果的影响，提高项目的风险防范能力，进而提高项目投资决策的科学性和可靠性，除对项目进行确定性分析外，还很有必要对项目进行不确定性分析。不确定性分析主要包括：盈亏平衡分析、敏感性分析、概率分析。

（1）盈亏平衡分析。

盈亏平衡分析也称量本利分析，就是将项目投产后的产量或者销售量作为不确定因素，通过计算企业或项目的盈亏平衡点的产量或者销售量，据此分析判断不确定性因素对方案经济效果的影响程度，说明方案实施的风险大小及项目承担风险的能力，为投资决策提供科学依据。图 3-16 为线性盈亏平衡分析简图。

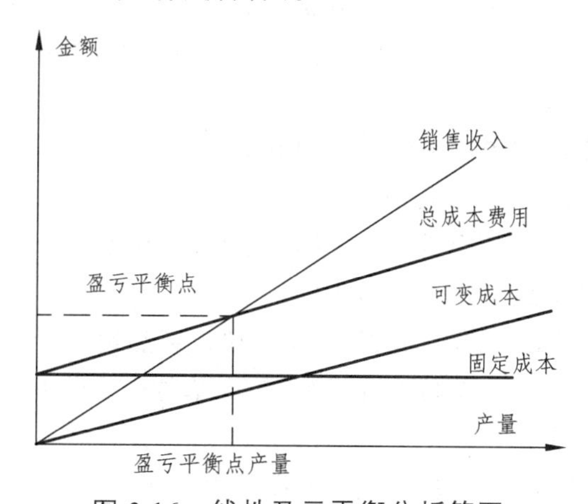

图 3.16　线性盈亏平衡分析简图

盈亏平衡分析的目的是寻找盈亏平衡点，据此判断项目风险大小及对风险的承受能力，为投资决策提供科学依据。盈亏平衡点就是盈利与亏损的分界点，在这一点“项目总收益=项目总成本”。项目总收益及项目总成本 C 都是产销量（Q）的函数，根据三者关系不同，盈亏平衡分析分为线性盈亏平衡分析和非线性盈亏平衡分析。在线性盈亏平衡分析中：

$$\begin{cases} \mathrm{TR} = P(1-t)Q \\ C = F + VQ \end{cases}$$

式中　TR——项目总收益；

P——产品销售价格；

t——销售税率；

C——项目总成本；

F——固定成本；

V——单位产品或可变成品；

Q——产量或销售量。

令 $TR = C$ 即可分别求出盈亏平衡产量、盈亏平衡价格、盈亏平衡单位产品可变成本、盈亏平衡生产能力利用率。它们的表达式分别为：

$$盈亏平衡产销量Q^* = \frac{F}{P(1-t)-V}$$

$$盈亏平衡价格P^* = \frac{F+VQ_c}{(1-t)Q_c}$$

$$盈亏平衡单位产品可变成本V^* = P(1-t)-\frac{F}{Q_c}$$

$$盈亏平衡生产能力利用率\ \alpha^* = \frac{Q^*}{Q_c}\times 100\%$$

式中　Q_c——设计生产能力。

盈亏平衡产量表示项目的保本产量，盈亏平衡产量越低，项目保本越容易，则项目风险越低；盈亏平衡价格表示项目可接收的最低价格，该价格仅能收回成本，该价格水平越低，表示单位产品成本越低，项目的抗风险能力就越强；盈亏平衡单位产品可变成本表示单位产品可变成本的最高上限，实际单位产品可变成本低于 V^* 时，项目盈利。因此，V^* 越大，项目的抗风险能力越强。

用生产能力利用率表示的盈亏平衡点（BEP）为：

BEP（%）= 年固定成本/
（年营业收入-年可变成本-年营业税金及附加）×100%

用产量表示的盈亏平衡点 BEP（产量）为：

BEP（产量）=年固定总成本/（单位产品销售价格-
单位产品可变成本-单位产品营业税金及附加）

两者之间的换算关系为：

BEP（产量）=BEP（%）×设计生产能力

用单位售价表示的盈亏平衡点 BEP（单位售价）

BEP（单位售价）=（年固定总成本+单位可变成本×产量）/
[产量×（1-销售税金及附加税率）]

盈亏平衡点应按项目投产后的正常年份计算，而不能按计算期内的平均值计算。

【例 3-20】某房地产开发公司拟开发一普通住宅，建成后，每平方米售价为 3 000 元。已知住宅项目总建筑面积为 2 000 m^2，销售税金及附加税率为 5.5%，预计每平方米建筑面积的可变成本为 1 700 元，假定开发期间的固定成本为 150 万元，计算盈亏平衡点时的销售量和销售单价。

【解】BEP（销售量）= 年固定总成本/（单位产品销售价格 - 单位产品可变成本 - 单位产品营业税金及附加）

=1 500 000/[3 000×（1-5.5%）-1 700]=1 321.59（m^2）

BEP（单位售价）=（年固定总成本+单位可变成本×产量）/[产量×（1 - 销售税金及附加税率）]

=（1 500 000+1 700×2 000）/[2 000×（1 - 5.5%）]=2 592.59（元/m^2）

（2）敏感性分析。

敏感性分析是通过分析、预测项目主要影响因素发生变化时对项目经济评价指标（如 NPV、IRR 等）的影响，从中找出敏感因素，并确定其影响程度的一种分析方法。敏感性分析的核心是寻找敏感因素，并将其按影响程度大小排序。敏感性分析根据同时分析敏感因素数量的多少分为单因素敏感性分析和多因素敏感性分析。这里简要介绍一下单因素敏感性分析中敏感因素的确定方法。

① 相对测定法。即设定要分析的因素均从初始值开始变动，且假设各个因素每次均变动相同的幅度，然后计算在相同变动幅度下各因素对经济评价指标的影响程度，即灵敏度，灵敏度越大的因素越敏感。在单因素敏感性分析图上，表现为变量因素的变化曲线与横坐标相交的角度（锐角）越大的因素越敏感。

$$\text{灵敏度}(\beta)=\frac{\text{评价指标变化幅度}}{\text{变量因素变化幅度}}=\frac{\left|\dfrac{Y_1-Y_0}{Y_0}\right|}{\Delta X_i}$$

②绝对测定法。让经济评价指标等于其临界值，然后计算变量因素的取值，假设为 X_1，变量因素原来的取值为 X_0，则该变量因素最大允许变化范围为$|(X_1-X_0)/X_0|$，最大允许变化范围越小的因素越敏感。在单因素敏感性分析图上，表现为变量因素的变化曲线与评价指标临界值曲线相交的横截距越小的因素越敏感。

在全过程造价管理决策阶段中考虑项目实施过程中一些不确定性因素的变化，分别对固定资产投资和流动资金投资之和、经营成本、销售收入做单因素变化对所得税前的内部收益率、净现值、投资回收期影响的敏感性分析。敏感性分析表和敏感系数分别参见表 3-23 和 3-24。

表 3-23　敏感性分析表

序号	项目	基本方案	基建投资		经营成本		销售收入	
			变化百分数					
			-10%	…	-10%	…	-10%	…
1	内部收益率/%							
	较基本方案增减/%							
2	净现值/万元							
	较基本方案增减/万元							
3	投资回收期/年							
	较基本方案增减/年							

表 3-24　敏感度系数和临界点分析表

序号	不确定因素	变化率/%	内部收益率	敏感度系数	临界点/%	临界值
	基本方案					
1	产品产量					
	生产负荷					
2	产品价格					
3	主要原材料价格					
4	建设投资					
5	汇率					
	……					

（3）概率分析。

概率分析是通过研究各种不确定因素发生不同幅度变动的概率分布及其对方案经济效果的影响，对方案的净现金流量及经济效果指标作出某种概率描述，从而对方案的风险情况作出比较准确的判断。概率分析的指标：经济效果的期望值、经济效果的标准差。

① 概率分析的方法。

进行概率分析具体的方法主要有期望值法、效用函数法和模拟分析法等。

期望值法：在项目评估中应用最为普遍，是通过计算项目净现值的期望值和净现值大于或等于零时的累计概率，来比较方案优劣、确定项目可行性和风险程度的方法。

效用函数法：所谓效用，是对总目标的效能价值或贡献大小的一种测度。在风险决策的情况下，可用效用来量化决策者对待风险的态度。通过效用这一指标，可将某些难以量化、有质的差别的事物（事件）给予量化，将要考虑的因素折合为效用值，得出各方案的综合效用值，再进行决策。

模拟分析法：就是利用计算机模拟技术，对项目的不确定因素进行模拟，通过抽取服从项目不确定因素分布的随机数，计算分析项目经济效果评价指标，从而得出项目经济效果评价指标的概率分布，以提供项目不确定因素对项目经济指标影响的全面情况。

② 概率分析的步骤。

a. 列出各种预考虑的不确定因素。例如销售价格、销售量、投资和经营成本等，均可作为不确定因素。需要注意的是，所选取的几个不确定因素应是互相独立的。

b. 设想各不确定因素可能发生的情况，即其数值发生变化的几种情况。

c. 分别确定各种可能发生情况产生的可能性，即概率。各不确定因素的各种可能发生情况出现的概率之和必须等于 1。

d. 计算目标值的期望值。

可根据方案的具体情况选择适当的方法。假若采用净现值为目标值，则一种方法是，将各年净现金流量所包含的各不确定因素在各可能情况下的数值与其概率分别相乘后再相加，得到各年净现金流量的期望值，然后求得净现值的期望值。另一种方法是直接计算净现值的期望值。

e. 求出目标值大于或等于零的累计概率。

对于单个方案的概率分析应求出净现值大于或等于零的概率，由该概率值的大小可以估计方案承受风险的程度，该概率值越接近 1，说明技术方案的风险越小，反之，方案的风险越大。

③ 决策树的结构（图 3-17）。

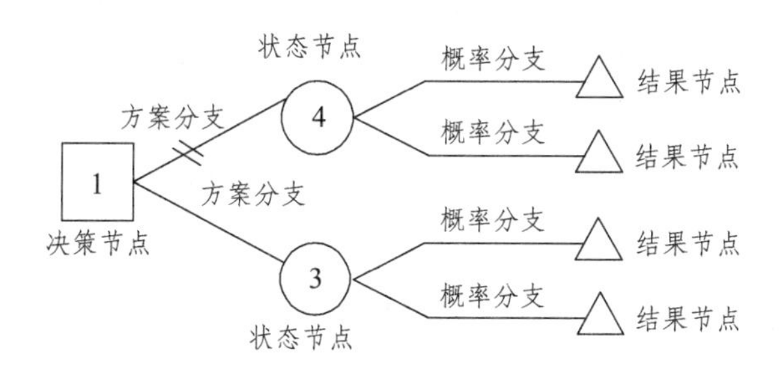

图 3-17　决策树的结构

应用决策树来作决策的过程，是从右向左逐步后退进行分析。根据右端的损益值和概率的概率，计算出期望值的大小，确定方案的期望结果，然后根据不同方案的期望结果作出选择。方案的舍弃叫做修枝，被舍弃的方案用“≠”的记号来表示，最后的决策点留下一条树枝，即为最优方案。

【例 3-21】为了适应市场的需要，某地提出了扩大电视机生产的两个方案。一个方案是建设大工厂，第二个方案是建设小工厂。建设大工厂需要投资 600 万元，可使用 10 年。建设小工厂投资 280 万元，如销路好，3 年后扩建，扩建需要投资 400 万元，可使用 7 年，每年赢利 190 万元。试用决策树法选出合理的决策方案。

【解】画出决策树，如图 3-18 所示，计算各点的期望值：

点②：$0.7\times200\times10+0.3\times(-40)\times10-600$（投资）$=680$（万元）

点⑤：$1.0\times190\times7-400=930$（万元）

点⑥：$1.0\times80\times7=560$（万元）

比较决策点 4 的情况可以看到，由于点⑤（930 万元）与点⑥（560 万元）相比，点⑤的期望利润值较大，因此应采用扩建的方案，而舍弃不扩建的方案。把点⑤的 930 万元移到点 4 来，可计算出点③的期望利润值。

点③：$0.7\times80\times3+0.7\times930+0.3\times60\times(3+7)-280=719$（万元）

最后比较决策点 1 的情况。由于点③（719 万元）与点②（680 万元）相比，点③的期望利润值较大，因此取点③而舍点②。这样，相比之下，建设大工厂的方案不是最优方案，合理的策略应采用前 3 年建小工厂，如销路好，后 7 年进行扩建的方案。

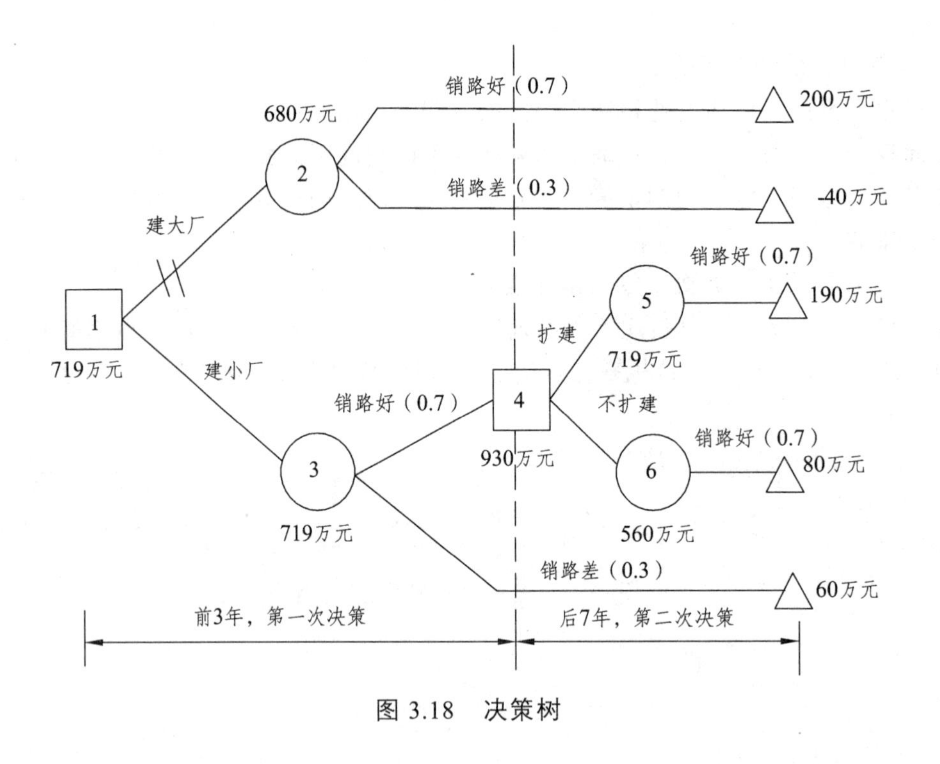

图 3.18 决策树

四、国民经济评价

国民经济是从宏观上决定工程项目是否可行的重要依据。项目的国民经济评价是将建设项目置于整个国民经济系统之中，站在国家的角度，考察和研究项目的建设与投产，给国民经济带来的净贡献和净消耗。不仅要分析项目本身所产生的直接效果，而且要分析项目建设所引起的有关行业和企业所产生的经济效果（间接效果）。

从国民经济的宏观管理看，经济评价可以使社会的有效资源得到最优的利用，发挥资源的最大效益，促进经济的稳定发展。尤其是在当前我国固定资产投资规模过大，建设资金紧张的情况下，国家可以通过调整社会折现率等参数，提高项目通过的标准，控制投资总规模的膨胀，使有限的资金发挥更好的效益。

从企业和具体建设项目看，经济评价可以起到预测投资风险、提高投资盈利率的作用。由于经济评价方法和参数设立了一套比较科学严谨的分析计算指标和判别依据，项目和方案经过需要—可能—可行—最佳这样步步深入的分析、比选，有助于避免由于依据不足、方法不当、盲目决策造成的失误，使企业建成的生产能力在竞争中取得优势，获得更好的经济效益。

项目的国民经济评价，按照资源合理配置的原则，从整个国民经济大系统出发，站在国家和社会的立场上考察项目的效益和费用，用影子价格、影子工资、影子汇率和社会折现率等经济参数，从国民经济整体角度考察项目所耗费的社会资源和对社会的贡献，评价项目的经济合理性。

1. 国民经济评价原理

国家规定要进行国民经济评价的项目有：① 涉及国民经济若干部门的重大工业项目和重大技术改造项目；② 影响国计民生的重大项目；③ 有关稀缺资源开发和利用的项目；④ 涉

及产品或原材料进口或替代进口项目以及产品和原材料价格明显失真的项目；⑤ 技术引进、中外合资经营项目。上述项目除了进行财务评价外，还必须进行详细的国民经济评价。

国民经济评价的主要经济指标是国民经济增长目标，使项目投资所取得的国民收入净增量最大化，因而将国民经济盈利能力作为衡量项目经济可行性的基本内容，同时考察项目外汇效果和承受风险能力。除经济增长目标外，在国民经济评价中还要考察社会效果评价目标。

2. 国民经济评价的范围和内容

国民经济评价是一项比较复杂的工作，根据目前我国的实际条件，只能对某些在国民经济建设中有重要作用和影响的重大项目开展国民经济评价工作。

（1）基础设施项目和公益性项目。

由于外部经济性的存在，企业财务评价不可能将项目产生的效果全部反映出来。尤其是铁路、公路、市政工程、水利水电等项目，外部效果非常显著，必须采用国民经济评价将外部效果内部化。

（2）市场价格不能真实反映价值的项目。

由于某些资源的市场不存在或不完善，这些资源的价格为零或很低，因而往往被过度使用。另外，由于国内统一市场尚未形成，或国内市场未与国际市场接轨，失真的价格会使项目的收支状况变得过于乐观或悲观。因而有必要通过影子价格对失真的价格进行修正。

（3）资源开发项目。

涉及自然资源保护、生态环境保护的项目必须通过国民经济评价客观选择社会对资源使用的时机。如国家控制的战略性资源开发项目、动用社会资源和自然资源较大的中外合资项目等。

（4）涉及国家经济安全和受过度行政干预的项目也应做国民经济评价。

3. 国民经济评价的费用和效益

1）识别费用和效益的原则

（1）基本原则。

国民经济分析以实现社会资源的最优配置从而使国民收入最大化为目标，凡是增加国民收入的就是国民经济效益，凡是减少国民收入的就是国民经济费用。

（2）边界原则。

财务分析从项目自身的利益出发，其系统分析的边界是项目。凡是流人项目的资金，就是财务效益，如销售收入；凡是流出项目的资金，就是财务费用，如投资支出、经营成本和税金。国民经济分析则从国民经济的整体利益出发，其系统分析的边界是整个国家。国民经济分析不仅要识别项目自身的内部效果，而且需要识别项目对国民经济其他部门和单位产生的外部效果。

（3）资源变动原则。

在计算财务收益和费用时，依据的是货币的变动。凡是流入项目的货币就是直接效益，凡是流出项目的货币就是直接费用。国民经济分析以实现资源最优配置从而保证国民收入最大增长为目标。由于经济资源的稀缺性，就意味着一个项目的资源投入会减少这些资源在国民经济其他方面的可用量，从而减少了其他方面的国民收入，从这种意义上说，该项目对资源的使用产生了国民经济费用。同理，我们说项目的产出是国民经济收益，是由于项目的产出能够增加社会资源——最终产品的缘故。因此不难理解，在考察国民经济费用和效益的过程中，我们的依据不是货币，而是社会资源真实的变动量。凡是减少社会资源的项目投入都产生国民经济费用，凡是增加社会资源的项目产出都产生国民经济收益。

2）直接效益与直接费用——内部效果

建设工程的国民经济效益是指项目对国民经济所做的贡献，分为直接效益和间接效益。项目的国民经济费用是指国民经济为项目付出的代价，分为直接费用和间接费用。

（1）直接效益是项目产出物直接生成，并在项目范围内计算的经济效益。一般表现为：

① 增加项目产出物或者服务的数量以满足国内需求的效益。

② 替代效益较低的相同或类似企业的产出物或者服务，使被替代企业减产（停产）从而减少国家有用资源耗费或者损失的效益。

③ 增加出口或者减少进口从而增加或者节支的外汇等。

（2）直接费用是项目使用投入物所形成，并在项目范围内计算的费用。一般表现为：

① 其他部门为本项目提供投入物，需要扩大生产规模所耗费的资源费用。

② 减少对其他项目或者最终消费投入物的供应而放弃的效益。

③ 增加进口或者减少出口从而耗用或者减少的外汇等。

3）间接效益与间接费用——外部效果

外部效果是指项目对国民经济做出的贡献与国民经济为项目付出的代价中，在直接效益与直接费用中未得到反映的那部分效益（间接效益）与费用（间接费用）。为防止外部效果计算扩大化，项目的外部效果一般只计算一次性相关效果，不应连续计算。外部效果应包括以下几个方面：

（1）产业关联效果。例如建设一个水电站，一般除发电、防洪灌溉和供水等直接效果外，还必然带来养殖业和水上运动的发展，以及旅游业的增进等间接效益。此外，农牧业还会因土地淹没而遭受一定的损失（间接费用）。

（2）环境和生态效果。例如发电厂排放的烟尘可使附近田园的作物产量减少，质量下降，化工厂排放的污水可使附近江河的鱼类资源骤减。

（3）技术扩散效果。技术扩散和示范效果是由于建设技术先进的项目会培养和造就大量的技术人员和管理人员。他们除了为本项目服务外，由于人员流动、技术交流对整个社会经济发展也会带来好处。

4）转移支付

项目的某些财务收益和支出，从国民经济的角度看，并没有造成资源的实际增加或者减少，而是国民经济内部的“转移支付”，不计作项目的国民经济的效益与费用。转移支付的主要内容包括：

（1）税金。将企业的货币收入转移到政府手中，是收入的再分配。

（2）补贴。不过是使资源的支配权从政府转移给了企业而已。

（3）国内贷款的还本付息。仅代表资源支配权的转移。

（4）国外贷款的还本付息。处理分以下三种情况：

① 评价国内投资经济效益的处理办法。在分析时，由于还本付息意味着国内资源流入

国外，因而应当视作费用。

② 国外贷款不指定用途时的处理办法。这种情况下，与贷款对应的实际资源虽然来自国外，但受贷国在如何有效利用这些资源的问题上，面临着与国内资源同样的优化配置任务，因而应当对包括国外贷款在内的全部资源的利用效果作出评价。在这种评价中，国外贷款还本付息不视作收益，也不视作费用。

③ 国外贷款指定用途的处理办法。如果不上拟建项目，就不能得到国外贷款，这时便无须进行全投资的经济效益评价，可只进行国内投资资金的经济评价。这是因为，全投资经济效益评价的目的在于对包括国外贷款在内的全部资源多种用途进行比较选优，既然国外贷款的用途已经唯一限定，别无其他选择，也就没有必要对其利用效果作出评价了。

如果以项目的财务评价为基础进行国民经济评价时，应从财务效益与费用中剔除在国民经济评价中计作转移支付的部分。

4. 国民经济评价指标及效益费用流量表

1）国民经济评价指标

项目投资对国民经济贡献的评价，目的是为了合理利用和分配有限资源，使之能够创造出尽可能多的满足社会经济发展需要和国民经济持续增长要求的物质财富。因此，对国民经济贡献的分析指标仍然主要是在投资效益与成本费用比较分析的基础上设定。分析指标包括以下 3 种。

（1）经济利润比率分析指标。经济利润比率分析是分析项目投资在达到设计生产能力的基础上，计算期内投资的经济净效益流量与投资比率，以考察项目的盈利能力和风险承担能力。主要指标有投资净效益或投资净效益率。为避免项目在投资寿命期各年份间也可能出现的净效益流量相差悬殊的问题，需要设计年均净效益流量的计算指标。投资净效益对比的基础是社会收益率。社会收益率一般等于社会平均的资本利润率。经济利润比率分析指标是运用静态的宏观经济分析方法，分析和评价项目的经济效益。

投资净效益率（NBR）是指正常生产年份的经济净效益流量与全部投资的比率。用公式表示为：

$$\mathrm{NBR}=(B-C)/I$$

式中　I——项目建设和项目运行中的全部投资，包括固定资金和流动资金；

（$B-C$）——正常生产年份的经济效益流量。

该指标是在考察项目投资对国民经济所做的净贡献的一个横向评价指标，是在项目初选决策阶段的一个重要评价指标，所考察的是正常生产期内的任一年份的经济盈利水平和盈利能力。

（2）国民经济效益费用分析指标。国民经济效益费用分析主要是通过计算和分析项目投资在计算期内国民经济效益费用流量，考察项目对国民经济的净贡献。主要分析指标有经济净现值、经济净现值率和经济内部收益率。这些指标是运用动态的宏观经济分析方法，分析和评价项目的经济效益。

① 经济净现值（ENPV）。

经济净现值是用社会折现率将项目计算期内各年的经济净现金流量折算到建设期基点

的现值之和。经济净现值是反映项目对国民经济净贡献的绝对指标。其公式可表示为：

$$\mathrm{ENPV}=\sum_{t=1}^{n}(B-C)_t\times(1+i_{\mathrm{s}})^{-t}$$

式中　B——效益流量；

C——费用流量；

$(B-C)_t$——t 年的净效益流量；

i_{s}——社会折现率；

n——计算期。

判别准则：从企业投资的角度考察经济净现值指标，经济净现值等于或大于零表示国家拟建项目付出代价后，可以得到符合社会折现率的社会盈余，或除了得到符合社会折现率的社会盈余外，还可以得到以现值计算的超额社会盈余，这时就可以认为项目是可以考虑接受的。如果从国民经济的角度出发，不仅要考虑经济净现值是否大于零，而且要考虑该项目在国民经济发展中的地位和作用。因此，当经济净现值等于零，即经济净现值与社会折现率相等时，从国民经济的总体发展需要或未来项目的经济成长的价值出发，该项目也具有投资的可行性。

按分析效益费用的口径不同，可分为整个项目的经济内部收益率和经济净现值，国内投资经济内部收益率和经济净现值。如果项目没有国外投资和国外借款，全投资指标与国内投资指标相同；如果项目有国外资金流入与流出，应以国内投资的经济内部收益率和经济净现值作为项目国民经济评价的评价指标。

② 经济净现值率（ENPVR）。经济净现值率是经济净现值与投资现值的比率，是表示项目投资的单位投资现值所能带来的经济净现值的数额，是反映项目单位投资为国家经济所做贡献的相对指标，用公式表示为：

$$\mathrm{ENPVR}=\frac{\mathrm{ENPV}}{I_{\mathrm{p}}}\times100\%$$

式中：I_{p}表示投资的现值，即项目全部投资按社会折现率折算的现值之和；$ENPV$表示投资的经济净现值。在投资决策时，当有多个投资方案备选，在投资环境大体相当，不同投资方案中投资总额相等时，可以考虑以经济净现值最大为首选方案；而如果投资总额不等，应选经济净现值率大的投资方案。

③ 经济内部收益率（EIRR）。

经济内部收益率也是一种反映项目投资对国民经济所做贡献的相对指标。它是项目在计算期内各年经济净效益流量的现值累计等于零时的折现率。其表达式为：

$$\sum_{t=1}^{n}(B-C)_t\times(1+\mathrm{EIRR})^{-t}$$

式中　B——效益流量；

C——费用流量；

$(B-C)_t$——第 t 年的国民经济净效益流量；

n——计算期。

判别准则：经济内部收益率大于社会折现率，项目的经济净现值大于零，项目可行。

如果项目的经济内部收益率小于社会折现率，项目的经济净现值小于零，项目不可行。如果项目的经济内部收益率等于社会折现率，项目的经济净现值等于零，项目属于经济边缘项目。

（3）经济外汇效果分析指标。经济外汇分析指标是通过分析项目投资在计算期内各年份的经济外汇流入和流出情况，考察和分析项目的创汇能力，并以此来评价项目对国民经济的影响。主要分析指标有经济外汇净现值、经济换汇成本和经济节汇成本等。它既有动态经济分析，也有静态经济分析。

经济外汇净现值(ENPVF)是指项目在计算期内各年的经济净外汇流量，用社会折现率折算到建设期基点的现值之和。计算公式为：

$$\text{ENPVF} = \sum_{t=1}^{n} (\text{FI} - \text{FO})_t \times (1 + i_s)^{-t}$$

式中　FI——外汇流入量；

FO——外汇流出量；

$(\text{FI} - \text{FO})_t$——第 t 年的净外汇流量；

N——计算期。

经济外汇净现值是衡量项目对国家外汇的净贡献或净消耗的一项动态指标，从外汇收支平衡的角度看，经济外汇净现值大于零，项目可行性高。在不同项目的对比中，经济外汇净现值高的方案为首选方案。与经济净现值不同的是，当经济外汇净现值为零时，所表示的应该是项目外汇的流入量与流出量持平，即项目能够维持自身的外汇平衡，项目依然具有可行性。

除了经济外汇净现值指标外，与此相关的还有经济换汇成本和经济节汇成本两个指标。

上述这些反映经济效益的指标从不同方面考察了项目对国民经济的贡献，它们与企业经济效益考察指标基本是对应的，其评定依据是项目的宏观经济效益与微观经济效益的一致性。项目的可行性决策，首先要符合国家整体经济利益，要有利于国民经济总体发展目标的实现，在此基础上，进而要尽可能使企业的效益实现最大化。

5. 国民经济效益费用流量表

国民经济效益费用流量表有两种，一是项目国民经济效益费用流量表（表 3-25）；二是国内投资国民经济效益费用流量表（表 3-26）。一般在项目财务评价基础上进行调整编制，有些项目也可以直接编制。

在财务评价基础上编制国民经济效益费用流量表应注意以下问题：

（1）剔除转移支付，将财务现金流量表中列支的销售税金及附加、所得税、特种基金、国内借款利息作为转移支付剔除。

（2）计算外部效益与外部费用，并保持效益费用计算口径的统一。

（3）用影子价格、影子汇率逐项调整建设投资中的各项费用，剔除涨价预备费、税金、国内借款建设期利息等转移支付项目。进口设备购置费通常要剔除进口关税、增值税等转移支付。建筑安装工程费按材料费、劳动力的影子价格进行调整；土地费用按土地影子价格进行调整。

（4）应收、应付款及现金并没有实际耗用国民经济资源，在国民经济评价中应将其从流动资金中剔除。

（5）用影子价格调整各项经营费用，对主要原材料、燃料及动力费，用影子价格进行调整；对劳动工资及福利费，用影子工资进行调整。

（6）用影子价格调整计算项目产出物的销售收入。

（7）国民经济评价各项销售收入和费用支出中的外汇部分，应用影子汇率进行调整，计算外汇价值。从国外引入的资金和向国外支付的投资收益、贷款本息，也应用影子汇率进行调整。

表 3-25　项目国民经济效益费用流量表

序号	项目	计算期								
		1	2	3	4	5	6	7	8	9
1	效益流量									
1.1	销售收入									
1.2	回收固定资产余值									
1.3	回收流动资金									
1.4	项目间接效益									
2	费用流量									
2.1	建设投资									
2.2	流动资金									
2.3	经营费用									
2.4	项目间接费用									
3	净效益流量									

表 3-26　国内投资国民经济效益费用流量表

序号	项目	计算期								
		1	2	3	4	5	6	…		
1	效益流量									
1.1	销售收入									
1.2	回收固定资产余值									
1.3	回收流动资金									
1.4	项目间接效益									
2	费用流量									
2.1	建设投资中国内资金									
2.2	流动资金中国内资金									
2.3	经营费用									
2.4	流到国外的资金									
2.4.1	国外借款本金偿还									
2.4.2	国外借款利息支付									
2.4.3	其他									
2.5	项目间接费用									
3	国内投资净效益流量（1-2）									

6. 国民经济评价参数

国民经济评价参数是国民经济评价的基础。正确理解和使用评价参数，对正确计算费用、效益和评价指标，以及比选优化方案具有重要作用。国民经济评价参数体系有两类：一类是通用参数，如社会折现率、影子汇率和影子工资等，这些通用参数由有关专门机构组织测算和发布；另一类是货物影子价格等一般参数，由行业或者项目评价人员测定。

1）社会折现率

社会折现率是用以衡量资金时间价值的重要参数，代表社会资金被占用应获得的最低收收益率，并用作不同年份价值换算的折现率。可作为经济内部收益率的判别标准。根据对我国国民经济运行的实际情况、投资收益水平、资金供求情况、资金机会成本以及国家宏观调控等因素综合分析。

2）影子汇率

影子汇率是指能正确反映外汇真实价值的汇率。在国民经济评价中，影子汇率通过影子汇率换算系数计算，影子汇率换算系数是影子汇率与国家外汇牌价的比值。工程项目投入物和产出物涉及进出口的，应采用影子汇率换算系数计算影子汇率。

【例 3-22】已知 2015 年 10 月 30 日国家外汇牌价中人民币对美元的比值为 645/100，我国的影子汇率换算系数取值为 1.08。则人民币对美元的影子汇率=影子汇率换算系数×645/100=1.08×645/100=6.966。

3）影子工资

影子工资一般通过影子工资换算系数计算。影子工资换算系数是影子工资与项目财务评价中劳动力的工资和福利费的比值。

7. 国民经济分析与财务评价的主要区别（表 3-27）

表 3-27　国民经济分析与财务评价的主要区别表

项目	财务评价	国民经济评价
评价目标	企业盈利最大化	国民经济效益最大化
出发点	投资工程项目的企业	国民经济
所用价格	现行市场价格	影子价格（包括影子汇率和影子工资等）
折现率	各部门、各行业的基准收益率或综合平均利率加风险系数	全国统一使用的社会折现率
外部经济性	不计入	计入
评价指标	财务内部效益率、财务净现值和投资回收期等	经济内部效益率、经济净现值

8. 财务评价和国民经济评价决策结果（表 3-28）

表 3-28　财务评价和国民经济评价决策结果表

情况	财务评价	国民经济分析	决策结果	备注
Ⅰ	可行	可行	可行	
Ⅱ	可行	不可行	不可行	
Ⅲ	不可行	可行	可行	给企业补偿
Ⅳ	不可行	不可行	不可行	

根据财务评价和国民经济分析的结果来判断一个工程项目的取舍，可能有四种情况：

（1）如果一个工程项目不但能给企业带来可观的商业利润，而且可以明显地促进国民经济的增长，实施这样的工程项目是十分理想的投资资源配置方式，从经济角度看，该工程项目是可行的。

（2）如果一个工程项目只能给企业创造可观的商业利润，而没有增加国民经济正的净效益，甚至给国民经济带来了负效益，这就违背了经济学的有效率原则，从宏观经济的角度，该项目是不可行的，如果由政府进行决策，该项目是不能实施的。

（3）如果一个工程项目没有给企业带来理想的商业利润，但增加了国民经济正的净效益，这说明现行的价格和税收政策有偏差，还没有满足有效益的原则，这种信息的反馈对政府制定政策和进行长远规划都是有帮助的，如果由政府进行决策，该项目是可以实施的，但要通过价格和（或）税收手段给企业进行补偿，使其获得比较理想的投资回报。

（4）一个工程项目，不但不能使企业取得比较理想的商业利润，而且，没有增加国民经济正的净效益，这样的项目肯定是不可行的。

第四节　建设项目可行性研究

一、可行性研究的概念

建设项目的可行性研究是在投资决策前，对与拟建项目有关的社会、经济、技术等各方面进行深入细致的调查研究，对各种可能拟定的技术方案和建设方案进行认真的技术经济分析和比较论证，对项目建成后的经济效益进行科学的预测和评价。在此基础上，对拟建项目的技术先进性和适用性、经济合理性和有效性，以及建设必要性和可行性进行全面分析、系统论证、多方案比较和综合评价，由此得出该项目是否应该投资和如何投资等结论性意见，为项目投资决策提供可靠的科学依据。

1. 可行性研究的作用

（1）作为建设项目投资决策的依据。

（2）作为编制设计文件的依据。

（3）作为向银行贷款的依据。

（4）作为建设项目与各协作单位签订合同和有关协议的依据。

（5）作为环保部门、地方政府和规划部门审批项目的依据。

（6）作为施工组织、工程进度安排及竣工验收的依据。

（7）作为项目后评估的依据。

2. 可行性研究工作阶段

可行性研究工作是一个由粗到细的分析过程，主要包括 4 个阶段：机会研究、初步可行性研究、详细可行性研究、评价和决策阶段，各阶段要求见表 3-29。

表 3-29 可行性研究各阶段要求

工作阶段	机会研究	初步可行性研究	详细可行性研究	评价阶段
工作性质	项目设想	项目初步选择	项目拟定	项目评估
工作内容	鉴别投资方向和目标，选择项目，寻求投资机会（地区、行业、资源和项目的机会研究）提出项目投资建议	对项目初步评价作专题辅助研究，广泛分析、筛选方案，鉴定项目的选择依据和标准，研究项目的初步可行性，决定是否需要进一步作详细可行性研究或否定项目	对项目进行深入细致的技术经济论证，重点对项目进行财务效益和经济效益分析评价，多方案比选，提出结论性意见，确定项目投资的可行性和选择依据标准	综合分析各种效益，对可行性研究报告进行评估和审查，分析判断项目可行性研究的可靠性和真实性，对项目作最终决定
工作成果及作用	编制项目建议书作为判定经济计划和编制项目建议书的基础，为初步选择投资项目提供依据	编制初步可行性报告，判定是否有必要进行下一步详细可行性研究，进一步判明建设项目的生命力	编制可行性研究报告，作为项目投资决策的基础和重要依据	提出项目评估报告，为投资决策提供最后决策依据，决定项目取舍和选择最佳投资方案
估算精度	±30%	±20%	±10%	±10%
研究费用占总投资的百分比	0.2%～1%	0.25%～1.25%	大项目 0.2%～1.0% 小项目 1.0%～3.0%	—
需要时间/月	1～3	4～6	8～12	—

1）机会研究

投资机会研究又称投资机会论证。这一阶段的主要任务是提出建设项目投资方向建议，即在一个确定的地区和部门内，根据自然资源、市场需求、国家产业政策和国际贸易情况，通过调查、预测和分析研究，选择建设项目，寻找投资的有利机会。机会研究要解决两个方面的问题：一是社会是否需要；二是有没有可以开展项目的基本条件。

机会研究一般从以下 3 个方面着手开展工作：第一，以开发利用本地区的某一丰富资源为基础，谋求投资机会；第二，以现有工业的拓展和产品深加工为基础，通过增加现有企业的生产能力与生产工序等途径创造投资机会；第三，以优越的地理位置、便利的交通条件为基础分析各种投资机会

这一阶段的工作比较粗略，一般是根据条件和背景相类似的工程项目来估算投资额和生产成本，初步分析建设投资效果，提供一个或一个以上可能进行建设的项目投资或投资方案。这个阶段所估算的投资额和生产成本的精确程度控制在±30%左右。大中型项目的机会研究所需时间大约在 1～3 个月，所需费用约占投资总额的 0.2%～1%。如果投资者对这个项目感兴趣，再进行下一步的可行性研究工作。

该阶段的工作成果为项目建议书，项目建议书的内容视项目的不同情况而有繁有简，但一般应包括以下几个方面：

（1）建设项目提出的必要性和依据。引进技术和进口设备的，还要说明国内外技术差

距概况及进口的理由。

（2）产品方案、拟建规模和建设地点的初步设想。

（3）资源情况、建设条件、协作关系等的初步分析。

（4）投资估算和资金筹措设想。利用外资项目要说明利用外资的可能性，以及偿还贷款能力的大体测算。

（5）项目的进度安排。

（6）经济效益和社会效益的估计。

工程咨询公司在编制项目建议书时主要的咨询依据有：宏观信息资料；项目所在地资料；已有类似项目的有关数据和其他经济数据；有关规定，如银行贷款利率等。

2）初步可行性研究

在项目建议书被主管计划部门批准后，对于投资规模大，技术工艺又比较复杂的大中型骨干项目，需要先进行初步可行性研究。初步可行性研究也称为预可行性研究，是正式的详细可行性研究前的预备性研究阶段。经过投资机会研究认为可行的建设项目，值得继续研究，但又不能肯定是否值得进行详细可行研究时，就要做初步可行性研究，进一步判断这个项目是否具有生命力，是否有较高的经济效益。若经过初步可行性研究，认为该项目具有一定的可行性，便可转入详细可行性研究阶段。否则，就终止该项目的前期研究工作。初步可行性研究作为投资项目机会研究与详细可行性研究的中间性或过渡性研究阶段。主要目的有：

（1）确定项目是否还要进行详细可行性研究。

（2）确定哪些关键问题需要进行辅助性专题研究。

初步可行性研究内容和结构与详细可行性研究基本相同，主要区别是所获得资料的详尽程度和研究深度不同。对建设投资和生产成本的估算精度一般要求控制在±20%左右，研究时间为 4 ~ 6 个月，所需费用占投资总额的 0.25% ~ 1.25%。

3）详细可行性研究

详细可行性研究又称技术经济可行性研究，是可行性研究的主要阶段，是建设项目投资决策的基础。它为项目决策提供技术、经济、社会、商业方面的评价依据，为项目的具体实施提供科学依据。这一阶段的主要目标有：

（1）提出项目建设方案。

（2）效益分析和最终方案选择。

（3）确定项目投资的最终可行性和选择依据标准。

这一阶段的内容比较详尽，所花费的时间和精力都比较大。而且本阶段还为下一步工程设计提供基础资料和决策依据。在此阶段，建设投资和生产成本计算精度控制在±10%以内；大型项目研究工作所花费的时间为 8 ~ 12 个月，所需费用约占投资总额的 0.2% ~ 1%；中小型项目研究工作所花费的时间为 4 ~ 6 个月，所需费用约占投资额的 1% ~ 3%。

工程咨询公司编制可行性研究报告的依据主要有：国民经济发展的长远规划、国家经济建设的方针、任务和技术经济政策；项目建议书和委托单位的要求；厂址选择、工程设计、技术经济分析所需的地理、气象、地质、自然和经济、社会等基础资料和数据；有关的技术经济方面的规范、标准、定额等指标；国家或有关部门颁布的有关项目经济评价的基本参数和指标。

4）评价和决策阶段

评价是由投资决策部门组织和授权有关咨询公司或有关专家，代表项目业主和出资人对建设项目可行性研究报告进行全面的审核和再评价。其主要任务是对拟建项目的可行性研究报告提出评价意见，最终决策该项目投资是否可行，确定最佳投资方案。项目评价与决策是在可行性研究报告基础上进行的，其内容包括：

（1）全面审核可行性研究报告中反映的各项情况是否属实。

（2）分析项目可行性研究报告中各项指标计算是否正确，包括各种参数、基础数据、定额费率的选择。

（3）从企业、国家和社会等方面综合分析和判断工程项目的经济效益和社会效益。

（4）分析判断项目可行性研究的可靠性、真实性和客观性，对项目做出最终的投资决策。

（5）最后写出项目评估报告。

由于基础资料的占有程度、研究深度与可靠程度要求不同，可行性研究的各个工作阶段的研究性质、工作目标、工作要求、工作时间与费用各不相同。一般来说，各阶段的研究内容由浅入深，项目投资和成本估算的精度要求由粗到细，研究工作量由小到大，研究目标和作用逐步提高，因此，工作时间和费用也逐渐增加。

3. 可行性研究报告的内容

第一是市场研究，主要解决项目的“必要性”问题。

第二是技术研究，主要解决项目在技术上的“可行性”问题。

第三是效益研究，主要解决项目在经济上的“合理性”问题。

可行性研究的内容应能满足作为项目投资决策的基础和重要依据的要求。

（1）总论。

① 项目背景：包括项目名称、承办单位情况、可行性研究报告编制依据、项目提出的理由与过程等。

② 项目概况：包括项目拟建地点、拟建规模与目标、主要建设条件、项目投入总资金及效益情况和主要技术经济指标等。

③ 问题与建议：主要指存在的可能对拟建项目造成影响的问题及相关解决建议。

（2）市场预测。

市场预测是对项目的产出品和所需的主要投入品的市场容量、价格、竞争力和市场风险进行分析预测，为确定项目建设规模与产品方案提供依据。包括：产品市场供应预测、产品市场需求预测、产品目标市场分析、价格现状与预测、市场竞争力分析、市场风险。

（3）资源条件评价。

只有资源开发项目的可行性研究报告才包含此项。资源条件评价包括资源可利用量、资源品质情况、资源赋存条件和资源开发价值。

（4）建设规模与产品方案。

在市场预测和资源评价的基础上，论证拟建项目的建设规模和产品方案，为项目技术方案、设备方案、工程方案、原材料燃料供应方案及投资估算提供依据。

① 建设规模。包括建设规模方案比选和比选的结果——推荐方案及理由。

② 产品方案。包括产品方案构成、产品方案比选和比选的结果——推荐方案及理由。

（5）厂址选择。

可行性研究阶段的厂址选择是在项目建议书的基础上，进行具体坐落位置选择。

（6）技术方案、设备方案和工程方案。

① 技术方案：包括生产方法、工艺流程、工艺技术来源及推荐方案的主要工艺。

② 主要设备方案：包括主要设备选型、来源和推荐的设备清单。

③ 工程方案：主要包括建筑物、构筑物的建筑特征、结构及面积方案，特殊基础工程方案、建筑安装工程量及“三材”用量估算和主要建筑物、构筑物工程一览表。

（7）主要原材料、燃料供应。

（8）总图布置、场内外运输与公用辅助工程。

（9）能源、资源节约措施。

（10）环境影响评价。

建设项目一般会对所在地的自然环境、社会环境和生态环境产生不同程度的影响。

（11）劳动安全卫生与消防。

在技术方案和工程方案确定的基础上，分析论证在建设和生产过程中存在的对劳动者和财产可能产生的不安全因素，并提出相应的防范措施。

（12）组织机构与人力资源配置。

① 组织机构：主要包括项目法人组建方案、管理机构组织方案和体系图及机构适应性分析。

② 人力资源配置：包括生产作业班次、劳动定员数量及技能素质要求、职工工资福利、劳动生产力水平分析、员工来源及招聘计划、员工培训计划等。

（13）项目实施进度。

项目工程建设方案确定后，需确定项目实施进度，包括建设工期、项目实施进度计划（横线图的进度表），科学组织施工和安排资金计划，保证项目按期完工。

（14）投资估算。

投资估算是在项目建设规模、技术方案、设备方案、工程方案及项目进度计划基本确定的基础上，估算项目投入的总资金，包括投资估算依据、建设投资估算（建筑工程费、设备及工器具购置费、安装工程费、工程建设其他费用、基本预备费、涨价预备费、建设期利息）、流动资金估算和投资估算表等方面的内容。

（15）融资方案。

在投资估算的基础上，研究拟建项目的资金渠道、融资形式、融资机构、融资成本和融资风险。

（16）项目的经济评价。

项目的经济评价包括财务评价和国民经济评价，并通过有关指标的计算，进行项目盈利能力、偿还能力等分析，得出经济评价结论。

（17）社会评价。

社会评价是分析拟建项目对当地社会的影响和当地社会条件对项目的适应性和可接受程度，评价项目的社会可行性。评价的内容包括项目的社会影响分析，项目与所在地区的互适性分析和社会风险分析，并得出评价结论。

（18）风险分析。

项目风险分析贯穿与项目建设和生产运营的全过程。首先，识别风险，揭示风险来源。识别拟建项目在建设和运营中的主要风险因素（比如市场风险、资源风险、技术风险、工程风险、政策风险、社会风险等）；其次，进行风险评价，判别风险程度；再者，提出规避风险的对策，降低风险损失。

（19）研究结论与建议。

在前面各项研究论证的基础上，从技术、经济、社会、财务等各个方面综合论述项目的可行性，推荐一个或几个方案供决策参考，指出项目存在的问题以及结论性意见和改进建议。

二、可行性研究的编制

1. 编制程序

可行性研究的工作程序分为以下 4 个部分。

（1）建设单位提出项目建议书和初步可行性研究报告。

各投资单位根据国家经济发展的长远规划、经济建设的方针任务和技术经济政策，结合资源情况、建设布局等条件，在广泛调查研究、收集资料、踏勘建设地点、初步分析投资效果的基础上，提出需要进行可行性研究的项目建议书和初步可行性研究报告。跨地区、跨行业的建设项目以及对国计民生有重大影响的大型项目，由有关部门和地区联合提出项目建议书和初步可行性研究报告。

（2）项目业主、承办单位委托有资格的单位进行可行性研究。

当项目建议书经国家计划部门、贷款部门审定批准后，该项目即可立项。项目业主或承办单位就可以以签订合同的方式委托有资格的工程咨询公司（或设计单位）着手编制拟建项目可行性研究报告。双方签订的合同中，应规定研究工作的依据、研究范围和内容、前提条件、研究工作质量和进度安排、费用支付办法、协作方式及合同双方的责任和关于违约的处理方法。

（3）设计或咨询单位进行可行性研究工作，编制完整的可行性研究报告。

设计单位与委托单位签订全过程造价咨询合同后，即可开展可行性研究工作。一般按以下步骤开展工作，如图 3-19 所示。

① 了解有关部门与委托单位对建设项目的意图，并组建工作小组（即造价咨询项目部），制定工作计划。

② 调查研究与收集资料。造价咨询项目部在摸清了委托单位对建设项目的意图和要求之后，即应组织收集和查阅与项目有关的自然环境、经济与社会等基础资料和文件资料，并拟定调研提纲，组织人员赴现场进行实地踏勘与抽样调查，收集整理所得的设计基础资

料。必要时还必须进行专题调查研究。调查研究主要从市场调查和资源调查两方面着手。通过分析论证，研究项目建设必要性。

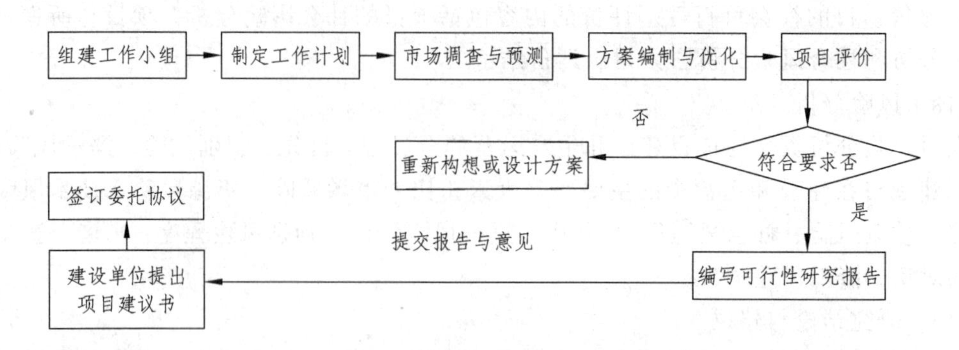

图 3-19　可行性研究报告编制程序图

③ 方案设计和优选。根据项目建议书要求，结合市场和资源调查，在收集到一定的基础资料和基础数据的基础上，选择建设地点，确定生产工艺，建立几种可供选择的技术方案和建设方案，结合实际条件进行方案论证和比较，从中选出最优方案，研究论证项目在技术上的可行性。在方案设计和优选中，对重大问题或有争论的问题，要会同委托单位共同讨论确定。

④ 经济分析和评价。项目经济分析人员根据调查资料和相关规定，选定与本项目有关的经济评价基础数据和定额指标参数，对选定的最佳建设总体方案进行详细的财务预测、财务效益分析、国民经济评价和社会效益评价。研究论证项目在经济上和社会上盈利性与合理性，进一步提出资金筹集建议和制定项目实施总进度计划。

⑤ 编写可行性研究报告。项目可行性研究各专业方案，经过技术经济论证和优化后，由各专业组分工编写，经项目负责人衔接协调，综合汇总，提出可行性研究报告初稿。

⑥ 与委托单位交换意见。

（4）业主或决策部门委托一定资质的咨询评估机构对拟建项目本身及可行性研究报告进行技术和经济上的评价论证。

2. 编制依据

（1）项目建议书（预可行性研究报告）及其批复文件。

（2）国家和地方的经济和社会发展规划，行业部门发展规划。

（3）国家有关法律、法规、政策。

（4）对于大中型骨干项目，必须具有国家批准的资源报告、国土开发整治规划、区域规划、江河流域规划、工业基地规划等有关文件。

（5）有关机构发布的工程建设方面的标准、规范、定额。

（6）合资、合作项目各方签订的协议书或意向书。

（7）委托单位的委托合同。

（8）经国家统一颁布的有关项目评价的基本参数和指标。

（9）有关的基础数据。

3. 可行性研究报告编制要求

（1）应能充分反映项目可行性研究工作的成果，内容齐全、结论明确、数据准确、论据充分，满足决策者对方案与项目的要求。

（2）选用主要设备的规格、参数应能满足订货的要求。引进的技术设备资料应能满足合同谈判的要求。

（3）报告中的重大技术、经济方案应有两个以上的方案比选。

（4）确定的主要工程技术数据，应能满足项目初步设计的要求。

（5）融资方案应能满足银行等金融部门信贷决策的需要。

（6）反映在可行性研究中出现的某些方案的重大分歧及未被采纳的理由，以供委托单位与投资者权衡利弊进行决策。

（7）应附有评估、决策（审批）所必需的合同、协议、意向书、政府批件等。

4. 可行性研究的质量要求

为保证可行性研究工作的科学性、客观性和公正性，有效地防止错误和遗漏，要做到：

（1）首先必须站在客观公正的立场进行调查研究，做好基础资料的收集工作。要按照客观实际情况进行论证评价，如实地反映客观经济规律，从客观数据出发，通过科学分析，得出项目是否可行的结论。

（2）可行性研究报告的内容深度必须达到国家规定的标准，基本内容要完整，应尽可能多地占有数据资料。在做法上要掌握好以下四个要点：

① 先论证，后决策。

② 处理好项目建议书、可行性研究、评估这三个阶段的关系，任一阶段发现不可行都应当停止研究。

③ 要将调查研究贯彻始终。一定要掌握切实可靠的资料，以保证资料选取的全面性、重要性、客观性和连续性。

④ 多方案比较，择优选取。

（3）为保证可行性研究的工作质量，应保证咨询设计单位足够的工作周期，防止因各种原因的不负责任草率行事。

5. 可行性研究报告的审查

对可行性研究内容逐项进行审查和分析，然后作出综合评价，也可以在可行性研究内容基础上进行分析和归纳，重点审查：

（1）审查项目厂地、规模、建设方案是否经多方案比较优选。

（2）审查各项数据是否齐全，可信程度如何。

（3）运用经济评价、效益分析考核指标对投资估算和预计效益进行复核、分析、测评，看是否进行动态、静态分析、财务分析、效益分析及对重大项目进行国民经济评价。

（4）审查可行性报告审批情况。可行性报告是否经编制单位的行政、技术、经济负责人签字、是否组织多方面专家参加审查会议并据实作出审查意见，以及上述审查意见的执行情况等。

（5）审查建设规模的市场预测的准确性。

（6）审查厂址及建设条件。主要审查与建设工程相关的地形、地质、水文等条件。

（7）审查建设项目工艺和技术方案。主要看工艺技术、设备造型是否先进，经济上是否合理。

（8）审查交通运输环境条件是否有保证，并从长远规划角度考虑。

（9）审查环境保护的措施，是否与主体工程设计、建设投资同步进行。

（10）查投资估算和资金的筹措。主要是审查建设资金安排是否合理、估算和概算内容是否完整、指标选用是否合理、资金来源渠道是否正常、贷款有无偿还能力、投资回收期是否正确等。

（11）审查投资效益。主要从建设项目宏观和微观两个方面进行审查。

通过审核，要求建设项目可行性研究报告基本满足：① 投资机会的可行性；② 项目建设的必要性；③ 技术与设备的可靠性；④ 生产要素组合的合理性；⑤ 环境变化的适应性；⑥ 资金使用的经济性；⑦ 项目建设的前瞻性。

6. 可行性研究报告的审批

根据《国务院关于投资体制改革的决定》，政府对于投资项目的管理分为审批、核准和备案三种方式。

政府投资建设的项目，实行审批制，且应简化和规范政府投资项目审批程序。直接注资的，只审批项目建议书和可行性研究报告，除特殊情况外不再审批开工报告。

非政府投资建设的项目，政府实行核准制或备案制，仅须向政府提交“项目申请报告”，而无需报批项目建议书、可行性研究报告和开工报告。

备案制无须提交项目申请报告，只要备案即可。

对于外商投资项目，政府还要从市场准入、资本项目管理等方面进行核准。

习　题

1. 试述国民经济评价与财务评价的主要区别。

2. 某建设项目的工程费与工程建设其他费的估算额为 52 180 万元，预备费为 5 000 万元，建设期 3 年。3 年的投资比例是：第 1 年 20%，第 2 年 55%，第 3 年 25%，第 4 年投产。

该项目固定资产投资来源为自有资金和贷款。贷款的总额为 50 000 万元，其中外汇贷款为 2 500 万美元。外汇牌价为 1 美元兑换 6.5 元人民币。贷款的人民币部分从中国建设银行获得，年利率为 5%（按季计息）。贷款的外汇部分从中国银行获得，年利率为 10%（按年计息）。

建设项目达到设计生产能力的，全厂定员为 1 100 人，工资和福利费按照每人每年 7.2 万元估算；每年其他费用为 860 万元（其中：其他制造费用为 660 万元）；年外购原材料、燃料、动力费估算为 19 200 万元；年经营成本为 21 000 万元，年销售 33 000 万元，年修理费占年经营成本10%；年预付账款为800万元；年预收账款为1 200万元。各项流动资金最低周转天数分别为：应收账款为30天，现金为40天，应付账款为30天，存货为40天，预付账款为30天，预收账款为30天。计算：① 估算建设期贷款利息。② 用分项详细估算法估算拟建项目的流动资金（需列出公式和详细计算式），填写流动资金估算表。

表3-30　流动资金估算表

序号	项目	最低周转天数/天	周转次数	金额/万元
1	流动资产			
1.1	应收账款			
1.2	存货			
1.2.1	外购原材料、燃料、动力费			
1.2.2	在产品			
1.2.3	产成品			
1.3	现金			
1.4	预付账款			
2	流动负债			
2.1	应付账款			
2.2	预收账款			
3	流动资金（1-2）			

3. 背景材料：原15 m宽（机非混合车道）砼道路改扩建为双向四车道城市Ⅰ级支路，在穿越北三环桥时为避让桥墩分两幅通过，共有A、B两段：A段长686.523 m，宽30 m；B段长236.45 m，宽15 m。标准横断面设计为：3.5 m（人行道）+2 m（绿化带）+9.5 m（机非混合车道）+9.5 m（机非混合车道）+2 m（绿化带）+3.5 m（人行道）=30 m（控规红线宽）。主要工程量详见表3-31。本项目需征用土地48.67亩（1亩=1/15公顷），按540 000元/亩计算征地费用，周边房屋拆迁7 412 m^2，按4 000元/m^2计，建设期间建设单位不租用建设用地，原有管线不拆迁，做废弃处理。项目建成初期管理人员按14人计，生产准备及办公和生活家具购置费按每人 4 000 元计。本工程工期为四个月，全部由××政府筹集，融资费用暂计50万元。项目建成后年平均经营费用为72.45万元，包括道路养护、管理及大修理费用，流动资金周转天数为95天。按《市政工程投资估算编制办法》及《市政工程投资估算指标》编制本工程投资估算。其中：（1）人工费、机械使用费均按本省现行费用，材料费用自己查询。（2）工程费用项目计列项按各专业工程列项。（3）投资估算文件组成：

① 编制说明；② 建设项目投资估算总表；③ 工程费用估算表；④ 工程建设其他费用估算表；⑤ 指标基价调整表；⑥ 主要材料及设备价格表；⑦ 计算书[指标基价计算、工程建设其他费用（须注明费用依据）计算]。

表 3-31　×××路改扩建工程工程量表

序号	工程名称	规格	单位	数量	备注
一	道路工程				
(一)	机非混合车道				
1	细粒式沥青砼 AC-13	h=5 cm	m^2	16 474.29	
2	中粒式沥青砼 AC-20	h=7 cm	m^2	16 474.29	
3	水泥稳定碎石	h=35 cm	m^2	16 474.29	
4	级配碎石	h=15 cm	m^2	16 474.29	
5	钢塑格栅	tGDG60 kN×60 kN	m^2	16 474.29	
6	红土块石	h=80 cm	m^2	13 179.43	土 40%，石 60%
(二)	道路土石方工程				
1	路基挖方		m^3	54 600	
2	路基填方（填红土）		m^3	15 000	

第四章　设计阶段工程造价管理

【学习指导】

通过本章学习，应掌握工程施工图预算及设计概算的编制方法；熟悉预算定额及概算定额的主要内容及使用方法；了解设计阶段的工程造价管理的主要内容、限额设计及设计方案的优选方法。

第一节　设计阶段的工程造价管理概述

一、设计阶段工程造价管理的重要意义

（1）提高资金利用效率。

（2）提高投资控制效率。

（3）使控制工作更主动。

（4）便于技术与经济相结合。

（5）在设计阶段控制工程造价效果最显著。

工程造价控制贯穿于项目建设全过程。而设计阶段的工程造价控制是整个工程造价控制的龙头。图 4-1 反映了各阶段影响工程项目投资的一般规律。

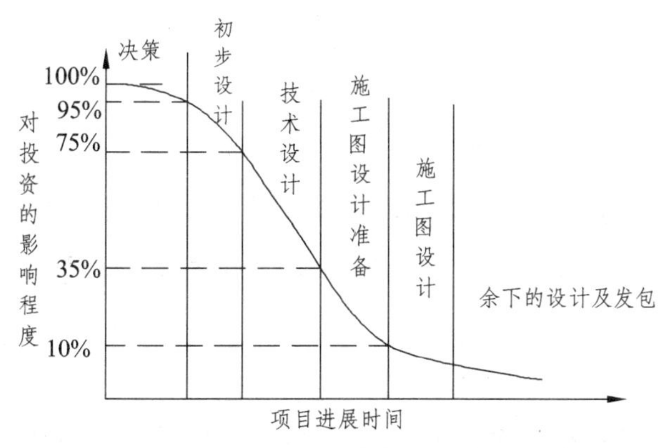

图 4-1　建设过程各阶段对投资的影响

从图 4-1 中可以看出，初步设计阶段对投资的影响约为 20%，技术设计阶段对投资的影响约为 40%，施工图设计准备阶段对投资的影响约为 25%。很显然，控制工程造价的关键是在设计阶段。在设计一开始就将控制投资的目标贯穿于设计工作中，可保证选择恰当的设计标准和合理的功能水平。

二、设计阶段项目工程造价管理的主要工作内容

设计阶段项目工程造价管理的主要工作内容根据委托合同约定可选择设计概算、施工图预算或进行概（预）算审查，工作目标是保证概（预）算编制依据的合法性、时效性、适用性和概（预）算报告的完整性、准确性、全面性。可通过概（预）算对设计方案作出客观经济评价，同时还可根据委托人的要求和约定对设计提出可行的造价管理方法及优化建议。

三、设计阶段工程造价管理的阶段性工作成果文件

设计阶段工程造价管理的阶段性工作成果文件是指设计概算造价报告、施工图预算造价报告或其审查意见等。

第二节　设计方案的优选

一、设计方案的评价和比较

（一）设计方案评价原则

为了提高工程建设投资效果，从选择建设场地和工程总平面布置开始，直至建筑节点的设计，都应进行多方案比选，从中选取技术先进、经济合理的最佳设计方案。设计方案优选应遵循以下原则：

（1）设计方案必须要处理好技术先进性与经济合理性之间的关系（图 4-2）。

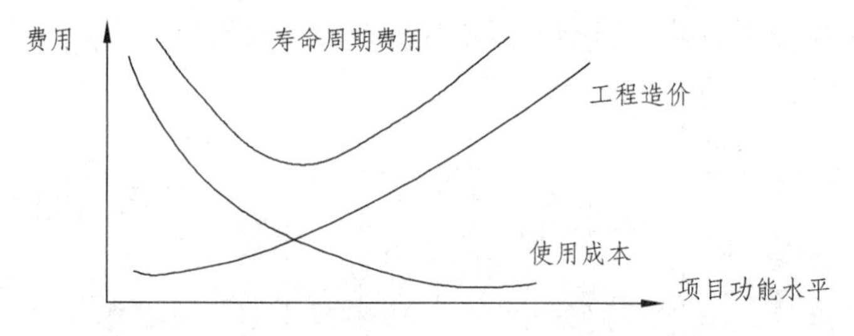

图 4-2　工程造价、使用成本与项目功能水平之间的关系

（2）设计方案必须兼顾建设与使用，考虑项目全寿命费用项目功能水平。

（3）设计必须兼顾近期与远期的要求。

一项工程建成后，往往会在很长的时期内发挥作用。如果仅按照目前的要求设计工程，可能会出现以后由于项目功能水平无法满足需要而重新建造的情况。但是如果按照未来的需要设计工程，又会出现由于功能水平过高而造成资源闲置浪费的现象。所以，设计时要兼顾近期和远期的要求，选择项目合理的功能水平。同时也要根据远景发展需要，适当留有发展余地。

由于工程项目的使用领域不同，功能水平的要求也不同。因此，对建设项目设计方案

进行评价所考虑的因素也不一样。下面分别介绍工业建设项目设计评价和民用建设项目设计评价。

（二）工业建设项目设计评价

工业建设项目设计是由总平面设计、工艺设计及建筑设计三部分组成，它们之间是相互关联和制约的。各部分设计方案侧重点不同，评价内容也略有差异。因此，分别对各部分设计方案进行技术经济分析与评价，是保证总设计方案经济合理的前提。

1. 总平面设计评价

总平面设计是指总图运输设计和总平面布置。主要包括的内容有：厂址方案、占地面积和土地利用情况；总图运输、主要建筑物和构筑物及公用设施的配置；外部运输、水、电、气及其他外部协作条件等。

1）总平面设计对工程造价的影响因素

总平面设计是在按照批准的设计任务书选定厂址后进行的，它是对厂区内的建筑物、构筑物、露天堆场、运输线路、管线、绿化及美化设施等做全面合理的配置，以便使整个项目形成布置紧凑、流程顺畅、经济合理、方便使用的格局。总平面设计是工业项目设计的一个重要组成部分，它的经济合理性对整个工业企业设计方案的合理性有极大的影响。

在总平面设计中影响工程造价的因素有：

（1）占地面积。

（2）功能分区。

（3）运输方式的选择。

2）总平面设计的基本要求

针对以上总平面设计中影响造价的因素，总平面设计应满足以下基本要求：

（1）总平面设计要注意节约用地，尽量少占农田。

（2）总平面设计必须满足生产工艺过程的要求。

（3）总平面设计要合理组织厂内外运输，选择方便经济的运输设施和合理的运输线路。

（4）总平面布置应适应建设地点的气候、地形、工程水文地质等自然条件。

（5）总平面设计必须符合城市规划的要求。

3）工业项目总平面设计的评价指标

（1）有关面积的指标。

（2）比率指标。包括反映土地利用率和绿化率的指标。

① 建筑系数（建筑密度）：厂区内（一般指厂区围墙内）建筑物、构筑物和各种露天仓库及堆场、操作场地等的占地面积与整个厂区建设用地面积之比。它是反映总平面设计用地是否经济合理的指标，建筑系数大，表明布置紧凑，节约用地，又可缩短管线距离，降低工程造价。建筑系数的计算可用下式计算：

$$建筑系数=\frac{建筑占地面积}{厂区占地面积} \tag{4-1}$$

② 土地利用系数：厂区内建筑物、构筑物、露天仓库及堆场、操作场地道路、广场、

排水设施及地上地下管线等所占面积与整个厂区建设用地面积之比，反映出总平面布置的经济合理性和土地利用效率。土地利用系数可用下式计算：

$$土地利用系数=\frac{建筑占地面积+厂区道路占地面积+工程管网占地面积}{厂区占地面积} \tag{4-2}$$

③ 绿化系数。是指厂区内绿化面积与厂区占地面积之比。它综合反映了厂区的环境质量水平。

（3）工程量指标。包括场地平整土石方量、地上及地下管线工程量、防洪设施工程量等。这些指标综合反映了总平面设计中功能分区的合理性及设计方案对地势地形的适应性。

（4）功能指标。包括生产流程短捷、流畅、连续程度，场内运输便捷程度，安全生产满足程度等。

（5）经济指标。包括每吨货物运输费用、经营费用等。

4）总平面设计评价方法

总平面设计方案的评价方法很多，有价值工程理论、模糊数学理论、层次分析理论等不同的方法，操作比较复杂。常用的方法是多指标对比法。

2. 工艺设计评价

工艺设计部分要确定企业的技术水平。主要包括建设规模、标准和产品方案；工艺流程和主要设备的选型；主要原材料、能源供应；“三废”治理及环保措施，此外还包括生产组织及生产过程中的劳动定员情况等。

1）工艺设计过程中影响工程造价的因素

工艺设计是工程设计的核心，它是根据工业企业生产的特点、生产性质和功能来确定的。工艺设计一般包括生产设备的选择、工艺流程设计、工艺定额的制定和生产方法的确定。工艺设计标准高低，不仅直接影响工程建设投资的大小和建设进度，而且还决定着未来企业的产品质量、数量和经营费用。在工艺设计过程中影响工程造价的因素主要包括：

（1）选择合适的生产方法。

① 生产方法是否合适首先表现在是否先进适用。

② 生产方法的合理性还表现在是否符合所采用的原料路线。不同的工艺路线往往要求不同的原料路线。选择生产方法时，要考虑工艺路线对原料规格、型号、品质的要求，原料供应是否稳定可靠。

③ 所选择的生产方法应该符合清洁生产的要求。近年来，随着人们环保意识的增强，国家也加大了环境保护执法监督力度，如果所选生产方法不符合清洁生产要求，项目主管部门往往要求投资者追加环保设施投入，带来工程造价的提高。

（2）合理布置工艺流程。工艺流程设计是工艺设计的核心。合理的工艺流程应既能保证主要工序生产的稳定性，又能根据市场需要的变化，在产品生产的品种规格上保持一定的灵活性。工艺流程设计与厂内运输、工程管线布置联系密切。合理布置应保证主要生产工艺流程无交叉和逆行现象，并使生产线路尽可能短，从而节省占地，减少技术管线的工程量，节约造价。

（3）合理的设备选型。

2）工艺技术选择的原则

针对工艺设计过程中影响工程造价的因素，工艺技术选择应遵循以下原则：

（1）先进性。项目应尽可能采用先进技术和高新技术。衡量技术先进性的指标有：产品质量性能、产品使用寿命、单位产品物耗能耗、劳动生产率、装备现代化水平等。

（2）适用性。项目所采用的工艺技术应该与国内的资源条件、经济发展水平和管理水平相适应。具体体现在：

① 采用的工艺路线要与可能得到的原材料、能源、主要辅助材料或半成品相适应。

② 采用的技术与可能得到的设备相适应，包括国内和国外设备、主机和辅机。

③ 采用的技术、设备与当地劳动力素质和管理水平相适应。

④ 采用的技术与环境保护要求相适应，应尽可能采用环保型生产技术。

（3）可靠性。

（4）安全性。

（5）经济合理性。

3）设备选型与设计

在工艺设计中确定了生产工艺流程后，就要根据工厂生产规模和工艺过程的要求，选择设备型号和数量，并对一些标准和非标准设备进行设计。设备和工艺的选择是相互依存、紧密相连的。设备选择的重点因设计形式的不同而不同，应该选择能满足生产工艺要求、能达到生产能力的最适用的设备。

（1）设备选型的基本要求。对主要设备方案选择时应满足以下基本要求：

① 主要设备方案应与拟选的建设规模和生产工艺相适应，满足投产后生产（或使用）的要求。

② 主要设备之间、主要设备与辅助设备之间的能力相互配套。

③ 设备质量、性能成熟，以保证生产的稳定和产品质量。

④ 设备选择应在保证质量性能的前提下，力求经济合理。

⑤ 选用设备时，应符合国家和有关部门颁布的相关技术标准要求。

（2）设备选型时应考虑的主要因素。设备选型的依据是企业对生产产品的工艺要求。设备选型重点要考虑设备的使用性能、经济性、可靠性和可维修性等。

① 设备的使用性能。包括：设备要满足产品生产工艺的技术要求，设备的生产率，与其他系统的配套性、灵活性，及其对环境的污染情况等。

② 设备的经济性。选择设备时，既要使设备的购置费用不高，又要使设备的维修费较为节省。任何设备都要消耗能量，但应使能源消耗较少，并能节省劳动力消耗。设备要有一定的自然寿命，即耐用性。

③ 设备的可靠性。是指机器设备的精度、准确度的保持性，机器零件的耐用性、执行功能的可靠程度，操作是否安全等。

④ 设备的可维修性。设备维修的难易程度用可维修性表示。一般说来，设计合理，结构比较简单，零部件组装合理，维修时零部件易拆易装，检查容易，零件的通用性、标准性及互换性好，那么可维修性就好。

（3）设备选型方案评价。合理选择设备，可以使有限的投资发挥最大的技术经济效益。

设备选型应该遵循生产上适用、技术上先进、经济上合理的原则，考虑生产率、工艺性、可靠性、可维修性、经济性、安全性、环境保护性等因素进行设备选型。设备选择方案评价的方法有工程经济相关理论、寿命周期成本评价法（LCC)、本量利分析法等。

4）工艺技术方案的评价

对工艺技术方案进行比选的内容主要有：技术的先进程度、可靠程度，技术对产品质量性能的保证程度，技术对原料的适应程度，工艺流程的合理性，技术获得的难易程度，对环境的影响程度，技术转让费或专利费等技术经济指标。

对工艺技术方案进行比选的方法很多，主要有多指标评价法和投资效益评价法。

3. 建筑设计评价

1）建筑设计影响工程造价的因素

建筑设计部分，应在兼顾施工过程的合理组织和施工条件的同时，重点考虑工程的平面立体设计和结构方案及工艺要求等因素。

（1）平面形状。一般地说，建筑物平面形状越简单，它的单位面积造价就越低。

（2）流通空间。建筑物平面布置的主要目标之一是，在满足建筑物使用要求和必需的美观要求的前提下，将流通空间减少到最小，这样可以相应地降低造价。

（3）层高。在建筑面积不变的情况下，建筑层高增加会引起各项费用的增加：墙与隔墙及其有关粉刷、装饰费用的提高；供暖空间体积增加，导致热源及管道费增加；卫生设备、上下水管道长度增加；楼梯间造价和电梯设备费用的增加；施工垂直运输量增加；如果由于层高增加而导致建筑物总高度增加很多，则还可能需要增加结构和基础造价。

单层厂房的高度主要取决于车间内的运输方式。选择正确的车间内部运输方式，对于降低厂房高度，降低造价具有重要意义。在可能的条件下，特别是当起重量较小时，应考虑采用悬挂式运输设备来代替桥式吊车；多层厂房的层高应综合考虑生产工艺、采光、通风及建筑经济的因素来进行选择，多层厂房的建筑层高还取决于能否容纳车间内的最大生产设备和满足运输的要求。

（4）建筑物层数。毫无疑问，建筑工程总造价是随着建筑物的层数增加而提高的。但是当建筑层数增加时，单位建筑面积所分摊的土地费用及外部流通空间费用将有所降低，从而使建筑物单位面积造价发生变化。建筑物层数对造价的影响，因建筑类型、形式和结构不同而不同。如果增加一个楼层不影响建筑物的结构形式，单位建筑面积的造价可能会降低。但是当建筑物超过一定层数时，结构形式就要改变，单位造价通常会增加。建筑物越高，电梯及楼梯的造价有提高趋势，建筑物的维修费用也将增加，但是采暖费用有可能下降。

工业厂房层数的选择应该重点考虑生产性质和生产工艺的要求。对于需要跨度大和层度高，拥有重型生产设备和起重设备，生产时有较大振动及大量热和气散发的重型工业设备，采用单层厂房是经济合理的；而对于工艺过程紧凑，设备和产品重量不大，并要求恒温条件的各种轻型车间，可采用多层厂房，以充分利用土地，节约基础工程量，缩短交通线路和工程管线的长度，降低单方造价。同时还可以减少传热面，节约热能。

确定多层厂房的经济层数主要有两个因素：一是厂房展开面积的大小。展开面积越大，层数越可增加。二是厂房宽度和长度。宽度和长度越大，则经济层数越能增加，造价也随之相应降低。

（5）柱网布置。柱网布置是确定柱子的行距（跨度）和间距（每行柱子中相邻两个柱子间的距离）的依据。柱网布置是否合理，对工程造价和厂房面积的利用效率都有较大的影响。由于科学技术的飞跃发展，生产设备和生产工艺都在不断地变化。为适应这种变化，厂房柱距和跨度应当适当扩大，以保证厂房有更大的灵活性，避免生产设备和工艺的改变受到柱网布置的限制。

（6）建筑物的体积与面积。通常情况下，随着建筑物体积和面积的增加，工程总造价会提高。因此应尽量减少建筑物的体积与总面积。为此，对于工业建筑，在不影响生产能力的条件下，厂房、设备布置力求紧凑合理；要采用先进工艺和高效能的设备，节省厂房面积；要采用大跨度、大柱距的大厂房平面设计形式，提高平面利用系数。

（7）建筑结构。建筑结构是指建筑工程中由基础、梁、板、柱、墙、屋架等构件所组成的起骨架作用的、能承受直接和间接“作用”的体系。建筑结构按所用材料可分为砌体结构、钢筋混凝土结构、钢结构和木结构等。

2）建筑设计评价指标

（1）单位面积造价。建筑物平面形状、层数、层高、柱网布置、建筑结构及建筑材料等因素都会影响单位面积造价。因此，单位面积造价是一个综合性很强的指标。

（2）建筑物周长与建筑面积比。主要使用单位建筑面积所占的外墙长度指标 $K_{周}$，$K_{周}$ 越低，设计越经济，$K_{周}$ 按圆形、正方形、矩形、T 形、L 形的次序依次增大。该指标主要用于评价建筑物平面形状是否经济。该指标越低，平面形状越经济。

（3）厂房展开面积。主要用于确定多层厂房的经济层数，展开面积越大，经济层数越可增加。

（4）厂房有效面积与建筑面积比。该指标主要用于评价柱网布置是否合理。合理的柱网布置可以提高厂房有效使用面积。

（5）工程全寿命成本。工程全寿命成本包括工程造价及工程建成后的使用成本，这是一个评价建筑物功能水平是否合理的综合性指标。一般来讲，功能水平低，工程造价低，但是使用成本高；功能水平高，工程造价高，但是使用成本低。工程全寿命成本最低时，功能水平最合理。

（三）民用建设项目设计评价

民用建设项目设计是根据建筑物的使用功能要求，确定建筑标准、结构形式、建筑物空间与平面布置以及建筑群体的配置等。民用建筑设计包括住宅设计、公共建筑设计以及住宅小区设计。住宅建筑是民用建筑中最大量、最主要的建筑形式。因此，本书主要介绍住宅建筑设计方案评价。

1. 住宅小区建设规划

1）住宅小区规划中影响工程造价的主要因素

（1）占地面积。

（2）建筑群体的布置形式。

2）在住宅小区规划设计中节约用地的主要措施

（1）压缩建筑的间距。

（2）提高住宅层数或高低层搭配。

（3）适当增加房屋长度。

（4）提高公共建筑的层数。

（5）合理布置道路。

3）居住小区设计方案评价指标

居住小区设计方案评价指标见公式（4-3）~（4-9）。

$$\text{建筑毛密度}=\frac{\text{居住和公共建筑基底面积}}{\text{居住小区占地面积}}\times 100\% \tag{4-3}$$

$$\text{居住建筑净密度}=\frac{\text{居住建筑基底面积}}{\text{居住建筑占地面积}}\times 100\% \tag{4-4}$$

$$\text{居住面积密度（m/hm}^2\text{）}=\frac{\text{居住面积}}{\text{居住建筑占地面积}} \tag{4-5}$$

$$\text{居住建筑面积密度（m/hm}^2\text{）}=\frac{\text{居住建筑面积}}{\text{居住建筑占地面积}} \tag{4-6}$$

$$\text{人口毛密度（人/hm}^2\text{）}=\frac{\text{居住人数}}{\text{居住小区占地总面积}} \tag{4-7}$$

$$\text{人口净密度（人/hm}^2\text{）}=\frac{\text{居住人数}}{\text{居住建筑占地面积}} \tag{4-8}$$

$$\text{绿化比例}=\frac{\text{居住小区绿化面积}}{\text{居住小区占地总面积}}\times 100\% \tag{4-9}$$

其中，需要注意区别的是居住建筑净密度和居住面积密度。

（1）居住建筑净密度是衡量用地经济性和保证居住区必要卫生条件的主要技术经济指标。其数值的大小与建筑层数、房屋间距、层高、房屋排列方式等因素有关。适当提高建筑密度，可节省用地，但应保证日照、通风、防火、交通安全的基本需要。

（2）居住面积密度是反映建筑布置、平面设计与用地之间关系的重要指标。影响居住面积密度的主要因素是房屋的层数，增加层数其数值就增大，有利于节约土地和管线费用。

2. 民用住宅建筑设计评价

1）民用住宅建筑设计影响工程造价的因素

（1）建筑物平面形状和周长系数。与工业项目建筑设计类似，如按使用指标，虽然圆形建筑 $K_{周}$最小，但由于施工复杂，施工费用较矩形建筑增加 20%~30%，故其墙体工程量的减少不能使建筑工程造价降低，而且使用面积有效利用率不高，用户使用不便。因此，一般都建造矩形和正方形住宅，既有利于施工，又能降低造价和使用方便。在矩形住宅建筑中，又以长：宽=2：1 为佳。一般住宅单元以 3~4 个住宅单元、房屋长度 60~80 m 较为经济。

在满足住宅功能和质量前提下，适当加大住宅宽度。这是由于宽度加大，墙体面积系数相应减少，有利于降低造价。

（2）住宅的层高和净高。住宅的层高和净高，直接影响工程造价。根据不同性质的工程综合测算住宅层高每降低 10 cm，可降低造价 1.2% ~ 1.5%。层高降低还可提高住宅区的建筑密度，节约土地成本及市政设施费。但是，层高设计中还需考虑采光与通风问题，层高过低不利于采光及通风，民用住宅的层高一般不宜超过 2.8 m。

（3）住宅的层数与工程造价的关系。民用建筑按层数划分为低层住宅（1 ~ 3 层）、多层住宅（4 ~ 6 层）、中层住宅（7 ~ 9 层）和高层住宅（10 层以上）。在民用建筑中，多层住宅具有降低造价和使用费用以及节约用地的优点。表 4-1 分析了砖混结构的多层住宅单方造价与层数之间的关系。

表 4-1　砖混结构多层住宅层数与造价的关系

住宅层数	一	二	三	四	五	六
单方造价系数/%	138.05	116.95	108.38	103.51	101.68	100
边际造价系数/%		−21.1	−8.57	−4.87	−1.83	1.68

由上表可知，随着住宅层数的增加，单方造价系数在逐渐降低，即层数越多越经济。

（4）住宅单元组成、户型和住户面积。据统计三居室住宅的设计比两居室的设计降低 1.5%左右的工程造价。四居室的设计又比三居室的设计降低 3.5%的工程造价。

衡量单元组成、户型设计的指标是结构面积系数（住宅结构面积与建筑面积之比），系数越小设计方案越经济。因为，结构面积小，有效面积就增加。结构面积系数除与房屋结构有关外，还与房屋外形及其长度和宽度有关，同时也与房间平均面积大小和户型组成有关。房屋平均面积越大，内墙、隔墙在建筑面积所占比重就越小。

（5）住宅建筑结构的选择。随着我国工业化水平的提高，住宅工业化建筑体系的结构形式多种多样，考虑工程造价时应根据实际情况，因地制宜、就地取材，采用适合本地区经济合理的结构形式。

2）民用住宅建筑设计的基本原则

民用建筑设计要坚持“适用、经济、美观”的原则。

（1）平面布置合理，长度和宽度比例适当。

（2）合理确定户型和住户面积。

（3）合理确定层数与层高。

（4）合理选择结构方案。

3）民用建筑设计的评价指标

（1）平面指标。该指标用来衡量平面布置的紧凑性、合理性。

$$\text{平面系数 } K=\frac{\text{居住面积}}{\text{建筑面积}}\times 100\% \tag{4-10}$$

$$\text{平面系数 } K_1=\frac{\text{居住面积}}{\text{有效面积}}\times 100\% \tag{4-11}$$

$$平面系数\ K_2=\frac{辅助面积}{有效面积}\times 100\%\tag{4-12}$$

$$平面系数\ K_3=\frac{结构面积}{建筑面积}\times 100\%\tag{4-13}$$

式中：有效面积指建筑平面中可供使用的面积；居住面积=有效面积-辅助面积；结构面积指建筑平面中结构所占的面积；有效面积+结构面积=建筑面积。对于民用建筑，应尽量减少结构面积比例，增加有效面积。

（2）建筑周长指标。该指标是墙长与建筑面积之比。居住建筑进深加大，则单元周长缩小，可节约用地，减少墙体，降低造价。

$$单元周长指标（m/m^2）=\frac{单元周长}{单元建筑面积}\tag{4-14}$$

$$建筑周长指标（m/m^2）=\frac{建筑周长}{建筑占地面积}\tag{4-15}$$

（3）建筑体积指标。该指标是建筑体积与建筑面积之比，是衡量层高的指标。

$$建筑体积指标（m/m^3）=\frac{建筑体积}{建筑面积}\tag{4-16}$$

（4）面积定额指标。该指标用于控制设计面积。

$$户均建筑面积=\frac{建筑总面积}{总户数}\tag{4-17}$$

$$户均使用面积=\frac{使用总面积}{总户数}\tag{4-18}$$

$$户均面宽指标=\frac{建筑物总长度}{总户数}\tag{4-19}$$

（5）户型比。该指标是指不同居室数的户数占总户数的比例，是评价户型结构是否合理的指标。

二、设计方案优选的方法

1. 多指标评分法

根据建设项目不同的使用目的和功能要求，首先对需要进行分析评价的设计方案设定若干个技术经济评价指标，对这些评价指标，按照其在建设项目中的重要程度，分配指标权重，并根据相应的评价标准，邀请有关专家对各设计方案的评价指标的满足程度打分，最后计算各设计方案的综合得分，由此选择综合得分最高的设计方案为最优方案。多指标评分法见公式（4-20）。

$$S=\sum_{i=1}^{n}S_iW_i\tag{4-20}$$

【例 4-1】某住宅项目有 A、B、C、D 四个设计方案，各设计方案从适用、安全、美观、技术和经济五个方面进行考察，具体评价指标、权重和评分值如表 4-2 所示。运用多指标评分法，选择最优设计方案。

表 4-2　各设计方案评价指标得分表

评价指标		权重	A	B	C	D
适用	平面布置	0.1	9	10	8	10
	采光通风	0.07	9	9	10	9
	层高层数	0.05	7	8	9	9
安全	牢固耐用	0.08	9	10	10	10
	“三防”设施	0.05	8	9	9	7
美观	建筑造型	0.13	7	9	8	6
	室外装修	0.07	6	8	7	5
	室内装修	0.05	8	9	6	7
技术	环境设计	0.1	4	6	5	5
	技术参数	0.05	8	9	7	8
	便于施工	0.05	9	7	8	8
	易于设计	0.05	8	8	9	7
经济	单方造价	0.15	10	9	8	9

【解】运用多指标法，分别计算 A、B、C、D 四个设计方案的综合得分。设计方案 B 的综合得分最高，故方案 B 为最优设计方案。

表 4-3　A、B、C、D 四个设计方案的综合得分表

评价指标		权重	A	B	C	D
适用	平面布置	0.1	9×0.1	10×0.1	8×0.1	10×0.1
	采光通风	0.07	9×0.07	9×0.07	10×0.07	9×0.07
	层高层数	0.05	7×0..05	8×0.05	9×0.05	9×0.05
安全	牢固耐用	0.08	9×0.08	10×0.08	10×0.08	10×0.08
	“三防”设施	0.05	8×0.05	9×0.05	9×0.05	7×0.05
美观	建筑造型	0.13	7×0.13	9×0.13	8×0.13	6×0.13
	室外装修	0.07	6×0.07	8×0.07	7×0.07	5×0.07
	室内装修	0.05	8×0.05	9×0.05	6×0.05	7×0.05
技术	环境设计	0.1	4×0.1	6×0.1	5×0.1	5×0.1
	技术参数	0.05	8×0.05	9×0.05	7×0.05	8×0.05
	便于施工	0.05	9×0.05	7×0.05	8×0.05	8×0.05
	易于设计	0.05	8×0.05	8×0.05	9×0.05	7×0.05
经济	单方造价	0.15	10×0.15	9×0.15	8×0.15	9×0.15
综合得分		1	7.88	8.61	7.93	7.71

2. 计算费用法

计算费用法又叫最小费用法，是将一次性投资和经常性的经营成本统一为一种性质的费用，从而评价设计方案的优劣。最小费用法是在诸多设计方案的功能相同的条件下，项目在整个寿命周期内计算费用最低者为最佳方案，是评价设计方案优劣的常用方法之一。

年计算费用公式为：

$$C_{年} = KE + V \tag{4-21}$$

总计算费用公式为：

$$C_{总} = K + Vt \tag{4-22}$$

【例 4-2】某工程项目有 3 个设计方案，3 个设计方案的投资总额和年生产成本如表 4-4 所示。投资回收期 t=5 年，投资效果系数 E=0.2，采用计算费用法，优选出最佳设计方案。

表 4-4　设计方案的投资总额和年生产成本表

设计方案	投资总额 K/万元	年生产成本 V/万元
方案 1	2 000	2 400
方案 2	2 200	2 300
方案 3	2 800	2 100

【解】

方案 1：C 年=K_1E+V_1=2 000×0.2+2 400=2 800（万元）

C 总=K_1+V_1t=2 200+2 400×5=14 000（万元）

方案 2：C 年=K_2E+V_2=2 000×0.2+2 300=2 740（万元）

C 总=K_2+V_2t=2 200+2 300×5=13 700（万元）

方案 3：C 年=K_3E+V_3=2 800×0.2+2 100=2 660（万元）

C 总=K_3+V_3t=2 800+2 100×5=13 300（万元）

方案 3 计算的年费用和总费用均为最低，故方案 3 为最佳设计方案。

3. 动态评价法

动态评价法是在考虑资金时间价值的情况下，对多个设计方案进行优选。

【例 4-3】某公司欲开发某种新产品，为此需设计一条新的生产线。现有 A、B、C 三个设计方案，各设计方案预计的初始投资、每年年末的销售收入和生产费用如表 4-5 所示，各设计方案的寿命期均为 6 年，6 年后的残值为零。当基准收益率为 8%时，选择最佳设计方案。

表 4-5　A、B、C 三个设计方案的现金流量

设计方案	初始投资/万元	年销售收入/万元	年生产费用/万元
A	2 000	1 200	500
B	3 000	1 600	650
C	4 000	1 600	450

【解】

NPV（8%）A=2000+（1200−500）（P/A，8%，6）=1 236.16（万元）

NPV（8%）B=3000+（1600−650）（P/A，8%，6）=1 391.95（万元）

NPV（8%）C=4000+（1600−450）（P/A，8%，6）=1 316.57（万元）

B 方案净现值最大，故 B 方案为最佳设计方案。

【例 4-4】某企业为制作一台非标准设备，特邀请甲、乙、丙三家设计单位进行方案设计，三家设计单位提供的方案设计均达到有关规定的要求。预计三种设计方案制作的设备使用后各年产生的效益和生产产品成本基本相同。生产该产品所需的费用全部为自有资金，设备制作在一年内就可完成，有关资料如表 4-6 所示。当基准收益率为 8%时，选择最佳设计方案。

表 4-6　甲、乙、丙三种设计方案有关资料

名称	使用寿命/年	初始投资/万元	维修间隔期/年	每次维修费/万元
甲方案	10	1 000	2	30
乙方案	6	680	1	20
丙方案	5	750	1	15

【解】

PC（8%）甲=1000+30（P/F，8%，2）+30（P/F，8%，4）+30（P/F，8%，6）+30（P/F，8%，8）=1 082.86（万元）

AC（8%）甲=1 082.86（A/P，8%，10）=161.38（万元）

PC（8%）乙=680+20（P/A，8%，5）=759.8（万元）

AC（8%）乙=759.86（A/P，8%，6）=164.37（万元）

PC（8%）丙=750+15（P/A，8%，4）=799.68（万元）

AC（8%）丙=799.68（A/P，8%，5）=200.27（万元）

甲方案的费用年值最小，故甲方案为最佳设计方案。

4. 价值工程法

1）在设计阶段实施价值工程的意义

（1）可以使建筑产品的功能更合理。价值工程的核心就是功能分析。

（2）可以有效地控制工程造价。价值工程需要对研究对象的功能与成本之间关系进行系统分析。

（3）可以节约社会资源。价值工程着眼于寿命周期成本，即研究对象在其寿命期内所发生的全部费用。

2）价值工程在新建项目设计方案优选中的应用

步骤：

（1）功能分析。价值工程的核心就是功能分析。

（2）功能评价。功能评价主要是比较各项功能的重要程度，用 0～1 评分法、0～4 评分

法、环比评分法等方法，计算各项功能的功能评价系数，作为该功能的重要度权数。

（3）方案创新。根据功能分析的结果，提出各种实现功能的方案。

（4）方案评价。对第（3）步方案创新提出的各种方案对各项功能的满足程度打分，然后以功能评价系数作为权数计算各方案的功能评价得分。最后再计算各方案的价值系数，以价值系数最大者为最优。

【例 4-5】某厂有三层混砖结构住宅 14 幢。随着企业的不断发展，职工人数逐年增加，职工住房条件日趋紧张。为改善职工居住条件，该厂决定在原有住宅区内新建住宅。

（1）新建住宅功能分析。为了使住宅扩建工程达到投资少、效益高的目的。价值工程小组工作人员认真分析了住宅扩建工程的功能，认为增加住房户数（F_1）、改善居住条件（F_2）、增加使用面积（F_3）、利用原有土地（F_4）、保护原有林木（F_5）等五项功能作为主要功能。

（2）功能评价。经价值工程小组集体讨论，认为增加住房户数最重要，其次改善居住条件与增加使用面积同等重要，利用原有土地与保护原有林木同样不太重要。即 $F_1 > F_2=F_3 > F_4=F_5$，利用 0 ~ 4 评分法，各项功能的评价系数见表 4-7。

0 ~ 4 评分法：

很重要的功能因素得 4 分，另一很不重要的功能因素得 0 分。

较重要的功能因素得 3 分，另一较不重要的功能因素得 1 分。

同样重要或基本同样重要时，则两个功能因素各得 2 分。

表 4-7　0-4 评分法

功能	F_1	F_2	F_3	F_4	F_5	得分	功能评价系数
F_1	×	3	3	4	4	14	0.35
F_2	1	×	2	3	3	9	0.225
F_3	1	2	×	3	3	9	0.225
F_4	0	1	1	×	2	4	0.1
F_5	0	1	1	2	×	4	0.1
合计						40	1.00

（3）方案创新。在对该住宅功能评价的基础上，为确定住宅扩建工程设计方案，价值工程人员走访了住宅原设计施工负责人，调查了解住宅的居住情况和建筑物自然状况，认真审核住宅楼的原设计图纸和施工记录，最后认定原住宅地基条件较好，地下水位深且地耐力大；原建筑虽经多年使用，但各承重构件尤其原基础十分牢固，具有承受更大荷载的潜力。价值工程人员经过严密计算分析和征求各方面意见，提出两个不同的设计方案：

方案甲：在对原住宅楼实施大修理的基础上加层。工程内容包括：屋顶地面翻修。内墙粉刷、外墙抹灰。增加厨房、厕所（333 m^2）。改造给排水工程。增建两层住房（605 m^2）。工程需投资 50 万元，工期 4 个月，施工期间住户需全部迁出。工程完工后，可增加住户 18 户，原有绿化林木 50%被破坏。

方案乙：拆除旧住宅，建设新住宅。工程内容包括：拆除原有住宅两栋，可新建一栋，新建住宅每栋 60 套，每套 80 m^2，工程需投资 100 万元，工期 8 个月，施工期间住户需全部迁出。工程完工后，可增加住户 18 户，原有绿化林木全部被破坏。

（4）方案评价。利用加权评分法对甲乙两个方案进行综合评价，结果见表 4-8。各方案价值系数计算结果如表 4-9 所示。

表 4-8　各方案的功能评价

项目功能	重要度权数	方案甲		方案乙	
		功能得分	加权得分	功能得分	加权得分
F_1	0.35	10	3.5	10	3.5
F_2	0.225	7	1.575	10	2.25
F_3	0.225	9	2.025	9	2.025
F_4	0.1	10	1.	6	0.6
F_5	0.1	5	0.5	1	0.1
方案加权得分和		8.6		8.475	
方案功能评价系数		0.503 7		0.496 3	

表 4-9　各方案价值系数计算

方案名称	功能评价系数	成本费用/万元	成本指数	价值系数
修理加层	0.503 7	50	0.333	1.513
拆旧建新	0.496 3	100	0.667	0.744
合计	1.000	150	1.000	

经计算可知，修理加层方案价值系数较大，据此选定方案甲为最优方案。

第三节　限额设计

一、限额设计的概念

所谓限额设计就是按照设计任务书批准的投资估算额进行初步设计，按照初步设计概算造价限额进行施工图设计，按施工图预算造价对施工图设计的各个专业设计文件做出决策。

所以限额设计实际上是建设项目投资控制系统中的一个重要环节，或称为一项关键措施。在整个设计过程中，设计人员与经济管理人员密切配合，做到技术与经济的统一。

二、限额设计的全过程

限额设计的全过程是一个目标分解与计划、目标实施、目标实施检查、信息反馈的控制循环过程。流程见图 4-3。

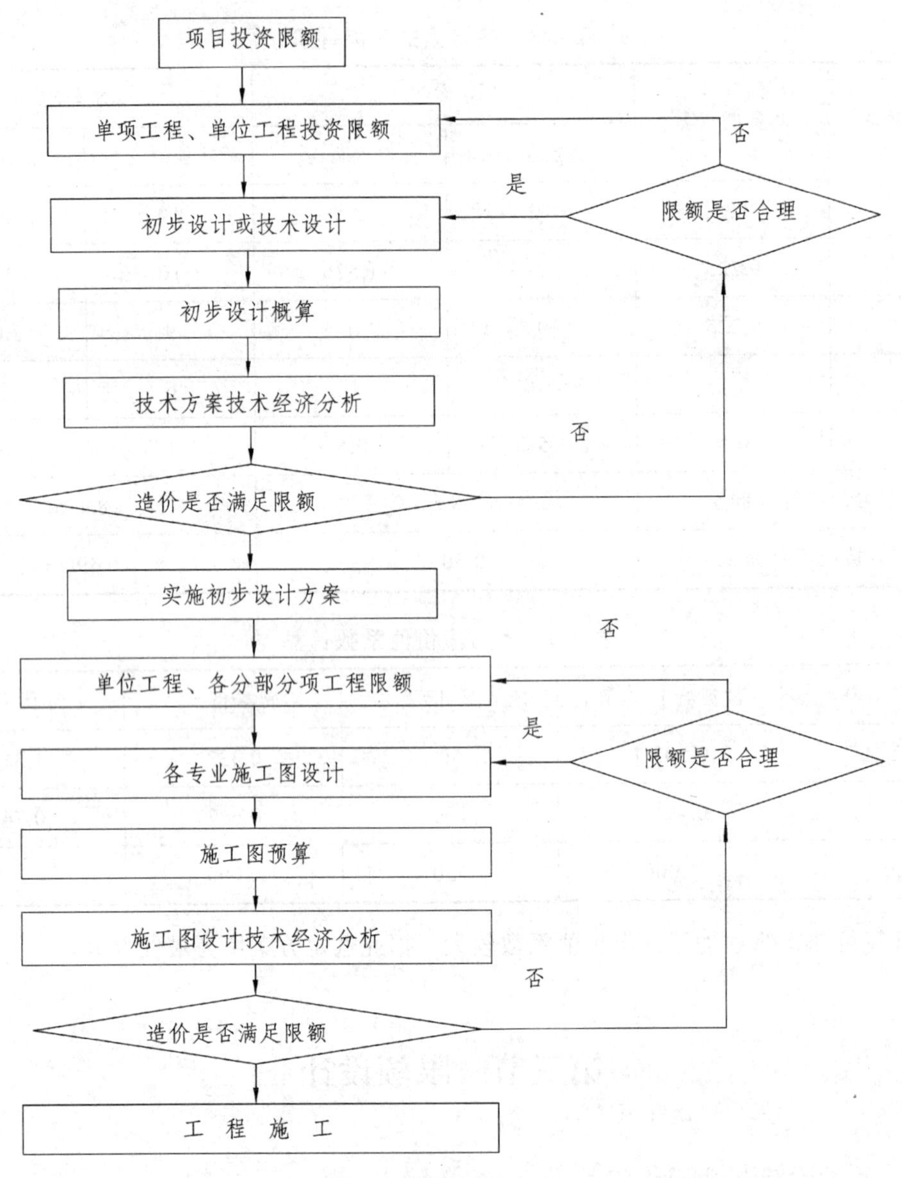

图 4-3　限额设计流程图

三、限额设计、横向控制和纵向控制

按照限额设计过程从前往后依次进行控制，称为纵向控制。

对设计单位及其内部各专业、科室及设计人员进行考核，实施奖惩，进而保证设计质量的一种控制方法，称为横向控制。

第四节　设计概算

一、概算定额

（一）概算定额的概念

概算定额是指在预算定额基础上，确定完成合格的单位扩大分项工程或单位扩大结构构件所需消耗的人工、材料和机械台班的数量标准，又称为扩大结构定额。

概算定额的编制一般分三阶段进行，即准备阶段、编制初稿阶段和审查定稿阶段。

（二）概算定额与预算定额的比较（见表 4-10）

表 4-10　概算定额与预算定额的比较

<table>
<tr><th colspan="2"></th><th>概算定额</th><th>预算定额</th></tr>
<tr><td colspan="2">相同之处</td><td colspan="2">主要内容一致：包括人工、材料和机械台班使用量定额三个基本部分；
表达的主要方式一致：以建（构）筑物各个结构部分和分部分项工程为单位表示；
编制方法基本一致</td></tr>
<tr><td rowspan="2">不同之处</td><td>项目划分和综合程度不同</td><td>单位扩大分项工程或扩大结构构件</td><td>单位分项工程或结构构件</td></tr>
<tr><td>用途不同</td><td>用于设计概算</td><td>用于施工图预算</td></tr>
</table>

（三）概算定额的编制原则和编制依据

概算定额应该贯彻社会平均水平和简明适用的原则。

二、工程单价

（一）工程单价的含义

工程单价（也称为定额单价），是指单位假定建筑安装产品的不完全价格，通常是指建筑安装工程的预算单价和概算单价。在确立社会主义市场经济体制之后，为了适应改革开放形势发展的需要，与国际接轨，出现了建筑安装产品的综合单价，也可称为全费用单价，这种单价不仅含有人工、材料、机械台班三项直接工程费，而且包括间接费、利润和税金等内容。

（二）工程单价的种类（见图 4-4）

（三）工程单价的编制方法

（1）分部分项工程直接工程费单价（基价）。

（2）分部分项工程全费用单价：

分部分项工程全费用单价=分部分项工程直接工程费单价（基价）×（1+间接费率）×（1+利润率）×（1+税率）　　（4-23）

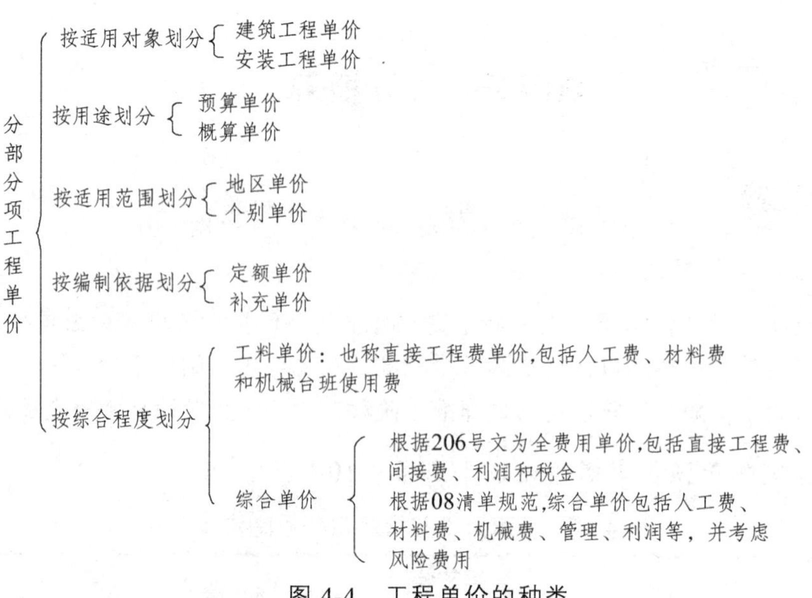

图 4-4　工程单价的种类

三、设计概算的基本概念

（一）设计概算的含义

建设项目设计概算是初步设计文件的重要组成部分，它是在投资估算的控制下由设计单位根据初步设计或扩大初步设计的图纸及说明，利用国家或地区颁发的概算指标、概算定额或综合指标预算定额、设备材料预算价格等资料，按照设计要求，概略地计算建筑物或构筑物造价的文件。其特点是编制工作相对简略，无需达到施工图预算的准确程度。采用两阶段设计的建设项目，初步设计阶段必须编制设计概算；采用三阶段设计的建设项目，扩大初步设计阶段必须编制修正概算。

（二）设计概算的作用

（1）设计概算是编制建设项目投资计划，确定和控制建设项目投资的依据。

（2）设计概算是签订建设工程合同和贷款合同的依据。

（3）设计概算是控制施工图设计和施工图预算的依据。

（4）设计概算是衡量设计方案技术经济合理性和选择最佳设计方案的依据。

（5）设计概算是考核建设项目投资效果的依据。

（三）设计概算的内容

设计概算可分单位工程概算、单项工程综合概算和建设项目总概算三级。各级概算之间的相互关系如图 4-5 所示。

1. 单位工程概算

单位工程是指具有单独设计文件、能够独立组织施工的工程，是单项工程的组成部分。单位工程概算是确定各单位工程建设费用的文件，是编制单项工程综合概算的依据，是单项工程综合概算的组成部分。单位工程概算按其工程性质分为建筑工程概算和设备及安装工程概算两大类。建筑工程概算包括土建工程概算，给排水、采暖工程概算，通风、空调工程概算，电气照明工程概算，弱电工程概算，特殊构筑物工程概算等；设备及安装工程概算包括机械设备及安装工程概算，电气设备及安装工程概算，热力设备及安装工程概算，工具、器具及生产家具购置费概算等。

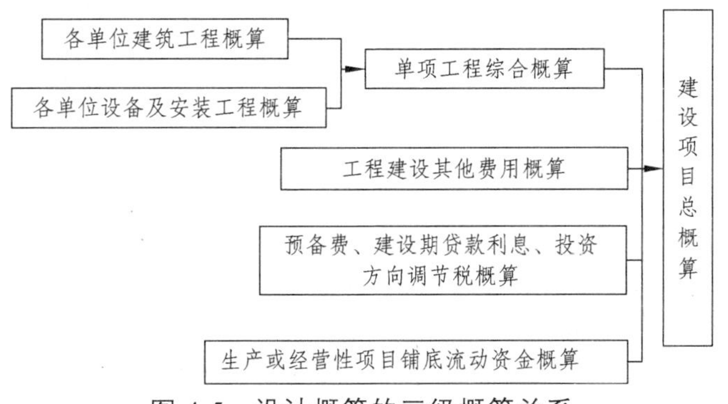

图 4-5　设计概算的三级概算关系

2. 单项工程概算

单项工程是指在一个建设项目中，具有独立的设计文件，建成后可以独立发挥生产能力或工程效益的项目。它是建设项目的组成部分，如生产车间、办公楼、食堂、图书馆、学生宿舍、住宅楼、一个配水厂等。单项工程是一个复杂的综合体，是具有独立存在意义的一个完整工程，如输水工程、净水厂工程、配水工程等。单项工程概算是确定一个单项工程所需建设费用的文件，它是由单项工程中各单位工程概算汇总编制而成的，是建设项目总概算的组成部分。

单项工程综合概算的组成内容如图 4-6 所示。

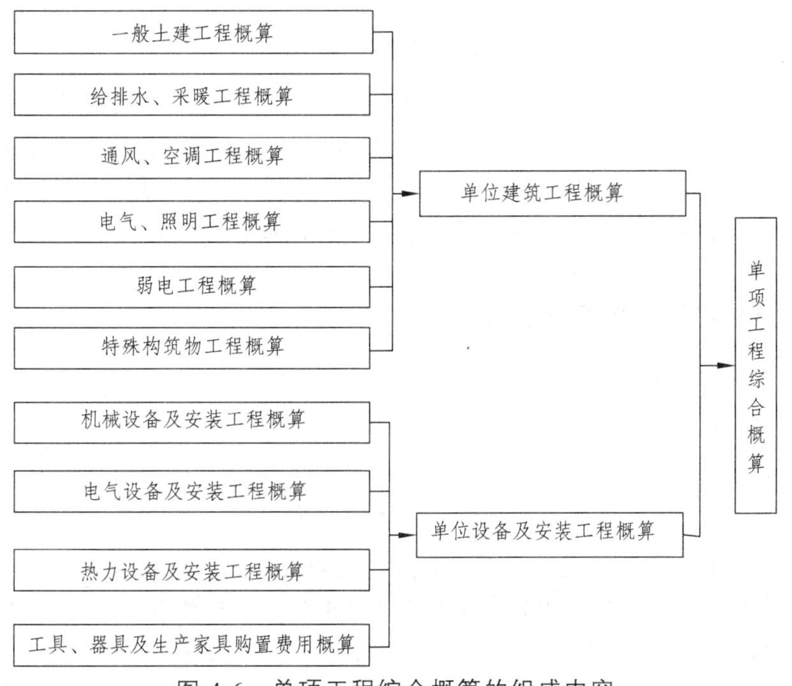

图 4-6　单项工程综合概算的组成内容

3. 建设项目总概算

建设项目总概算是确定整个建设项目从筹建到竣工验收所需全部费用的文件，它是由各单项工程综合概算、工程建设其他费用概算、预备费、建设期贷款利息和固定资产投资方向调节税概算汇总编制而成的，如图 4-7 所示。

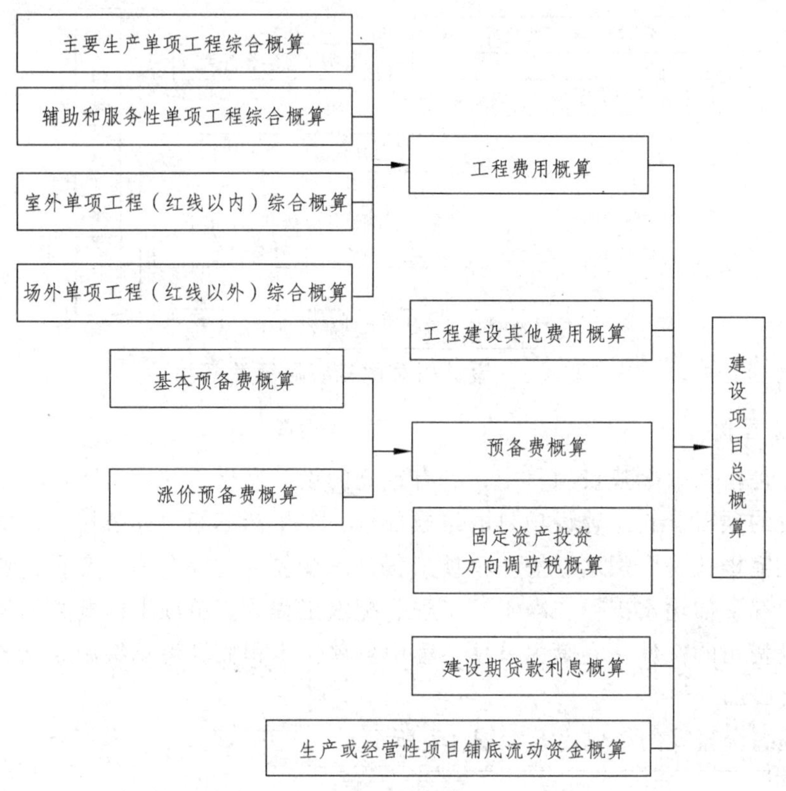

图 4-7　建设项目总概算的组成内容

若干个单位工程概算汇总后成为单项工程概算，若干个单项工程概算和工程建设其他费用、预备费、建设期利息等概算文件汇总成为建设项目总概算。单项工程概算和建设项目总概算仅是一种归纳、汇总性文件，因此，最基本的计算文件是单位工程概算书。建设项目若为一个独立单项工程，则建设项目总概算书与单项工程综合概算书可合并编制。

四、设计概算的编制原则和依据

（一）设计概算的编制原则

（1）严格执行国家的建设方针和经济政策的原则。设计概算是一项重要的技术经济工作，要严格按照党和国家的方针、政策办事，坚决执行勤俭节约的方针，严格执行规定的设计标准。

（2）要完整、准确地反映设计内容的原则。编制设计概算时，要认真了解设计意图，根据设计文件、图纸准确计算工程量，避免重算和漏算。设计修改后，要及时修正概算。

（3）要坚持结合拟建工程的实际，反映工程所在地当时价格水平的原则。为提高设计概算的准确性，要实事求是地对工程所在地的建设条件、可能影响造价的各种因素进行认真的调查研究，在此基础上正确使用定额、指标、费率和价格等各项编制依据，按照现行工程造价的构成，根据有关部门发布的价格信息及价格调整指数，考虑建设期的价格变化因素，使概算尽可能地反映设计内容、施工条件和实际价格。

（二）设计概算的编制依据

（1）国家、行业和地方政府有关建设和造价管理的法律、法规、规定。

（2）批准的建设项目的设计任务书（或批准的可行性研究文件）和主管部门的有关规定。

（3）初步设计项目一览表。

（4）能满足编制设计概算的各专业设计图纸、文字说明和主要设备表。

（5）正常的施工组织设计。

（6）当地和主管部门的现行建筑工程和专业安装工程的概算定额（或预算定额、综合预算定额，本节下同）、单位估价表、材料及构配件预算价格、工程费用定额和有关费用规定的文件等资料。

（7）现行的有关设备原价及运杂费率。

（8）现行的有关其他费用定额、指标和价格。

（9）资金筹措方式。

（10）建设场地的自然条件和施工条件。

（11）类似工程的概、预算及技术经济指标。

（12）建设单位提供的有关工程造价的其他资料。

（13）有关合同、协议等其他资料。

五、设计概算的编制方法

建设项目设计概算的编制，一般首先编制单位工程的设计概算，然后再逐级汇总，形成单项工程综合概算及建设项目总概算。因此，下面分别介绍单位工程设计概算、单项工程综合概算和建设项目总概算的编制方法。

（一）单位工程概算的编制方法

1. 单位工程概算的内容

单位工程概算书是计算一个独立建筑物或构筑物（即单项工程）中每个专业工程所需工程费用的文件，分为以下两类：建筑工程概算书和设备及安装工程概算书。单位工程概算文件应包括：建筑（安装）工程直接工程费计算表，建筑（安装）工程人工、材料，机械台班价差表，建筑（安装）工程费用构成表。

2. 单位建筑工程概算的编制方法与实例

1）概算定额法

概算定额法又叫扩大单价法或扩大结构定额法。它是采用概算定额编制建筑工程概算的方法。是根据初步设计图纸资料和概算定额的项目划分计算出工程量，然后套用概算定额单价（基价），计算汇总后，再计取有关费用，便可得出单位工程概算造价。

概算定额法要求初步设计达到一定深度，建筑结构比较明确，能按照初步设计的平面、立面、剖面图纸计算出楼地面、墙身、门窗和屋面等分部工程（或扩大结构件）项目的工程量时，才可采用。

【例 4-6】某市拟建一座 7 560 m^2 教学楼，请按给出的扩大单价和工程量表 4-11 编制出该教学楼土建工程设计概算造价和平方米造价。按有关规定标准计算得到措施费为 438 000 元，各项费率分别为：间接费费率为 5%，利润率为 7%，综合税率为 3.413%（以直接费为计算基础）。

表 4-11　某教学楼土建工程量和扩大单价

分部工程名称	单位	工程量	扩大单价/元
基础工程	10 m^3	160	2 500
混凝土及钢筋混凝土	10 m^3	150	6 800
砌筑工程	10 m^3	280	3 300
地面工程	100 m^3	40	1 100
楼面工程	100 m^2	90	1 800
卷材屋面	100 m^2	40	4 500
门窗工程	100 m^2	35	5 600
脚手架	100 m^2	180	600

【解】根据已知条件和表 4-11 数据及扩大单价，求得该教学楼土建工程概算造价见表 4-12。

表 4-12　某教学楼土建工程概算造价计算表

序号	分部工程或费用名称	单位	工程量	单价/元	合价/元
1	基础工程	10 m^3	160	2 500	400 000
2	混凝土及钢筋混凝土	100 m^3	150	6 800	1 020 000
3	砌筑工程	10 m^3	280	3 300	24 000
4	地面工程	100 m^3	40	1 100	44 000
5	楼面工程	100 m^2	90	1 800	162 000
6	卷材屋面	100 m^2	40	4 500	180 000
7	门窗工程	100 m^2	35	5 600	196 000
8	脚手架	100m^2	180	600	108 000
A	直接费工程小计	以上 8 项之和			3 034 000
B	措施费				438 000
C	直接费小计				3 472 000
D	间接费	$C\times5\%$			173 600
E	利润	$(C+D)\times7\%$			55 192
F	税金	$(C+D+E)\times3.413\%$			33 134
概算造价		$C+D+E+F$			4 033 926
平方米造价		4 033 926/7 560			533.6

2）概算指标法

概算指标法是采用直接工程费指标。概算指标法是用拟建的厂房、住宅的建筑面积（或体积）乘以技术条件相同或基本相同工程的概算指标，得出直接工程费，然后按规定计算出措施费、间接费、利润和税金等，编制出单位工程概算的方法。

当初步设计深度不够，不能准确地计算出工程量，而工程设计技术比较成熟而又有类似工程概算指可以利用时，可采用概算指标法。

由于拟建工程（设计对象）往往与类似工程的概算指标的技术条件不尽相同，而且概算指标编制年份的设备、材料、人工等价格与拟建工程当时当地的价格也不会一样，因此，必须对其进行调整。其调整方法是：

$$\begin{aligned}\begin{matrix}\text{设备、人工、材料、}\\ \text{机械修正概算费用}\end{matrix} &= \begin{matrix}\text{原概算指标的设备、}\\ \text{人工、材料机械费用}\end{matrix} + \sum\left(\begin{matrix}\text{换入设备、人工、}\\ \text{材料、机械消耗量}\end{matrix} \times \begin{matrix}\text{拟建地区}\\ \text{相应单价}\end{matrix}\right) \\ &\quad - \sum\left(\begin{matrix}\text{换出设备、人工}\\ \text{材料机械消耗量}\end{matrix} \times \begin{matrix}\text{原概算指标的设备、}\\ \text{人工、材料机械费用}\end{matrix}\right)\end{aligned} \tag{4-24}$$

（1）设计对象的结构特征与概算指标有局部差异时的调整。

$$\text{结构变化修正概算指标（元/m}^2\text{）} = J + Q_1P_1 - Q_2P_2 \tag{4-25}$$

式中 J——原概算指标；

Q_1——换入新结构的数量；

Q_2——换出旧结构的数量；

P_1——换入新结构的单价；

P_2——换出旧结构的单价。

或：

$$\begin{aligned}\begin{matrix}\text{结构变化修正概算指标的}\\ \text{人工、材料、机械消耗量}\end{matrix} &= \begin{matrix}\text{原概算指标的人工、}\\ \text{材料、机械消耗量}\end{matrix} + \begin{matrix}\text{换入结构}\\ \text{件工程量}\end{matrix} \times \begin{matrix}\text{相应定额人工、}\\ \text{材料、机械消耗量}\end{matrix} \\ &\quad - \begin{matrix}\text{换出结构}\\ \text{件工程量}\end{matrix} \times \begin{matrix}\text{相应定额人工、}\\ \text{材料、机械消耗量}\end{matrix}\end{aligned} \tag{4-26}$$

以上两种方法，前者是直接修正结构件指标单价；后者是修正结构件指标人工、材料、机械台班消耗量。

（2）设备、人工、材料、机械台班费用的调整。

【例 4-7】假设新建单身宿舍一座，其建筑面积为 3 500 m²，按概算指标和地区材料预算价格等算出单位造价为 738 元/m²。其中，一般土建工程 640 元/m²，采暖工程 32 元/m²，给排水工程 36 元/m²，照明工程 30 元/m²。但新建单身宿舍设计资料与概算指标相比较，其结构构件有部分变更。设计资料表明，外墙为 1.5 砖外墙，而概算指标中外墙为 1 砖墙。根据当地土建工程预算定额，外墙带形毛石基础的预算单价为 147.87 元/m³，1 砖外墙的预算单价为 177.10 元/m³，1.5 砖外墙的预算单价为 178.08 元/m³；概算指标中每 100 m² 中含外墙带形毛石基础为 18 m³，1 砖外墙为 46.5 m³。新建工程设计资料表明，每 100 m² 中含外墙带形毛石基础为 196 m³，1.5 砖外墙为 61.2 m³。请计算调整后的概算单价和新建宿舍的概算造价。

【解】土建工程中对结构构件的变更和单价调整，如表 4-13 所示。

表 4-13　结构变化引起的单价调整

	结构名称	单位	数量（每 100 m^2 含量）	单价/元	合价/元
序号	土建工程单位面积造价				640
	换出部分				
1	外墙带形毛石基础	m^3	18	147.87	2 661.66
2	1 砖外墙	m^3	46.5	177.10	8 235.15
	合计	元			10 896.81
	换入部分				
	外墙带形毛石基础	m^3	19.6	147.87	
3	1.5 砖外墙	m^3	61.2	178.08	10 898.5
4	合计	元			13 796.75
单位造价修正：640−10 996.81/100+13 796.75/100≈669 元					

其余的单价指标都不变，因此经调整后的概算造价为 669+32+36+30=767（元/m^2）。

新建宿舍的概算造价=767×3 500=2 684 500（元）。

3）类似工程预算法

类似工程预算法是利用技术条件与设计对象相类似的已完工程或在建工程的工程造价资料来编制拟建工程设计概算的方法。

类似工程预算法在拟建工程初步设计与已完工程或在建工程的设计相类似而又没有可用的概算指标时采用，但必须对建筑结构差异和价差进行调整。建筑结构差异的调整方法与概算指标法的调整方法相同。类似工程造价的价差调整常用的两种方法是：

（1）类似工程造价资料有具体的人工、材料、机械台班的用量时，可按类似工程预算造价资料中的主要材料用量、工日数量、机械台班用量乘以拟建工程所在地的主要材料预算价格、人工单价、机械台班单价，计算出直接工程费，再乘以当地的综合费率，即可得出所需的造价指标。

（2）类似工程造价资料只有人工、材料、机械台班费用和措施费、间接费时，可按下面公式调整：

$$D=A\cdot K \tag{4-27}$$

$$K=a\%K_1+b\%K_2+c\%K_3+d\%K_4+e\%K_5 \tag{4-28}$$

式中　D——拟建工程单方概算造价（元）；

A——类似工程单方预算造价（元）；

K——综合调整系数；

$a\%$，$b\%$，$c\%$，$d\%$，$e\%$——类似工程预算的人工费、材料费、机械台班费、措施费、间接费占预算造价的比重，如：$a\%$=类似工程人工费（或工资标准）/类似工程预算造价×100%，$b\%$，$c\%$，$d\%$，$e\%$类同；

K_1，K_2，K_3，K_4，K_5——拟建工程地区与类似工程预算造价在人工费、材料费、机械台班费、措施费和间接费之间的差异系数，如：K_1=拟建工程概算的人工费（或工资标准）/类似工程预算人工费（或地区工资标准），K_2、K_3、K_4、K_5类同。

【例 4-8】新建一幢教学大楼，建筑面积为 3 200 m^2，根据下列类似工程施工图预算的有关数据，试用类似工程预算编制概算。已知数据如下：

（1）类似工程的建筑面积为 2 800 m^2，预算成本 926 800 元。

（2）类似工程各种费用占预算成本的权重是：人工费 8%、材料费 61%、机械费 10%、措施费 8%、间接费 9%、其他费 6%。

（3）拟建工程地区与类似工程地区造价之间的差异系数为 K_1=1.03、K_2=1.04、K_3=0.98、K_4=1.00、K_5=0.96、K_6=0.90。

（4）利税率 10%。

（5）求拟建工程的概算造价。

【解】（1）综合调整系数为：

K=8%×1.03+61%×1.04+10%×0.98+6%×1.00 +9%×0.96+6%×0.9=1.015 2

（2）类似工程预算单方成本为：926 800/2 800=331（元/m^2）

（3）拟建教学楼工程单方概算成本为：331×1.015 2≈336.03（元/m^2）

（4）拟建教学楼工程单方概算造价为：336.03×（1+10%）≈369.63（元/m^2）

（5）拟建教学楼工程的概算造价为：369.63×3 200=1 182 816（元）

3. 设备及安装单位工程概算的编制方法

设备及安装工程概算包括设备购置费用概算和设备安装工程费用概算两大部分。

（1）设备购置费概算。设备购置费是根据初步设计的设备清单计算出设备原价，并汇总求出设备总原价，然后按有关规定的设备运杂费率乘以设备总原价，两项相加即为设备购置费概算。

有关设备原价、运杂费和设备购置费的概算可参见相关章节的计算方法。

（2）设备安装工程费概算的编制方法。设备安装工程费概算的编制方法应根据初步设计深度和要求所明确的程度而采用。其主要编制方法有：

① 预算单价法。当初步设计较深，有详细的设备清单时，可直接按安装工程预算定额单价编制安装工程概算，概算编制程序基本同于安装工程施工图预算。该法具有计算比较具体，精确性较高之优点。

② 扩大单价法。当初步设计深度不够，设备清单不完备，只有主体设备或仅有成套设备重量时，可采用主体设备、成套设备的综合扩大安装单价来编制概算。

上述两种方法的具体操作与建筑工程概算相类似。

③ 设备价值百分比法又叫安装设备百分比法。当初步设计深度不够，只有设备出厂价而无详细规格、重量时，安装费可按占设备费的百分比计算。其百分比值（即安装费率）由相关管理部门制定或由设计单位根据已完类似工程确定。该法常用于价格波动不大的定型产品和通用设备产品。数学表达式为：

$$设备安装费=设备原价×安装费率（\%） \qquad （4-29）$$

④ 综合吨位指标法。当初步设计提供的设备清单有规格和设备重量时，可采用综合吨

位指标编制概算，其综合吨位指标由相关主管部门或由设计院根据已完类似工程资料确定。该法常用于设备价格波动较大的非标准设备和引进设备的安装工程概算。数学表达式为：

$$设备安装费=设备吨重\times每吨设备安装费指标（元/吨） \tag{4-30}$$

（二）单项工程综合概算的编制方法与实例

1. 单项工程综合概算的含义

单项工程综合概算是确定单项工程建设费用的综合性文件，它是由该单项工程各专业单位工程概算汇总而成的，是建设项目总概算的组成部分。

2. 单项工程综合概算的内容

单项工程综合概算文件一般包括编制说明（不编制总概算时列入）、综合概算表（含其所附的单位工程概算表和建筑材料表）两大部分。当建设项目只有一个单项工程时，此时综合概算文件（实为总概算）除包括上述两大部分外，还应包括工程建设其他费用、建设期贷款利息、预备费和固定资产投资方向调节税的概算。

（三）建设项目总概算的编制方法

1. 总概算的含义

建设项目总概算是设计文件的重要组成部分，是确定整个建设项目从筹建到竣工交付使用所预计花费的全部费用的文件。它是由各单项工程综合概算、工程建设其他费用、建设期贷款利息、预备费、固定资产投资方向调节税和经营性项目的铺底流动资金概算所组成，按照主管部门规定的统一表格进行编制而成的。

2. 总概算的内容

设计总概算文件一般应包括：编制说明、总概算表、各单项工程综合概算书、工程建设其他费用概算表、主要建筑安装材料汇总表。独立装订成册的总概算文件宜加封面、签署页（扉页）和目录。

（1）编制说明。编制说明的内容与单项工程综合概算文件相同。

（2）总概算表。

（3）工程建设其他费用概算表。

（4）主要建筑安装材料汇总表。

第五节　施工图预算的编制

一、预算定额

（一）预算定额的概念

预算定额是指在合理的施工组织设计、正常施工条件下，生产一个规定计量单位合格结构件、分项工程所需的人工、材料和机械台班的社会平均消耗量标准。

（二）预算定额的用途和作用

（1）预算定额是编制施工图预算、确定建筑安装工程造价的基础。

（2）预算定额是编制施工组织设计的依据。

（3）预算定额是工程结算的依据。

（4）预算定额是施工单位进行经济活动分析的依据。

（5）预算定额是编制概算定额的基础。

（6）预算定额是合理编制招标控制价、投标报价的基础。

（三）预算定额的编制原则和步骤

1. 预算定额的编制原则

（1）按社会平均水平确定预算定额的原则。

预算定额的平均水平，是在正常的施工条件下，合理的施工组织和工艺条件、平均劳动熟练程度和劳动强度下，完成单位分项工程基本构造要素所需要的劳动时间。

（2）简明适用的原则。

（3）坚持统一性和差别性相结合原则。

2. 预算定额的编制程序及要求

预算定额的编制，大致可以分为准备工作、收集资料、编制定额、报批和修改定稿五个阶段。各阶段工作相互有交叉，有些工作还要多次反复。其中，预算定额编制阶段的主要工作如下：

（1）确定编制细则。

（2）确定定额的项目划分和工程量计算规则。

（3）定额人工、材料、机械台班耗用量的计算、复核和测算。

（四）预算定额消耗置的编制方法

确定预算定额人工、材料、机械台班消耗指标时，必须先按施工定额的分项逐项计算出消耗指标，再按预算定额的项目加以综合。但是，这种综合不是简单的合并和相加，而需要在综合过程中增加两种定额之间的适当的水平差。预算定额的水平，首先取决于这些消耗量的合理确定。

人工、材料和机械台班消耗量指标，应根据定额编制原则和要求，采用理论与实际相结合、图纸计算与施工现场测算相结合、编制人员与现场工作人员相结合等方法进行计算和确定，使定额既符合政策要求，又与客观情况一致，便于贯彻执行。

1. 预算定额中人工工日消耗量的计算

人工的工日数可以有两种确定方法。一种是以劳动定额为基础确定；另一种是以现场观察测定资料为基础计算，主要用于遇到劳动定额缺项时，采用现场工作日写实等测时方法确定和计算定额的人工耗用量。预算定额中人工工日消耗量是指在正常施工条件下，生产单位合格产品所必需消耗的人工工日数量，是由分项工程所综合的各个工序劳动定额包括的基本用工、其他用工两部分组成的。

（1）基本用工。基本用工指完成一定计量单位的分项工程或结构构件的各项工作过程的施工任务所必需消耗的技术工种用工。按技术工种相应劳动定额工时定额计算，以不同工种列出定额工日。

人工工日消耗量=基本用工+其他用工　　（4-31）

说明：基本用工=∑（综合取定的工程量×劳动定额）

（2）其他用工。其他用工是辅助基本用工消耗的工日，包括超运距用工、辅助用工和人工幅度差用工。

其他用工=超运距用工+辅助用工+人工幅度差　　（4-32）

超运距=预算定额取定运距－劳动定额已包括的运距　　（4-33）

超运距用工=∑（超运距材料数量×时间定额）　　（4-34）

辅助用工=∑（材料加工数量×相应的加工劳动定额）　　（4-35）

人工幅度差=（基本用工+辅助用工+超运距用工）×人工幅度差系数（4-36）

人工幅度差即预算定额与劳动定额的差额，主要是指在劳动定额中未包括而在正常施工情况下不可避免但又很难准确计量的用工和各种工时损失。内容包括：各工种间的工序搭接及交叉作业相互配合或影响所发生的停歇用工；班组操作地点转移用工；施工机械在单位工程之间转移所造成的停工；临时水电线路移动所造成的停工；质量检查和隐蔽工程验收工作的影响及施工中不可避免的其他零星用工等。

人工幅度差系数一般为10%～15%。在预算定额中，人工幅度差的用工量列入其他用工量中。

2. 预算定额中材料消耗量的计算

材料消耗量计算方法主要有：

（1）凡有标准规格的材料，按规范要求计算定额计量单位的耗用量，如砖、防水卷材、块料面层等。

（2）凡设计图纸标注尺寸及下料要求的按设计图纸尺寸计算材料净用量，如门窗制作用材料、方、板料等。

（3）换算法。各种胶结、涂料等材料的配合比用料，可以根据要求条件换算，得出材料用量。

（4）测定法。包括实验室试验法和现场观察法。

材料损耗量，指在正常条件下不可避免的材料损耗、现场内材料运输及施工操作过程中的损耗等。

材料消耗量：材料消耗量=材料净用量+损耗量　　（4-37）

或　　材料消耗量=材料净用量×（1+损耗率）　　（4-38）

3. 预算定额中机械台班消耗量的计算

预算定额中的机械台班消耗量是指在正常施工条件下，生产单位合格产品（分部分项工程或结构构件）必需消耗的某种型号施工机械的台班数量。

（1）根据施工定额确定机械台班消耗量的计算。这种方法是指用施工定额中机械台班产量加机械幅度差计算预算定额的机械台班消耗量。

机械台班幅度差是指在施工定额中所规定的范围内没有包括，而在实际施工中又不可避免产生的影响机械或使机械停歇的时间。其内容包括：

① 施工机械转移工作面及配套机械相互影响损失的时间。

② 在正常施工条件下，机械在施工中不可避免的工序间歇。

③ 工程开工或收尾时工作量不饱满所损失的时间。

④ 检查工程质量影响机械操作的时间。

⑤ 临时停机、停电影响机械操作的时间。

⑥ 机械维修引起的停歇时间。

大型机械幅度差系数为：土方机械 25%，打桩机械 33%，吊装机械 30%。砂浆、混凝土搅拌机由于按小组配用，以小组产量计算机械台班产量，不另增加机械幅度差。其他分部工程中如钢筋加工、木材、水磨石等各项专用机械的幅度差为 10%。

预算定额机械耗用台班=施工定额机械耗用台班×（1+机械幅度差系数） （4-39）

【例 4-9】已知某挖土机挖土，一次正常循环工作时间是 40 s，每次循环平均挖土量 0.3 m^3，机械正常利用系数为 0.8，机械幅度差为 25%。求该机械挖土方 1 000 m^3 的预算定额机械耗用台班量。

【解】机械纯工作 1 h 循环次数=3 600/40=90（次/台时）

机械纯工作 1 h 正常生产率=90×0.3=27（m^3）

施工机械台班产量定额=27×8×0.8=172.8（m^3/台班）

施工机械台班时间定额=1/172.8≈0.005 79（台班/m^3）

预算定额机械耗用台班量=0.00579×（1+25%）≈0.007 23（台班/m^3）

挖土方 1 000 m^3 的预算定额机械耗用台班量=1 000×0.007 23=7.23（台班）

（2）以现场测定资料为基础确定机械台班消耗量。如遇到施工定额缺项者，则需要依据单据时间完成的产量测定。

二、施工图预算的基本概念

（一）施工图预算的含义

施工图预算是在施工图设计完成后工程开工前，根据已批准的施工图纸、现行的预算定额、费用定额和地区人工、材料、设备与机械台班等资源价格，在施工方案或施工组织设计已大致确定的前提下，按照规定的计算程序计算直接工程费、措施费，并计取间接费、利润、税金等费用，确定单位工程造价的技术经济文件。

按以上施工图预算的概念，只要是按照工程施工图以及计价所需的各种依据，在工程实施前所计算的工程价格，均可以称为施工图预算价格。该施工图预算价格既可以是按照政府统一规定的预算单价、取费标准、计价程序计算而得到的属于计划或预期性质的施工图预算价格，也可以是通过招标投标法定程序后施工企业根据自身的实力即企业定额、资源市场单价以及市场供求及竞争状况计算得到的反映市场性质的施工图预算价格。

（二）施工图预算编制的两种模式

（1）传统定额计价模式。

（2）工程量清单计价模式。

工程量清单计价模式是招标人按照国家统一的工程量清单计价规范中的工程量计算规则提供工程量清单和技术说明，由投标人依据企业自身的条件和市场价格对工程量清单自主报价的工程造价计价模式

工程量清单计价模式是国际通行的计价方法，为了使我国工程造价管理与国际接轨逐步向市场化过渡，我国于 2003 年 7 月 1 日开始实施国家标准《建设工程工程量清单计价规范》（GB 50500—2003），分别于 2008 年 12 月 1 日和 2013 年 7 月 1 日进行了修订。

（三）施工图预算的作用

施工图预算作为建设工程建设程序中一个重要的技术经济文件，在工程建设实施过程中具有十分重要的作用，可以归纳为以下几个方面：

1. 施工图预算对投资方的作用

（1）施工图预算是控制造价及资金合理使用的依据。施工图预算确定的预算造价是工程的计划成本，投资方按施工图预算造价筹集建设资金，并控制资金的合理使用。

（2）施工图预算是确定工程招标控制价的依据。在设置招标控制价的情况下，建筑安装工程的招标控制价可按照施工图预算来确定。招标控制价通常是在施工图预算的基础上考虑工程的特殊施工措施、工程质量要求、目标工期、招标工程范围以及自然条件等因素进行编制的。

（3）施工图预算是拨付工程款及办理工程结算的依据。

2. 施工图预算对施工企业的作用

（1）施工图预算是建筑施工企业投标时“报价”的参考依据。在激烈的建筑市场竞争中，建筑施工企业需要根据施工图预算造价，结合企业的投标策略，确定投标报价。

（2）施工图预算是建筑工程预算包干的依据和签订施工合同的主要内容。在采用总价合同的情况下，施工单位通过与建设单位的协商，可在施工图预算的基础上，考虑设计或施工变更后可能发生的费用与其他风险因素，增加一定系数作为工程造价一次性包干。同样，施工单位与建设单位签订施工合同时，其中的工程价款的相关条款也必须以施工图预算为依据。

（3）施工图预算是施工企业安排调配施工力量，组织材料供应的依据。施工单位各职能部门可根据施工图预算编制劳动力供应计划和材料供应计划，并由此做好施工前的准备工作。

（4）施工图预算是施工企业控制工程成本的依据。根据施工图预算确定的中标价格是施工企业收取工程款的依据，企业只有合理利用各项资源，采取先进技术和管理方法，将成本控制在施工图预算价格以内，企业才会获得良好的经济效益。

（5）施工图预算是进行“两算”对比的依据。施工企业可以通过施工图预算和施工预算的对比分析，找出差距，采取必要的措施。

3. 施工图预算对其他方面的作用

（1）对于工程咨询单位来说，可以客观、准确地为委托方做出施工图预算，以强化投资方对工程造价的控制，有利于节省投资，提高建设项目的投资效益。

（2）对于工程造价管理部门来说，施工图预算是其监督检查执行定额标准、合理确定工程造价、测算造价指数及审定工程招标控制价的重要依据。

（四）施工图预算的内容

施工图预算有单位工程预算、单项工程预算和建设项目总预算。单位工程预算是根据施工图设计文件、现行预算定额、单位估价表、费用定额以及人工、材料、设备、机械台班等预算价格资料，以一定方法，编制单位工程的施工图预算；然后汇总所有各单位工程施工图预算，成为单项工程施工图预算；再汇总所有单项工程施工图预算，形成最终的建设项目建筑安装工程的总预算。

（五）施工图预算的编制依据

（1）国家、行业和地方政府有关工程建设和造价管理的法律、法规和规定。

（2）经过批准和会审的施工图设计文件和有关标准图集。

（3）工程地质勘察资料。

（4）企业定额、现行建筑工程和安装工程预算定额和费用定额、单位估价表、有关费用规定等文件。

（5）材料与构配件市场价格、价格指数。

（6）施工组织设计或施工方案。

（7）经批准的拟建项目的概算文件。

（8）现行的有关设备原价及运杂费率。

（9）建设场地中的自然条件和施工条件。

（10）工程承包合同、招标文件。

三、施工图预算的编制方法

（一）工料单价法

工料单价法是指分部分项工程的单价为直接工程费单价，以分部分项工程量乘以对应分部分项工程单价后的合计为单位直接工程费，直接工程费汇总后另加措施费、间接费、利润、税金生成施工图预算造价。按照分部分项工程单价产生的方法不同，工料单价法又可以分为预算单价法和实物法。

1. 预算单价法

预算单价法就是采用地区统一单位估价表中的各分项工程工料预算单价（基价）乘以相应的各分项工程的工程量，求和后得到包括人工费、材料费和施工机械使用费在内的单位工程直接工程费，措施费、间接费、利润和税金可根据统一规定的费率乘以相应的计费基数得到，将上述费用汇总后得到该单位工程的施工图预算造价。

预算单价法编制施工图预算的基本步骤如下：

（1）编制前的准备工作。

（2）熟悉图纸和预算定额以及单位估价表。

（3）了解施工组织设计和施工现场情况。

（4）划分工程项目和计算工程量。

（5）套单价（计算定额基价）。

（6）工料分析。工料分析即按分项工程项目，依据定额或单位估价表，计算人工和各种材料的实物耗量，并将主要材料汇总成表。

（7）计算主材费（未计价材料费）。

（8）按费用定额取费。

（9）计算汇总工程造价。

2. 实物法

用实物法编制单位工程施工图预算，就是根据施工图计算的各分项工程量分别乘以地区定额中人工、材料、施工机械台班的定额消耗量，分类汇总得出该单位工程所需的全部人工、材料、施工机械台班消耗数量，然后再乘以当时当地人工工日单价、各种材料单价、施工机械台班单价，求出相应的人工费、材料费、机械使用费，再加上措施费，就可以求出该工程的直接费。间接费、利润及税金等费用计取方法与预算单价法相同。

$$单位工程直接工程费=人工费+材料费+机械费 \tag{4-40}$$

式中　人工费=综合工日消耗量×综合工日单价

材料费=∑（各种材料消耗量×相应材料单价）

机械费=∑（各种机械消耗量×相应机械台班单价）

实物法的优点是能比较及时地将反映各种材料、人工、机械的当时当地市场单价计入预算价格。不需调价，反映了当时当地的工程价格水平。

实物法编制施工图预算的基本步骤如下：

（1）编制前的准备工作。具体工作内容同预算单价法相应步骤的内容。但此时要全面收集各种人工、材料、机械台班的当时当地的市场价格，应包括不同品种、规格的材料预算单价：不同工种、等级的人工工日单价；不同种类、型号的施工机械台班单价等。要求获得的各种价格应全面、真实、可靠。

（2）熟悉图纸和预算定额。本步骤的内容同预算单价法相应步骤。

（3）了解施工组织设计和施工现场情况。本步骤的内容同预算单价法相应步骤。

（4）划分工程项目和计算工程量。本步骤的内容同预算单价法相应步骤。

（5）套用定额消耗量，计算人工、材料、机械台班消耗量。根据地区定额中人工、材料、施工机械台班的定额消耗量，乘以各分项工程的工程量，分别计算出各分项工程所需的各类人工工日数量、各类材料消耗数量和各类施工机械台班数量。

（6）计算并汇总单位工程的人工费、材料费和施工机械台班费。

计算公式为：

$$
\begin{aligned}
\text{单位工程直接工程费} = & \sum(\text{工程量} \times \text{定额人工消耗量} \times \text{市场工日单价}) + \\
& \sum(\text{工程量} \times \text{定额材料消耗量} \times \text{市场材料单价}) + \\
& \sum(\text{工程量} \times \text{定额机械台班消耗量} \times \\
& \quad \text{市场机械台班单价})
\end{aligned} \tag{4-41}
$$

（7）计算其他费用，汇总工程造价。对于措施费、间接费、利润和税金等费用的计算，可以采用与预算单价法相似的计算程序，只是有关费率是根据当时当地建设市场的供求情况确定。将上述直接费、间接费、利润和税金等汇总即为单位工程预算造价。

3. 预算单价法与实物法的异同

预算单价法与实物法首尾部分的步骤是相同的，所不同的主要是中间的三个步骤，即：

（1）采用实物法计算工程量后，套用相应人工、材料、施工机械台班预算定额消耗量。建设部 1995 年颁发的《全国统一建筑工程基础定额》（土建部分，是一部量价分离定额）和现行全国统一安装定额、专业统一和地区统一的计价定额的实物消耗量，是以国家或地方或行业技术规范、质量标准制定的，它反映一定时期施工工艺水平的分项工程计价所需的人工、材料、施工机械消耗量的标准。这些消耗量标准，如建材产品、标准、设计、施工技术及其相关规范和工艺水平等方面没有大的变化，是相对稳定的，因此，它是合理确定和有效控制造价的依据，同时，工程造价主管部门按照定额管理要求，根据技术发展变化也会对定额消耗量标准进行适时地补充修改。

（2）求出各分项工程人工、材料、施工机械台班消耗数量并汇总成单位工程所需各类人工工日、材料和施工机械台班的消耗量。各分项工程人工、材料、机械台班消耗数量是由分项工程的工程量分别乘以预算定额单位人工消耗量、预算定额单位材料消耗量和预算定额单位机械台班消耗量而得出的，然后汇总便可得出单位工程各类人工、材料和机械台班总的消耗量。

（3）用当时当地的各类人工工日、材料和施工机械台班的实际单价分别乘以相应的人工工日、材料和施工机械台班总的消耗量，并汇总后得出单位工程的人工费、材料费和机械使用费。

在市场经济条件下，人工、材料和机械台班等施工资源的单价是随市场而变化的，且它们是影响工程造价最活跃、最主要的因素。用实物量法编制施工图预算，能把“量”“价”分开，计算出量后，不再去套用静态的定额基价，而是套用相应预算定额人工、材料、机械台班的定额单位消耗量，分别汇总得到人工、材料和机械台班的实物量，用这些实物量去乘以该地区当时的人工工日、材料、施工机械台班的实际单价，这样能比较真实地反映工程产品的实际价格水平，工程造价的准确性高。虽然有计算过程较单价法繁琐的问题，但采用相关计价软件进行计算可以得到解决。因此，实物量法是与市场经济体制相适应的预算编制方法。

（二）综合单价法

综合单价法是指分项工程单价综合了直接工程费及以外的多项费用，按照单价综合的内容不同，综合单价法可分为全费用综合单价和清单综合单价。

1. 全费用综合单价

全费用综合单价，即单价中综合了分项工程人工费、材料费、机械费，管理费、利润、规费以及有关文件规定的调价、税金以及一定范围的风险等全部费用。以各分项工程量乘以全费用单价的合价汇总后，再加上措施项目的完全价格，就生成了单位工程施工图造价。公式如下：

建筑安装工程预算造价=（∑分项工程量×分项工程全费用单价）+措施项目完全价格　（4-42）

2. 清单综合单价

分部分项工程清单综合单价中综合了人工费、材料费、施工机械使用费，企业管理费、利润，并考虑了一定范围的风险费用，但并未包括措施费、规费和税金，因此它是一种不完全单价。各分部分项工程量乘以该综合单价的合价汇总后，再加上措施项目费、规费和税金后，就是单位工程的造价。公式如下：

建筑安装工程预算造价=（∑分项工程量×分项工程不完全单价）+措施项目不完全价格+规费+税金　（4-43）

四、施工图预算的编制实例

（一）工程概况

（1）工程图纸（略）。

（2）设计说明（略）。

（二）工程量计算

根据《清单规范》和《基础定额》，本例工程项目划分及工程量计算在表4-14中完成。

表4-14　分部分项工程量计算表

序号	项目编码	项目名称	计算式	单位	工程量
1	010101001001	平整场地	清单量：$S_{场}=S_{建}=73.73$（m²） 施工量：$=73.73-41.16\times2+16=172.05$（m²）	m^2	73.73
2	010101003001	挖基础土方	挖深：$H=1.7-0.15=1.55$（m） 基底宽：$B=1.2$（m） 内墙基底净长：$L_{基}=13.8-0.6\times6=10.2$（m） 内外墙沟槽挖土清单量： $V_{挖}=(L_{中}+L_{槽})\times B\times H=(40.2+10.2)\times1.2\times1.55$ $=90.72$（m^3）	m^3	90.72

续表

序号	项目编码	项目名称	计算式	单位	工程量
2	010101003001	挖基础土方	施工量：（三类土，$k=0.33$，C=0.3 m） $V_{挖}=(L_{中}+L_{槽})\times(B+2C+kH)\times H$ $=(40.2+10.2)\times(1.2+2\times0.3+0.33\times1.55)\times1.55$ $=180.57$（m^3）	m^3	90.72
3	010103001001	室内土方回填土	室内净面积：$S=73.73-(40.2+13.08)\times0.24$ $=60.94$（m^2） 回填土厚：$H=0.15-0.115=0.035$（m） $V_{填}=S\times H=60.94\times0.035=2.13$（$m^3$）	m^3	2.13
4	010103001002	基础土方回填土	清单量：$V_{填}=V_{挖}-V_{埋}$ $=90.72-[(40.2+13.08)\times0.36+(40.2+10.2)\times$ $1.2\times0.35+(40.2+13.08)\times(0.24-0.15)\times0.24]$ $=49.22$（m^3） 施工量：$V_{填}=V_{挖}-V_{埋}$=180.57−41.50（埋入物）=139.07（m^3） 余土：180.57−（2.13+139.07）×1.15＝18.19（m^3）	m^3	49.22
		以下略			

（三）工程量清单编制

1. 分部分项工程量清单

根据《清单规范》有关规定及本工程的做法要求，编制本例工程分部分项工程量清单如表 4-15 所示。

表 4-15　分部分项工程量清单

序号	项目编码	项目名称	项目特征	计量单位	工程数量
1	0101011001	平整场地	平整场地，三类土	m^2	73.73
2	0101013001	挖基础土方	三类土，人工开挖，现场堆放，挖深 1.55 m	m^3	90.72
3	0101031001	室内土方回填土	夯填	m^3	2.13
4	0101031002	基础土方回填土	夯填，余土双轮车运至场外 500 m	m^3	49.22
5	0103011001	直形砖基础	M5.0 水泥砂浆砌砖基础，基础高 1.2 m	m^3	18.23
6	0103021001	一砖厚实心砖墙	M2.5 混合砂浆砌一砖内外墙及女儿墙	m^3	30.65
7	0104011001	现浇混凝土 带形基础	C20 现浇混凝土带形基础， 碎石 40，P.S42.5	m^3	21.17
		以下略			

2. 措施项目清单

根据《清单规范》的有关规定及本工程的做法要求，编制本例工程措施项目清单如表4-16所示。

表 4-16 措施项目清单

序号	项目名称
1	安全文明施工费
2	临时设施
3	混凝土模板及支架
4	脚手架
5	垂直运输机械

3. 工程量清单计价

参照工程量清单计价方法，本例工程应编制的计价文件如下：

（1）封面（表 4-17）。

表 4-17　工程量清单报价表封面

某街道办事处办公用房工程

工程量清单报价表

投　标　人：　建筑工程有限公司　（单位盖章）

法定代表人：＿＿＿＿＿＿＿＿

造价工程师：＿＿＿＿＿＿＿＿

编制时间：　年　月　日

投标总价

建设单位：　某街道办事处

工程名称：　办公用房工程

投标总价（小写）：　68 272.4 元

（大写）：　陆万捌仟贰佰柒拾贰元肆角正

投　标　人：　建筑工程有限公司（单位盖章）

法定代表人：＿＿＿＿＿＿＿＿　（签字盖章）

编制时间　：　年　月　日

（2）单位工程费汇总表（表4-18）。

表4-18 单位工程费汇总表

工程名称：某街道办事处办公用房　　第×页、共×页

序号	汇总内容	金额/万元	其中：暂估价/万元
1	分部分项工程费	5.33	
1.1	其中：人工费	1.4	
1.2	其中：机械费	0.42	
2	措施项目费	0.88	
2.1	安全文明施工费	0.34	
3	其他项目费	0	
3.1	其中：暂列金额		
3.2	其中：专业工程暂估价		
3.3	其中：计日工		
3.4	其中：总承包服务费		
4	规费	0.38	
5	税金	0.24	
6	工程造价	6.83	

（3）分部分项工程量清单计价表（表4-19）。

表4-19 分部分项工程量清单计价表

工程名称：某街道办事处办公用房　　第　页、共　页

序号	细目编码	细目名称	计量单位	工程数量	金额/元	
					综合单价	合价
1	10101001001	平整场地	m^2	73.73	2.47	182.11
2	10101003001	挖基础土方	m^3	90.72	38.69	3 509.96
3	10103001001	室内土方回填	m^3	2.13	8.97	19.11
4	10103001002	基础土方回填	m^3	49.22	57.22	2 816.37
5	10301001001	直形砖基础	m^3	18.23	169.02	3 081.23
6	10302001001	1砖厚实心直形墙	m^3	30.65	185.09	5 673.01
7	10401001001	现浇混凝土带形基础	m^3	21.17	235.88	4 993.58
		以下略				

（4）措施项目清单计价表（表4-20）。

表 4-20　措施项目清单计价表

工程名称：某街道办事处办公用房

序号	项目名称	金额/元
1	安全文明施工	3 408.69
2	混凝土、钢筋混凝土模板及支架	4 233.62
3	脚手架	678
4	垂直运输机械	445.29
合计		8 765.59

（5）规费、税金项目清单与计价表（表 4-21）。

表 4-21　规费、税金项目清单与计价表

工程名称：某街道办事处办公用房　　　　第×页、共×页

序号	项目名称	计算基础	费率/%	金额/元
1	规费			3 765.29
1.1	工程排污费			0
1.2	社会保障及住房公积金	13 984.36	26	3 635.93
1.3	危险作业意外伤害保险	55 912.05+8 765.59+0.00	0.2	129.36
2	税金	分部分项工程费+措施项目费+其他项目费+规费	3.44	2 354.44
合计				

（6）主要材料价格表（表 4-22）。

表 4-22　主要材料价格表

工程名称：某街道办事处办公用房　　　　第　　页、共　　页

序号	材料编码	材料名称	单位	数量	单价	合价
1	b011500005	钢筋 Φ10 以内	t	0.634	3840	2 434.56
2	b011500006	钢筋 Φ10 以外	t	0.431	3760	1 620.56
3	b070100010	水泥 P.S32.5（抹灰用）	t	1.853	245	453.99
4	b070100071	矿渣硅酸盐水泥 P.S42.5（混凝土用）	t	9.851	334	3 290.23
5	b070100072	矿渣硅酸盐水泥 P.S32.5	t	0.672	245	164.64
6	b070100072	矿渣硅酸盐水泥 P.S32.5（混凝土用）	t	1.602	245	392.49
		以下略				

（7）主要技术经济指标分析（表 4-23）。

表 4-23　主要技术经济指标分析

序号	项目名称	计算方法	计算式	技术经济指标
1	单方造价	总造价/建筑面积	68 272.4/ 73.73	925.98 元/m^2
2	钢筋平方米消耗量	钢筋总量/建筑面积	1 065 / 73.73	14.44 kg/m^2
3	水泥平方米消耗量	水泥总量/建筑面积	20 856 / 73.73	282.87 kg/m^2
4	黏土砖平方米消耗量	黏土砖总量/建筑面积	25797 / 73.73	349.88 块/m^2
5	砂平方米消耗量	总量/建筑面积	56.113 / 73.73	0.761 m^3/m^2
6	碎石平方米消耗量	总量/建筑面积	38.044 / 73.73	0.516 m^3/m^2
7	木材平方米消耗量	总量/建筑面积	0.761 / 73.73	0.010 m^3/m^2
8	玻璃平方米消耗量	总量/建筑面积	25.578 / 73.73	0.347 m^2/m^2

习　题

1. 说明工程设计阶段影响工程造价的因素。
2. 简述工程设计方案评价内容与方法。
3. 简述限额设计的含义、过程、要点。
4. 说明设计概算的含义及内容。
5. 简述施工图预算的含义及编制方法。
6. 案例分析题（1）。

背景：某汽车制造厂选择厂址，对三个申报城市 A、B、C 的地理位置、自然条件、交通运输、经济环境等方面进行考察，综合专家评审意见，提出厂址选择的评价指标有：辅助工业的配套能力、当地的劳动力文化素质和技术水平、当地经济发展水平、交通运输条件、自然条件。经专家评审确定以上各指标的权重，并对该三个城市各项指标进行打分，其具体数值见表 4-24。

表 4-24　各选址方案评价指标得分表

X	Y	选址方案得分		
		A 市	B 市	C 市
配套能力	0.3	85	70	90
劳动力资源	0.2	85	70	95
经济水平	0.2	80	90	85
交通运输条件	0.2	90	90	80
自然条件	0.1	90	85	80
Z				

问题：

（1）表 1 中的 *X*，*Y*，*Z* 分别代表的栏目名称是什么？

（2）试做出厂址选择决策。

7. 案例分析题（2）。

背景：某房地产公司对某公寓项目的开发征集到若干设计方案，经筛选后对其中较为出色的四个设计方案作进一步的技术经济评价。有关专家决定从这五个方面（分别以 F_1～F_5 表示）对不同的方案的功能进行评价，并对各功能的重要性达成以下共识：F_2 和 F_3 同样重要，F_4 和 F_5 同样重要，F_1 相对于 F_4 很重要，F_1 相对于 F_2 较重要；此后，专家对该四个方案的功能满足程度分别打分，其结果见表 4-25。

据造价工程师估算，A、B、C、D 四个方案的单方造价分别为 1 420 元/m^2、1 230 元/m^2、1 150 元/m^2、1 360 元/m^2。

表 4-25　各方案综合评价计算表

功能	方案功能得分			
	A	B	C	D
F_1	9	10	9	8
F_2	10	10	8	9
F_3	9	9	10	9
F_4	8	8	8	7
F_5	9	7	9	6

问题：

（1）计算各功能的权重。

（2）用价值指数法选择最佳设计方案。

8. 案例分析题（3）。

背景：某医科大学拟建一栋综合试验楼，该楼一层为加速器室，2～5 层为工作室。建筑面积 1 360 m^2。根据扩大初步设计计算出该综合试验楼各扩大分项工程的工程量以及当地概算定额的扩大单价见表 4-26。

表 4-26　加速器室工程量及扩大单价表

定额号	扩大分项工程名称	单位	工程量	扩大单价
3-1	实心砖基础（含土方工程）	10 m^3	1.960	1 614.16
3-27	多孔砖外墙 （含外墙面勾缝、内墙面中等石灰砂浆及乳胶漆）	100 m^2	2.184	4 035.03
3-29	多孔砖内墙（含内墙面中等石灰砂浆及乳胶漆）	100 m^2	2.292	4 885.22
4-21	无筋混凝土带基（含土方工程）	m^3	206.024	559.24
4-24	混凝土满堂基础	m^3	169.470	542.74
4-26	混凝土设备基础	m^3	1.580	382.70
4-33	现浇混凝土矩形梁	m^3	37.860	952.51

续表

定额号	扩大分项工程名称	单位	工程量	扩大单价
4-38	现浇混凝土墙（含内墙面石灰砂浆及乳胶漆）	m^3	470.120	670.74
4-40	现浇混凝土有梁板	m^3	134.820	786.86
4-44	现浇整体楼梯	10 m^2	4.440	1 310.26
5-42	路合金地弹门（含运输、安装）	100 m^2	0.097	35 581.23
5-45	路合金推拉窗（含运输、安装）	100 m^2	0.336	29 175.64
7-23	双面夹板门（含运输、安装、油漆）	100 m^2	0.331	17 095.15
8-81	全瓷防滑砖地面（含垫层、踢脚线）	100 m^2	2.720	9 920.94
8-82	全瓷防滑砖楼面（含踢脚线）	100 m^2	10.880	8 935.81
8-83	全瓷防滑砖楼道（含防滑条、踢脚线）	100 m^2	0.444	10 064.39
9-23	珍珠岩找坡保温层	10 m^3	2.720	3 634.34
9-70	二毡三油一砂防水层	100 m^2	2.720	5 428.80
	脚手架工程	m^2	1 360.000	19.11

根据当地现行定额规定的工程类别划分原则，该工程属三类工程。三类工程各项费用的现行费率分别为：现场经费率 5.63%，其他直接费率 4.10%，间接费率 4.39%，利润率 4%，税率 3.51%，零星工程费为概算定额直接费的 5%，不考虑材料价差。

问题：

（1）试根据表 4-26 给定的工程量和扩大单价表，编制该工程的土建单位工程概算表，计算该工程土建单位工程的直接工程费；根据所给三类工程的费用定额，计算各项费用，编制土建单位工程概算书。

（2）若同类工程的各专业单位工程造价占单项工程造价的比例，见表 4-27。试计算该工程的综合概算造价，编制单项工程综合概算书。

表 4-27　各专业单位工程造价占单项工程造价的比例

专业名称	土建	采暖	通风空调	电气照明	给排水	设备购置	设备安装	工器具
占比例/%	40	1.5	13.5	25	1	38	3	0.5

第五章　招投标阶段的工程造价管理

【学习目标】

通过本章的学习，学生能够从整体上把握招投标阶段工程造价管理的主要内容，能够掌握招投标的概念、意义、招标和投标的基本概念，了解工程量清单计价模式及工程概预算模式的内容及差异。通过扩展阅读，在掌握工程评标的基础知识后能够更加深入地了解评标的相关知识。最后，能够掌握合同价款的约定与合同的签订的主要内容。

第一节　建设项目招投标概述

一、建设项目招投标的概念

建设工程投标是指经过审查获得投标资格的建设承包单位按照招标文件的要求，在规定的时间内向招标单位填报投标书并争取中标的法律行为。

建设工程投标一般要经过以下几个步骤：

（1）投标人了解招标信息，申请投标。建筑企业根据招标广告或投标邀请书，分析招标工程的条件，依据自身的实力，选择投标工程。向招标人提出投标申请，并提交有关资料。

（2）接受招标人的资质审查。

（3）购买招标文件及有关技术资料。

（4）参加现场踏勘，并对有关疑问提出质询。

（5）编制投标书及报价。投标书是投标人的投标文件，是对招标文件提出的要求和条件做出的实质性响应。

（6）参加开标会议。

（7）接受中标通知书，与招标人签订合同。

二、建设项目招投标的意义

招标是我国建筑市场或设备供应走向规范化、完善化的重要举措，是计划经济向市场经济转变的重要步骤，对控制项目成本、保护相关员工廉政廉洁有着重要意义。

第一，推行招投标制基本形成了由市场定价的价格机制，使工程价格更加趋于合理。推行招投标制最明显的表现是若干投标人之间出现激烈竞争（相互竞标），这种市场竞争最直接、最集中的表现就是在价格上的竞争。通过竞争确定出工程价格，使其趋于合理或下降，这将有利于节约投资、提高投资效益。

第二，推行招投标制能够不断降低社会平均劳动消耗水平使工程价格得到有效制。在建筑市场中，不同投标者的个别劳动消耗水平是有差异的。通过推行招投标总是那些个别劳动消耗水平最低或接近最低的投标者获胜，这样便实现了生产力资源较优配置，也对不同投标者实行了优胜劣汰。面对激烈竞争的压力，为了自身的生存与发展，每个投标者都必须切实在降低自己个别劳动消耗水平上下工夫，这样将逐步而全面地降低社会平均劳动消耗水平，使工程价格更合理。

第三，推行招投标制便于供求双方更好地相互选择，使工程价格更加符合价值基础，进而更好地控制工程造价。由于供求双方各自出发点不同，存在利益矛盾，因而单纯采用“一对一”的选择方式，成功的可能性较小。采用招投标方式就为供求双方在较大范围内进行相互选择创造了条件，为需求者（如建筑单位、业主）与供给者（如勘察设计单位、施工企业）在最佳点上结合提供了可能。需求者对供给者选择（即建设单位、业主对勘察设计单位和施工单位的选择）的基本出发点是“择优选择”，即选择那些报价较低、工期较短、具有良好业绩和管理水平的供给者，这样即为合理控制工程造价奠定了基础。

第四，推行招投标制有利于规范价格行为，使公开、公平、公正的原则得以贯彻。我国招投标活动有特定的机构进行管理，有严格的程序必须遵循，有高素质的专家支持系统、工程技术人员的群体评估与决策，能够避免盲目过度的竞争和营私舞弊现象的发生，对建筑领域中的腐败现象也是强有力的遏制，使价格形成过程变得透明而较为规范。

第五，推行招投标制能够减少交易费用，节省人力、物力、财力，进而使工程造价有所降低。我国目前从招标、投标、开标、评标直至定标，均有一些法律、法规规定，已进入制度化操作。招投标中，若干投标人在同一时间、地点报价竞争，在专家支持系统的评估下，以群体决策方式确定中标者，必然减少交易过程的费用，这本身就意味着招标人收益的增加，对工程造价必然产生积极的影响。

第六，推行招投标制能够起到保护员工、廉政廉洁的作用。一般来说，只要经过正常程序，不受有关部门、有关人员的压力而进行暗箱操作，那么中标单位在保证其品牌、口碑延伸而不偷工减料的情况下，其中标价格的利润空间已相当有限，这个时候如果有的人私欲膨胀要伸手的话，对方可能很难会再有很大余地来作为回扣给他，即使建设单位某些人不能很好地把握住自己，对方也不能满足他的贪心，这样，纵然这个人心中有怨气也只好作罢，反过来，正因为这一次的招标挽救了他，使他不能滑向深渊。

三、建设项目招标

客观来讲，建设工程施工招标应该具备的条件包括以下几项：招标人已经依法成立；初步设计及概算应当履行审批手续的，已经批准；招标范围、招标方式和招标组织形式等应当履行核准手续的，已经核准；有相应资金或资金来源已经落实；有招标所需的设计图纸及技术资料。这些条件和要求，一方面是从法律上保证了项目和项目法人的合法化，另一方面，也从技术和经济上为项目的顺利实施提供了支持和保障。

1. 招投标项目的确定

从理论上讲，在市场经济条件下，建设工程项目是否采用招投标的方式确定承包人，业主有着完全的决定权；采用何种方式进行招标，业主也有着完全的决定权。但是为了保证公共利益，各国的法律都规定了有政府资金投资的公共项目（包括部分投资的项目或全部投资的项目），涉及公共利益的其他资金投资项目，投资额在一定额度之上时，要采用招投标方式进行。对此我国也有详细的规定。

根据《招标投标法》和国家计委《工程建设项目招标范围和规模标准规定》的规定，大型基础设施、公用事业等关系社会公共利益、公众安全的项目，全部或者部分使用国有资金投资或者国家融资的项目，使用国际组织或者外国政府贷款、援助资金的项目，包括项目的勘察、设计、施工、监理以及与工程建设有关的重要设备、材料等的采购，达到下列标准之一的，必须进行招标：

① 施工单项合同估算价在 200 万元人民币以上的。

② 重要设备、材料等货物的采购，单项合同估算价在 100 万元人民币以上的。

③ 勘察、设计、监理等服务的采购，单项合同估算价在 50 万元人民币以上的。

④ 单项合同估算价低于第①、②、③项规定的标准，但项目总投资额在 3 000 万元人民币以上的。

（1）根据《工程建设项目招标范围和规模标准规定》（国家计委令第 3 号）规定，关系社会公共利益、公众安全的基础设施项目的范围包括：

① 煤炭、石油、天然气、电力、新能源等能源项目。

② 铁路、公路、管道、水运、航空以及其他交通运输业等交通运输项目。

③ 邮政、电信枢纽、通信、信息网络等邮电通信项目。

④ 防洪、灌溉、排涝、引（供）水、滩涂治理、水土保持、水利枢纽等水利项目。

⑤ 道路、桥梁、地铁和轻轨交通、污水排放及处理、垃圾处理、地下管道、公共停车场等城市设施项目。

⑥ 生态环境保护项目。

⑦ 其他基础设施项目。

（2）关系社会公共利益、公众安全的公用事业项目的范围包括：

① 供水、供电、供气、供热等市政工程项目。

② 科技、教育、文化等项目。

③ 体育、旅游等项目。

④ 卫生、社会福利等项目。

⑤ 商品住宅，包括经济适用住房。

⑥ 其他公用事业项目。

（3）使用国有资金投资项目的范围包括：

① 使用各级财政预算资金的项目。

② 使用纳入财政管理的各种政府性专项建设基金的项目。

③ 使用国有企业事业单位自有资金，并且国有资产投资者实际拥有控制权的项目。

（4）国家融资项目的范围包括：

① 使用国家发行债券所筹资金的项目。

② 使用国家对外借款或者担保所筹资金的项目。

③ 使用国家政策性贷款的项目。

④ 国家授权投资主体融资的项目。

⑤ 国家特许的融资项目。

（5）使用国际组织或者外国政府资金的项目的范围包括：

① 使用世界银行、亚洲开发银行等国际组织贷款资金的项目。

② 使用外国政府及其机构贷款资金的项目。

③ 使用国际组织或者外国政府援助资金的项目。

2. 招标方式的确定

世界银行贷款项目中的工程和货物的采购，可以采用国际竞争性招标、有限国际招标、国内竞争性招标、询价采购、直接签订合同、自营工程等采购方式。其中国际竞争性招标和国内竞争性招标都属于公开招标，而有限国际招标则相当于邀请招标。

《招标投标法》规定，招标分公开招标和邀请招标两种方式。

（1）公开招标。

公开招标亦称无限竞争性招标，招标人在公共媒体上发布招标公告，提出招标项目和要求，符合条件的一切法人或者组织都可以参加投标竞争，都有同等竞争的机会。按规定应该招标的建设工程项目，一般应采用公开招标方式。

公开招标的优点是招标人有较大的选择范围，可在众多的投标人中选择报价合理、工期较短、技术可靠、资信良好的中标人。但是公开招标的资格审查和评标的工作量比较大，耗时长、费用高，且有可能因资格预审把关不严导致鱼目混珠的现象发生。

如果采用公开招标方式，招标人就不得以不合理的条件限制或排斥潜在的投标人。例如不得限制本地区以外或本系统以外的法人或组织参加投标等。

（2）邀请招标。

邀请招标亦称有限竞争性招标，招标人事先经过考察和筛选，将投标邀请书发给某些特定的法人或者组织，邀请其参加投标。

为了保护公共利益，避免邀请招标方式被滥用，各个国家和世界银行等金融组织都有相关规定：按规定应该招标的建设工程项目，一般应采用公开招标，如果要采用邀请招标，需经过批准。

对于有些特殊项目，采用邀请招标方式确实更加有利。根据我国的有关规定，有下列情形之一的，经批准可以进行邀请招标：

① 项目技术复杂或有特殊要求，只有少量几家潜在投标人可供选择的。

② 受自然地域环境限制的。

③ 涉及国家安全、国家秘密或者抢险救灾，适宜招标但不宜公开招标的。

④ 拟公开招标的费用与项目的价值相比，不值得的。

⑤ 法律、法规规定不宜公开招标的。

招标人采用邀请招标方式，应当向三个以上具备承担招标项目的能力、资信良好的特定的法人或者其他组织发出投标邀请书。

3. 自行招标与委托招标

招标人可自行办理招标事宜，也可以委托招标代理机构代为办理招标事宜。

招标人自行办理招标事宜，应当具有编制招标文件和组织评标的能力。

招标人不具备自行招标能力的，必须委托具备相应资质的招标代理机构代为办理招标事宜。

工程招标代理机构资格分为甲、乙两级。其中乙级工程招标代理机构只能承担工程投资额（不含征地费、大市政配套费与拆迁补偿费）10 000 万元以下的工程招标代理业务。

工程招标代理机构可以跨省、自治区、直辖市承担工程招标代理业务。

4. 招标信息的发布与修正

1）招标信息的发布

工程招标是一种公开的经济活动，因此要采用公开的方式发布信息。

招标公告应在国家指定的媒介（报刊和信息网络）上发表，以保证信息发布到必要的范围以及发布的及时与准确，招标公告应该尽可能地发布翔实的项目信息，以保证招标工作的顺利进行。

招标公告应当载明招标人的名称和地址、招标项目的性质、数量、实施地点和时间、投标截止日期以及获取招标文件的办法等事项。招标人或其委托的招标代理机构应当保证招标公告内容的真实、准确和完整。

拟发布的招标公告文本应当由招标人或其委托的招标代理机构的主要负责人签名并加盖公章。招标人或其委托的招标代理机构发布招标公告，应当向指定媒介提供营业执照（或法人证书）、项目批准文件的复印件等证明文件。

招标人或其委托的招标代理机构应至少在一家指定的媒介发布招标公告。指定报刊在发布招标公告的同时，应将招标公告如实抄送指定网络。招标人或其委托的招标代理机构在两个以上媒介发布的同一招标项目的招标公告的内容应当相同。

招标人应当按招标公告或者投标邀请书规定的时间、地点出售招标文件或资格预审文件。自招标文件或者资格预审文件出售之日起至停止出售之日止，最短不得少于 5 天。

投标人必须自费购买相关招标或资格预审文件，但对招标文件或者资格预审文件的收费应当合理，不得以营利为目的。对于所附的设计文件，招标人可以向投标人酌收押金；对于开标后投标人退还设计文件的，招标人应当向投标人退还押金。招标文件或者资格预审文件售出后，不予退还。招标人在发布招标公告、发出投标邀请书后或者售出招标文件或资格预审文件后不得擅自终止招标。

2）招标信息的修正

如果招标人在招标文件已经发布之后，发现有问题需要进一步的澄清或修改，必须依据以下原则进行：

① 时限：招标人对已发出的招标文件进行必要的澄清或者修改，应当在招标文件要求提交投标文件截止时间至少 15 日前发出。

② 形式：所有澄清文件必须以书面形式进行。

③ 全面：所有澄清文件必须直接通知所有招标文件收受人。

由于修正与澄清文件是对于原招标文件的进一步的补充或说明，因此该澄清或者修改的内容应为招标文件的有效组成部分。

5. 资格预审

招标人可以根据招标项目本身的特点和要求，要求投标申请人提供有关资质、业绩和能力等的证明，并对投标申请人进行资格审查。资格审查分为资格预审和资格后审。

资格预审是指招标人在招标开始之前或者开始初期，由招标人对申请参加投标的潜在投标人进行资质条件、业绩、信誉、技术、资金等多方面的情况进行资格审查；经认定合格的潜在投标人，才可以参加投标。

通过资格预审可以使招标人了解潜在投标人的资信情况，包括财务状况、技术能力以及以往从事类似工程的施工经验，从而选择优秀的潜在投标人参加投标，降低将合同授予不合格的投保人的风险；通过资格预审，可以淘汰不合格的潜在投标人，从而有效地控制投标人的数量，减少多余的投标，进而减少评审阶段的工作时间，减少评审费用，也为不合格的潜在投标人节约投标的无效成本；通过资格预审，招标人可以了解潜在投标人对项目投标的兴趣。如果潜在投标人的兴趣大大低于招标人的预料，招标人可以修改招标条款，以吸引更多的投标人参加竞争。

资格预审是一个重要的过程，要有比较严谨的执行程序，一般可以参考以下程序：

（1）由业主自行或委托咨询公司编制资格预审文件，主要内容有：工程项目简介，对潜在投标人的要求，各种附表等。可以成立以业主为核心，由咨询公司专业人员和有关专家组成的资格预审文件起草工作小组。编写资格预审文件内容要齐全，使用所规定的语言；根据需要，明确规定应提交的资格预审文件的份数，注明“正本”和“副本”。

（2）在国内外有关媒介上发布资格预审广告，邀请有意参加工程投标的单位申请资格审查。在投标意向者明确参与资格预审的意向后，将给予具体的资格预审通知，该通知一般包括以下内容：业主和工程师的名称；工程所在位置、概况和合同包含的工作范围；资金来源；资格预审文件的发售日期、时间、地点和价格；预期的计划（授予合同的日期、竣工日期及其他关键日期）；招标文件发出和提交投标文件的计划日期；申请资格预审须知；提交资格预审文件的地点及截止日期、时间；最低资格要求及准备投标的投标意向者可能关心的具体情况。

（3）在指定的时间、地点开始出售资格预审文件，并同时公布对资格预审文件的答疑的具体时间。

（4）由于各种原因，在资格预审文件发售后，购买文件的投标意向者可能对资格预审文件提出各种疑问，投标意向者应将这些疑问以书面形式提交业主，业主应以书面形式回答。为保证竞争的公平性，应使所有投标意向者对于该工程的信息量相同，对于任何一个投标意向者问题的答复，均要求同时通知所有购买资格预审文件的投标意向者。

（5）投标意向者在规定的截止日期之前完成填报的内容，报送资格预审文件，所报送的文件在规定的截止日期后不能再进行修改。当然，业主可就报送的资格预审文件中的疑点要求投标意向者进行澄清，投标意向者应按实际情况回答，但不允许投标意向者修改资格预审文件中的实质内容。

（6）由业主组织资格预审评审委员会，对资格预审文件进行评审，并将评审结果及时以书面形式向所有参加资格预审的投标意向者通知。对于通过预审的投标人，还要向其通知出售招标文件的时间和地点。

6. 标前会议

标前会议也称为投标预备会或招标文件交底会，是招标人按投标须知规定的时间和地点召开的会议。标前会议上，招标人除了介绍工程概况以外，还可以对招标文件中的某些内容加以修改或补充说明，以及对投标人书面提出的问题和会议上即席提出的问题给予解答，会议结束后，招标人应将会议纪要用书面通知的形式发给每一个投标人。

无论是会议纪要还是对个别投标人的问题的解答，都应以书面形式发给每一个获得投标文件的投标人，以保证招标的公平和公正。但对问题的答复不需要说明问题来源。会议纪要和答复函件形成招标文件的补充文件，都是招标文件的有效组成部分，与招标文件具有同等法律效力。当补充文件与招标文件内容不一致时，应以补充文件为准。

为了使投标单位在编写投标文件时有充分的时间考虑招标人对招标文件的补充或修改内容，招标人可以根据实际情况在标前会议上确定延长投标截止时间。

7. 评标

评标分为评标的准备、初步评审、详细评审、编写评标报告等过程。

初步评审主要是进行符合性审查，即重点审查投标书是否实质上响应了招标文件的要求。审查内容包括：投标资格审查、投标文件完整性审查、投标担保的有效性、与招标文件是否有显著的差异和保留等。如果投标文件实质上不响应招标文件的要求，将作无效标处理，不必进行下一阶段的评审。另外还要对报价计算的正确性进行审查，如果计算有误，通常的处理方法是：大小写不一致的以大写为准，单价与数量的乘积之和与所报的总价不一致的应以单价为准；标书正本和副本不一致的，则以正本为准。这些修改一般应由投标人代表签字确认。

详细评审是评标的核心，是对标书进行实质性审查，包括技术评审和商务评审。技术评审主要是对投标书的技术方案、技术措施、技术手段、技术装备、人员配备、组织结构、进度计划等的先进性、合理性、可靠性、安全性、经济性等进行分析评价。商务评审主要是对投标书的报价高低、报价构成、计价方式、计算方法、支付条件、取费标准、价格调整、税费、保险及优惠条件等进行评审。

评标方法可以采用评议法、综合评分法或评标价法等，可根据不同的招标内容选择确定相应的方法。

评标结束应该推荐中标候选人。评标委员会推荐的中标候选人应当限定在 1 ~ 3 人，并标明排列顺序。

四、建设项目施工投标

1. 研究招标文件

投标单位取得投标资格，获得投标文件之后的首要工作就是认真仔细地研究招标文件，充分了解其内容和要求，以便有针对性地安排投标工作。研究招标文件的重点应放在投标者须知、合同条款、设计图纸、工程范围及工程量表上，还要研究技术规范要求，看是否有特殊的要求。

投标人应该重点注意招标文件中的以下几个方面问题。

（1）投标人须知。

"投标人须知"是招标人向投标人传递基础信息的文件，包括工程概况、招标内容、招标文件的组成、投标文件的组成、报价的原则、招投标时间安排等关键的信息。

首先，投标人需要注意招标工程的详细内容和范围，避免遗漏或多报。

其次，还要特别注意投标文件的组成，避免因提供的资料不全而被作为废标处理。例如，曾经有一资信良好著名的企业在投标时因为遗漏资产负债表而失去了本来非常有希望的中标机会。在工程实践中，这方面的先例不在少数。

最后，还要注意招标答疑时间、投标截止时间等重要时间安排，避免因遗忘或迟到等原因而失去竞争机会。

（2）投标书附录与合同条件。

这是招标文件的重要组成部分，其中可能标明了招标人的特殊要求，即投标人在中标后应享受的权利、所要承担的义务和责任等，投标人在报价时需要考虑这些因素。

（3）技术说明。

要研究招标文件中的施工技术说明，熟悉所采用的技术规范，了解技术说明中有无特殊施工技术要求和有无特殊材料设备要求，以及有关选择代用材料、设备的规定，以便根据相应的定额和市场确定价格，计算有特殊要求项目的报价。

（4）永久性工程之外的报价补充文件。

永久性工程是指合同的标的物——建设工程项目及其附属设施，但是为了保证工程建设的顺利进行，不同的业主还会对于承包商提出额外的要求。这些可能包括：对旧有建筑物和设施的拆除，工程师的现场办公室及其各项开支、模型、广告、工程照片和会议费用等。如果有的话，则需要将其列入工程总价中去，弄清一切费用纳入工程总报价的方式，以免产生遗漏从而导致损失。

2. 进行各项调查研究

在研究招标文件的同时，投标人需要开展详细的调查研究，即对招标工程的自然、经济和社会条件进行调查，这些都是工程施工的制约因素，必然会影响到工程成本，是投标报价所必须考虑的，所以在报价前必须了解清楚。

（1）市场宏观经济环境调查。

应调查工程所在地的经济形势和经济状况，包括与投标工程实施有关的法律法规、劳动力与材料的供应状况、设备市场的租赁状况、专业施工公司的经营状况与价格水平等。

（2）工程现场考察和工程所在地区的环境考察。

要认真地考察施工现场，认真调查具体工程所在地区的环境，包括一般自然条件、施工条件及环境，如地质地貌、气候、交通、水电等的供应和其他资源情况等。

（3）工程业主方和竞争对手公司的调查。

业主、咨询工程师的情况，尤其是业主的项目资金落实情况、参加竞争的其他公司与工程所在地的工程公司的情况，与其他承包商或分包商的关系。参加现场踏勘与标前会议，可以获得更充分的信息。

3. 复核工程量

有的招标文件中提供了工程量清单，尽管如此，投标者还是需要进行复核，因为这直接影响到投标报价以及中标的机会。例如，当投标人大体上确定了工程总报价以后，可适当采用报价技巧如不平衡报价法，对某些工程量可能增加的项目提高报价，而对某些工程量可能减少的可以降低报价。

对于单价合同，尽管是以实测工程量结算工程款，但投标人仍应根据图纸仔细核算工程量，当发现相差较大时，投标人应向招标人要求澄清。

对于总价固定合同，更要特别引起重视，工程量估算的错误可能带来无法弥补的经济损失，因为总价合同是以总报价为基础进行结算的，如果工程量出现差异，可能对施工方极为不利。对于总价合同，如果业主在投标前对争议工程量不予更正，而且是对投标者不利的情况，投标者在投标时要附上声明：工程量表中某项工程量有错误，施工结算应按实际完成量计算。

承包商在核算工程量时，还要结合招标文件中的技术规范弄清工程量中每一细目的具体内容，避免出现在计算单位、工程量或价格方面的错误与遗漏。

4. 选择施工方案

施工方案是报价的基础和前提，也是招标人评标时要考虑的重要因素之一。有什么样的方案，就有什么样的人工、机械与材料消耗，就会有相应的报价。因此，必须弄清分项工程的内容、工程量、所包含的相关工作、工程进度计划的各项要求、机械设备状态、劳动与组织状况等关键环节，据此制定施工方案。

施工方案应由投标人的技术负责人主持制定，主要应考虑施工方法、主要施工机具的配置、各工种劳动力的安排及现场施工人员的平衡、施工进度及分批竣工的安排、安全措施等。施工方案的制订应在技术、工期和质量保证等方面对招标人有吸引力，同时又有利于降低施工成本。

（1）要根据分类汇总的工程数量和工程进度计划中该类工程的施工周期、合同技术规范要求以及施工条件和其他情况选择和确定每项工程的施工方法，应根据实际情况和自身的施工能力来确定各类工程的施工方法。对各种不同施工方法应当从保证完成计划目标、保证工程质量、节约设备费用、降低劳务成本等多方面综合比较，选定最适用的、经济的施工方案。

（2）要根据上述各类工程的施工方法选择相应的机具设备并计算所需数量和使用周期，研究确定采购新设备、租赁当地设备或调动企业现有设备。

（3）要研究确定工程分包计划。根据概略指标估算劳务数量，考虑其来源及进场时间安排。注意当地是否有限制外籍劳务的规定。另外，从所需劳务的数量，估算所需管理人员和生活性临时设施的数量和标准等。

（4）要用概略指标估算主要的和大宗的建筑材料的需用量，考虑其来源和分批进场的时间安排，从而可以估算现场用于存储、加工的临时设施（例如仓库、露天堆放场、加工场地或工棚等）。

（5）根据现场设备、高峰人数和一切生产和生活方面的需要，估算现场用水、用电量，确定临时供电和排水设施；考虑外部和内部材料供应的运输方式，估计运输和交通车辆的需要和来源；考虑其他临时工程的需要和建设方案；提出某些特殊条件下保证正常施工的措施，例如排除或降低地下水以保证地面以下工程施工的措施；冬期、雨期施工措施以及其他必需的临时设施安排，例如现场安全保卫设施，包括临时围墙、警卫设施、夜间照明等，现场临时通信联络设施等。

5. 投标计算

投标计算是投标人对招标工程施工所要发生的各种费用的计算。在进行投标计算时，必须首先根据找文件复核或计算工程量。作为投标计算的必要条件，应预先确定施工方案一和施工进度。此外，投标计算还必须与采用的合同计价形式相协调。

6. 确定投标策略

正确的投标策略对提高中标率并获得较高的利润有重要作用。常用的投标策略又以信誉取胜、以低价取胜、以缩短工期取胜、以改进设计取胜或者以现金或特殊的施工方案取胜等。不同的投标策略要在不同投标阶段的工作（如制定施工方案、投标计算等）中体现和贯彻。

7. 正式投标

投标人按照招标人的要求完成标书的准备与填报之后，就可以向招标人正式提交投标文件。在投标时需要注意以下几方面：

（1）注意投标的截止日期。

招标人所规定的投标截止日就是提交标书最后的期限。投标人在招标截止日之前所提交的投标是有效的，超过该日期之后就会被视为无效投标。在招标文件要求提交投标文件的截止时间后送达的投标文件，招标人可以拒收。

（2）投标文件的完备性。

投标人应当按照招标文件的要求编制投标文件。投标文件应当对招标文件提出的实质性要求和条件做出响应。投标不完备或投标没有达到招标人的要求，在招标范围以外提出新的要求，均被视为对于招标文件的否定，不会被招标人所接受。投标人必须为自己所投出的标负责，如果中标，必须按照投标文件中所阐述的方案来完成工程，这其中包括质量标准、工期与进度计划、报价限额等基本指标以及招标人所提出的其他要求。

（3）注意标书的标准。

标书的提交要有固定的要求，基本内容是：签章、密封。如果不密封或密封不满足要求，投标是无效的。投标书还需要按照要求签章，投标书需要盖有投标企业公章以及企业法人的名章（或签字）。如果项目所在地与企业距离较远，由当地项目经理部组织投标，需要提交企业法人对于投标项目经理的授权委托书。

（4）注意投标的担保。

通常投标需要提交投标担保，应注意要求的担保方式、金额以及担保期限等。

第二节　施工项目招投标阶段的工程造价管理

一、工程量清单计价模式

工程量清单是载明建设工程分部分项工程项目、措施项目和其他项目的名称和相应数量以及规费和税金项目等内容的明细清单。其中由招标人根据国家标准、招标文件、设计文件，以及施工现场实际情况编制的称为招标工程量清单，而作为投标文件组成部分的已标明价格并经承包人确认的称为已标价工程量清单。招标工程量清单应由具有编制能力的招标人或受其委托，具有相应资质的工程造价咨询人或招标代理人编制。采用工程量清单方式招标，招标工程量清单必须作为招标文件的组成部分，其准确性和完整性由招标人负责。招标工程量清单应以单位（项）工程为单位编制，由分部分项工程量清单，措施项目清单，其他项目清单，规费项目、税金项目清单组成。

1. 工程量清单计价与计量规范概述

工程量清单计价与计量规范由《建设工程工程量清单计价规范》（GB 50500）、《房屋建筑与装饰工程量计算规范》（GB 50854）、《仿古建筑工程量计算规范》（GB 50855）、《通用安装工程量计算规范》（GB 50856）、《市政工程量计算规范》（GB 50857）、《园林绿化工程量计算规范》（CB 50858）、《矿山工程量计算规范》（GB 50859）、《构筑物工程量计算规范》（GB 50860）、《城市轨道交通程量计算规范》（GB 50861）、《爆破工程量计算规范》（GB 50862）组成。《建设工程工程量清单计价规范》（GB 50500，以下简称计价规范）包括总则、术语、一般规定、工程量清单编制、招标控制价、投标报价、合同价款约定、工程计量、合同价款调整、合同价款期中支付、竣工结算与支付、合同解除的价款结算与支付、合同价款争议的解决、工程造价鉴定、工程计价资料与档案、工程计价表格及 11 个附录。各专业工程量计量规范包括总则、术语、工程计量、工程量清单编制、附录。

1）工程量清单计价的适用范围

计价规范适用于建设工程发承包及其实施阶段的计价活动。使用国有资金投资的建设工程发承包，必须采用工程量清单计价；非国有资金投资的建设工程，宜采用工程量清单计价；不采用工程量清单计价的建设工程，应执行计价规范中除工程量清单等专门性规定外的其他规定。

国有资金投资的项目包括全部使用国有资金（含国家融资资金）投资或国有资金投资为主的工程建设项目。

（1）国有资金投资的工程建设项目包括：

① 使用各级财政预算资金的项目。

② 使用纳入财政管理的各种政府性专项建设资金的项目。

③ 使用国有企事业单位自有资金，并且国有资产投资者实际拥有控制权的项目。

（2）国家融资资金投资的工程建设项目包括：

① 使用国家发行债券所筹资金的项目。

② 使用国家对外借款或者担保所筹资金的项目。

③ 使用国家政策性贷款的项目。

④ 国家授权投资主体融资的项目。

⑤ 国家特许的融资项目。

（3）国有资金（含国家融资资金）为主的工程建设项目是指国有资金占投资总额 50%以上，或虽不足 50%但国有投资者实质上拥有控股权的工程建设项目。

2）工程量清单计价的作用

（1）提供一个平等的竞争条件。

采用施工图预算来投标报价，由于设计图纸的缺陷，不同施工企业的人员理解不一，计算出的工程量也不同，报价就更相去甚远，也容易产生纠纷。而工程量清单报价就为投标者提供了一个平等竞争的条件，相同的工程量，由企业根据自身的实力来填不同的单价。投标人的这种自主报价，使得企业的优势体现到投标报价中，可在一定程度上规范建筑市场秩序，确保工程质量。

（2）满足市场经济条件下竞争的需要。

招投标过程就是竞争的过程，招标人提供工程量清单，投标人根据自身情况确定综合单价，利用单价与工程量逐项计算每个项目的合价，再分别填人工程量清单表内，计算出投标总价。单价成了决定性的因素，定高了不能中标，定低了又要承担过大的风险。单价的高低直接取决于企业管理水平和技术水平的高低，这种局面促成了企业整体实力的竞争，有利于我国建设市场的快速发展。

（3）有利于提高工程计价效率，能真正实现快速报价。

采用工程量清单计价方式，避免了传统计价方式下招标人与投标人在工程量计算上的重复工作，各投标人以招标人提供的工程量清单为统一平台，结合自身的管理水平和施工方案进行报价，促进了各投标人企业定额的完善和工程造价信息的积累和整理，体现了现代工程建设中快速报价的要求。

（4）有利于工程款的拨付和工程造价的最终结算。

中标后，业主要与中标单位签订施工合同，中标价就是确定合同价的基础，投标清单上的单价就成了拨付工程款的依据。业主根据施工企业完成的工程量，可以很容易地确定进度款的拨付额。工程竣工后，根据设计变更、工程量增减等，业主也很容易确定工程的最终造价，可在某种程度上减少业主与施工单位之间的纠纷。

（5）有利于业主对投资的控制。

采用现在的施工图预算形式，业主对因设计变更、工程量的增减所引起的工程造价变化不敏感，往往等到竣工结算时才知道这些变更对项目投资的影响有多大，但此时常常是为时已晚。而采用工程量清单报价的方式则可对投资变化一目了然，在要进行设计变更时，能马上知道它对工程造价的影响，业主就能根据投资情况来决定是否变更或进行方案比较，以决定最恰当的处理方法。

2. 分部分项工程项目清单

分部分项工程是“分部工程”和“分项工程”的总称。“分部工程”是单位工程的组成部分，系按结构部位、路段长度及施工特点或施工任务将单位工程划分为若干分部的工程。例如，砌筑工程分为砖砌体、砌块砌体、石砌体、垫层分部工程。“分项工程”是分部工程的组成部分，系按不同施工方法、材料、工序及路段长度等分部工程划分为若干个分项或项目的工程。例如砖砌体分为砖基础、砖砌挖孔桩护壁、实心砖墙、多孔砖墙、空心砖墙、空斗墙、空花墙、填充墙、实心砖柱、多孔砖柱、砖检查井、零星砌砖、砖散水地坪、砖地沟明沟等分项工程。

分部分项工程项目清单必须载明项目编码、项目名称、项目特征、计量单位和工程量。分部分项工程项目清单必须根据各专业工程计量规范规定的项目编码、项目名称、项目特征、计量单位和工程量计算规则进行编制。其格式如表 5-1 所示，在分部分项工程量清单的编制过程中，由招标人负责前六项内容填列，金额部分在编制招标控制价或投标报价时填列。

表 5-1　分部分项工程和单价措施项目清单与计价表

工程名称：　　　　　　　　　　　　标段：　　　　　　　　　　　　第　　页、共　　页

序号	项目编码	项目名称	项目特征描述	计量单位	工程量	金额		
						综合单价	合价	其中：暂估价

1）项目编码

项目编码是分部分项工程和措施项目清单名称的阿拉伯数字标识。分部分项工程量清单项目编码以五级编码设置，用十二位阿拉伯数字表示。一、二、三、四级编码为全国统一，即一至九位应按计价规范附录的规定设置；第五级即十至十二位为清单项目编码，应根据拟建工程的工程量清单项目名称设置，不得有重号，这三位清单项目编码由招标人针对招标工程项目具体编制，并应自 001 起顺序编制。各级编码代表的含义如下：

① 第一级表示专业工程代码（分二位）。

② 第二级表示附录分类顺序码（分二位）。

③ 第三级表示分部工程顺序码（分二位）。

④ 第四级表示分项工程项目名称顺序码（分三位）。

⑤ 第五级表示工程量清单项目名称顺序码（分三位）。

项目编码结构如图 5-1 所示（以房屋建筑与装饰工程为例）：

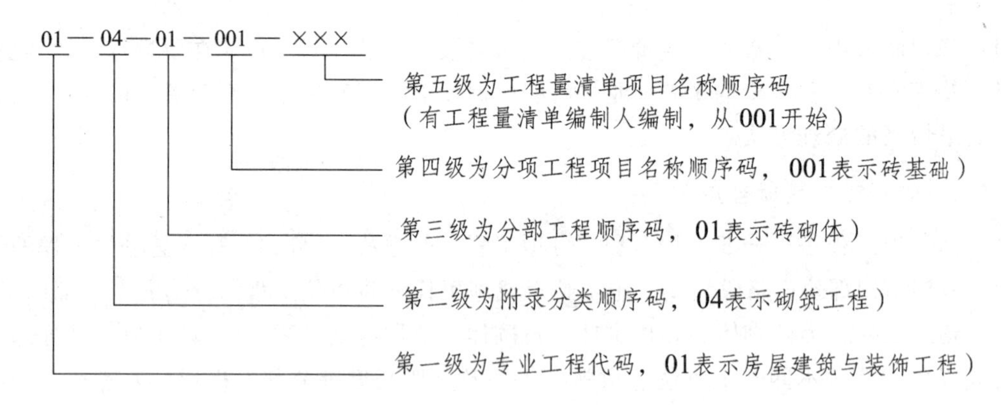

图 5-1　工程量清单项目编码结构图

当同一标段（或合同段）的一份工程量清单中含有多个单位工程且工程量清单是以单位工程为编制对象时，在编制工程量清单时应特别注意对项目编码十至十二位的设置不得有重码的规定。例如一个标段（或合同段）的工程量清单中含有三个单位工程，每一单位工程中都有项目特征相同的实心砖墙砌体，在工程量清单中又需要反映三个不同单位工程的实心砖墙砌体工程量时，则第一个单位工程的实心砖墙的项目编码应为 010401003001，第二个单位工程的实心砖墙的项目编码应为 010401003002，第三个单位工程的实心砖墙的项目编码应为 010401003003，并分别列出各单位工程实心砖墙的工程量。

2）项目名称

分部分项工程量清单的项目名称应按各专业工程计量规范附录的项目名称结合拟建工程的实际确定。附录表中的“项目名称”为分项工程项目名称，是形成分部分项工程量清单项目名称的基础。即在编制分部分项工程量清单时，以附录中的分项工程项目名称为基础，考虑该项目的规格、型号、材质等特征要求，结合拟建工程的实际情况，使其工程量清单项目名称具体化、细化，以反映影响工程造价的主要因素。例如“门窗工程”中“特殊门”应区分“冷藏门”“冷冻闸门”“保温门”“变电室门”“隔音门”“人防门”“金库门”等。清单项目名称应表达详细、准确，各专业工程计量规范中的分项工程项目名称如有缺陷，招标人可作补充，并报当地工程造价管理机构（省级）备案。

3）项目特征

项目特征是构成分部分项工程项目、措施项目自身价值的本质特征。项目特征是对项目的准确描述，是确定一个清单项目综合单价不可缺少的重要依据，是区分清单项目的依据，是履行合同义务的基础。分部分项工程量清单的项目特征应按各专业工程计量规范附录中规定的项目特征，结合技术规范、标准图集、施工图纸，按照工程结构、使用材质及规格或安装位置等，予以详细而准确的表述和说明。凡项目特征中未描述到的其他独有特征，由清单编制人视项目具体情况确定，以准确描述清单项目为准。在各专业工程计量规范附录中还有关于各清单项目“工作内容”的描述。工作内容是指完成清单项目可能发生的具体工作和操作程序，但应注意的是，在编制分部分项工程量清单时，工作内容通常无需描述，因为在计价规范中，工程量清单项目与工程量计算规则、工作内容有一一对应关系，当采用计价规范这一标准时，工作内容均有规定。

4）计量单位

计量单位应采用基本单位，除各专业另有特殊规定外均按以下单位计量：

① 以质量计算的项目——吨或千克（t 或 kg）。

② 以体积计算的项目——立方米（m^3）。

③ 以面积计算的项目——平方米（m^2）。

④ 以长度计算的项目——米（m）。

⑤ 以自然计量单位计算的项目——个、套、块、樘、组、台……

⑥ 没有具体数量的项目——宗、项……

各专业有特殊计量单位的，另外加以说明，当计量单位有两个或两个以上时，应根据所编工程量清单项目的特征要求，选择最适宜表现该项目特征并方便计量的单位。计量单位的有效位数应遵守下列规定：

① 以“t”为单位，应保留小数点后三位数字，第四位小数四舍五入。

② 以“m”“m^2”“m^3”“kg”为单位，应保留小数点后两位数字，第三位小数四舍五入。

③ 以“个”“件”“根”“组”“系统”等为单位，应取整数。

5）工程数量的计算

工程数量主要通过工程量计算规则计算得到。工程量计算规则是指对清单项目工程量的计算规定。除另有说明外，所有清单项目的工程量应以实体工程量为准，并以完成后的净值计算；投标人投标报价时，应在单价中考虑施工中的各种损耗和需要增加的工程量。

根据工程量清单计价与计量规范的规定，工程量计算规则可以分为房屋建筑与装饰工程、仿古建筑工程、通用安装工程、市政工程、园林绿化工程、矿山工程、构筑物工程、城市轨道交通工程、爆破工程九大类。

以房屋建筑与装饰工程为例，其计量规范中规定的实体项目包括土石方工程，地基处理与边坡支护工程，桩基工程，砌筑工程，混凝土及钢筋混凝土工程，金属结构工程，木结构工程，门窗工程，屋面及防水工程，保温、隔热、防腐工程，楼地面装饰工程，墙、柱面装饰与隔断、幕墙工程，天棚工程，油漆、涂料、裱糊工程，其他装饰工程，拆除工程等，分别制定了它们的项目的设置和工程量计算规则。

随着工程建设中新材料、新技术、新工艺等的不断涌现，计量规范附录所列的工程量清单项目不可能包含所有项目。在编制工程量清单时，当出现计量规范附录中未包括的清单项目时，编制人应作补充。在编制补充项目时应注意以下三个方面：

① 补充项目的编码应按计量规范的规定确定。具体做法如下：补充项目的编码由计量规范的代码与 B 和三位阿拉伯数字组成，并应从 001 起顺序编制，例如房屋建筑与装饰工程如需补充项目，则其编码应从 018001 开始起顺序编制，同一招标工程的项目不得重码。

② 在工程量清单中应附补充项目的项目名称、项目特征、计量单位、工程量计算规则和工作内容。

③ 将编制的补充项目报省级或行业工程造价管理机构备案。

3. 措施项目清单

1）措施项目列项

措施项目是指为完成工程项目施工，发生于该工程施工准备和施工过程中的技术、生活、安全、环境保护等方面的项目。

措施项目清单应根据相关工程现行国家计量规范的规定编制，并应根据拟建工程的实际情况列项。例如，《房屋建筑与装饰工程量计算规范》(GB 50854）中规定的措施项目，包括脚手架工程，混凝土模板及支架（撑），垂直运输，超高施工增加，大型机械设备进出场及安拆，施工排水、降水，安全文明施工及其他措施项目。

2）措施项目清单的标准格式

（1）措施项目清单的类别。

措施项目费用的发生与使用时间、施工方法或者两个以上的工序相关，如安全文明施工，夜间施工，非夜间施工照明，二次搬运，冬雨季施工，地上、地下设施，建筑物的临时保护设施，已完工程及设备保护等。但是有些措施项目则是可以计算工程量的项目，如脚手架工程，混凝土模板及支架（撑），垂直运输，超高施工增加，大型机械设备进出场及安拆，施工排水、降水等，这类措施项目按照分部分项工程量清单的方式采用综合单价计价，更有利于措施费的确定和调整。措施项目中可以计算工程量的项目清单宜采用分部分项工程量清单的方式编制，列出项目编码、项目名称、项目特征、计量单位和工程量计算规则（见表 5-1）；不能计算工程量的项目清单，以“项”为计量单位进行编制（见表 5-2）。

表 5-2　总价措施项目清单与计价表

工程名称：　　　　　　　　　　　　标段：　　　　　　　　　　　　第　页　共　页

序号	项目编码	项目名称	计算基础	费率/%	金额/元	调整费率/%	调整后金额/元	备注
		安全文明施工费						
		夜间施工增加费						
		二次搬运费						
		冬雨季施工增加费						
		已完工程及设备保护费						

编制人（造价人员）：　　　　　　　　　　　　复核人（造价工程师）：

注：① “计算基础”中安全文明施工费可为“定额基价”、“定额人工费”或“定额人工费+定额机械费”，其他项目可为“定额人工费”或“定额人工费+定额机械费”。

② 按施工方案计算的措施费，若无“计算基础”和“费率”的数值，也可只填“金额”数值，但应在备注栏说明施工方案出处或计算方法。

（2）措施项目清单的编制。

措施项目清单的编制需考虑多种因素，除工程本身的因素外，还涉及水文、气象、环境、安全等因素。措施项目清单应根据拟建工程的实际情况列项。若出现清单计价规范中未列的项目，可根据工程实际情况补充。

措施项目清单的编制依据主要有：

① 施工现场情况、地勘水文资料、工程特点。

② 常规施工方案。

③ 与建设工程有关的标准、规范、技术资料。

④ 拟定的招标文件。

⑤ 建设工程设计文件及相关资料。

4. 其他项目清单

其他项目清单是指分部分项工程量清单、措施项目清单所包含的内容以外，因招标人的特殊要求而发生的与拟建工程有关的其他费用项目和相应数量的清单。工程建设标准的高低、工程的复杂程度、工程的工期长短、工程的组成内容、发包人对工程管理要求等都直接影响其他项目清单的具体内容。其他项目清单包括暂列金额；暂估价（包括材料暂估单价、工程设备暂估单价、专业工程暂估价）；计日工；总承包服务费。其他项目清单宜按照表 5-3 的格式编制，出现未包含在表格中内容的项目，可根据工程实际情况补充。

表 5-3　其他项目清单与计价汇总表

序号	项目名称	金额/元	结算金额/元	备注
1	暂列金额			明细详见表 5-4
2	暂估价			
2.1	材料（工程设备）暂估价/结算价			明细详见表 5-5
2.2	专业工程暂估价/结算价			明细详见表 5-6
3	计日工			明细详见表 5-7
4	总承包服务费			明细详见表 5-8
5	索赔与现场签证			
合计				

注：材料（工程设备）暂估单价进入清单项目综合单价，此处不汇总。

1）暂列金额

暂列金额是指招标人在工程量清单中暂定并包括在合同价款中的一笔款项。用于工程合同签订时尚未确定或者不可预见的所需材料、工程设备、服务的采购，施工中可能发生的工程变更、合同约定调整因素出现时的合同价款调整，以及发生的索赔、现场签证确认等的费用。不管采用何种合同形式，其理想的标准是，一份合同的价格就是其最终的竣工结算价格，或者至少两者应尽可能接近。我国规定对政府投资工程实行概算管理，经项目审批部门批复的设计概算是工程投资控制的刚性指标，即使商业性开发项目也有成本的预先控制问题，否则，无法相对准确预测投资的收益和科学合理地进行投资控制。但工程建设自身的特性决定了工程的设计需要根据工程进展不断地进行优化和调整，业主需求可能会随工程建设进展出现变化，工程建设过程还会存在一些不能预见、不能确定的因素。消化这些因素必然会影响合同价格的调整，暂列金额正是因这类不可避免的价格调整而设立，以便达到合理确定和有效控制工程造价的目标。设立暂列金额并不能保证合同结算价格就不会再出现超过合同价格的情况，是否超出合同价格完全取决于工程量清单编制人对暂列金额预测的准确性，以及工程建设过程是否出现了其他事先未预测到的事件。暂列金额应根据工程特点，按有关计价规定估算。暂列金额可按照表 5-4 的格式列示。

表 5-4　暂列金额明细表

工程名称：　　　　　　　　　　　　　标段：　　　　　　　　　　　第　　页　　共　　页

序号	项目名称	计量单位	暂定金额/元	备注
1				
2				
3				
合计				

注：此表由招标人填写，如不能详列，也可只列暂定金额总额，投标人应将上述暂列金额计入投标总价中。

2）暂估价

暂估价是指招标人在工程量清单中提供的用于支付必然发生但暂时不能确定价格的材料、工程设备的单价以及专业工程的金额，包括材料暂估单价、工程设备暂估单价和专业工程暂估价；暂估价类似于 FIDIC 合同条款中的 Prime Cost Items，在招标阶段预见肯定要发生，只是因为标准不明确或者需要由专业承包人完成，暂时无法确定价格。暂估价数量和拟用项目应当结合工程量清单中的“暂估价表”予以补充说明。为方便合同管理，需要纳入分部分项工程量清单项目综合单价中的暂估价应只是材料、工程设备暂估单价，以方便投标人组价。

专业工程的暂估价一般应是综合暂估价，同样包括人工费、材料费、施工机具使用费、企业管理费和利润，不包括规费和税金。总承包招标时，专业工程设计深度往往是不够的，一般需要交由专业设计人设计。在国际社会，出于对提高可建造性的考虑，一般由专业承包人负责设计，以发挥其专业技能和专业施工经验的优势。这类专业工程交由专业分包人完成是国际工程的良好实践，目前在我国工程建设领域也已经比较普遍。公开透明地合理确定这类暂估价的实际开支金额的最佳途径就是通过施工总承包人与工程建设项目招标人共同组织的招标。

暂估价中的材料、工程设备暂估单价应根据工程造价信息或参照市场价格估算，列出明细表；专业工程暂估价应分不同专业，按有关计价规定估算，列出明细表。暂估价可按照表 5-5、表 5-6 的格式列示。

表 5-5　材料（工程设备）暂估单价及调整表

工程名称：　　　　　　　　　　　　　标段：　　　　　　　　　　　第　　页　　共　　页

序号	材料（工程设备）名称、规格、型号	计量单位	数量		暂估/元		确认/原		差额±/元		备注
			暂估	确认	单价	合价	单价	合价	单价	合价	
合计											

注：此表由招标人填写“暂估单价”，并在备注栏说明暂估价的材料、工程设备拟用在哪些清单项目上，投标人应将上述材料、工程设备暂估价计入工程量清单综合单价报价中。

表 5-6　专业工程暂估价及结算价表

工程名称：　　　　　　　　　　　　　标段：　　　　　　　　　　　　　第　页、共　页

序号	工程名称	工程内容	暂估金额/元	结算金额/元	差额±/元	备注
合计						

注：此表“暂估金额”由招标人填写，投标人应将“暂估金额”计人投标总价中。结算时按合同约定结算金额填写。

3）计日工

在施工过程中，承包人完成发包人提出的工程合同范围以外的零星项目或工作，按合同中约定的单价计价的一种方式。计日工是为了解决现场发生的零星工作的计价而设立的。国际上常见的标准合同条款中，大多数都设立了计日工（Day work）计价机制。计日工对完成零星工作所消耗的人工工时、材料数量、施工机械台班进行计量，并按照计日工表中填报的适用项目的单价进行计价支付。计日工适用的所谓零星项目或工作一般是指合同约定之外的或者因变更而产生的、工程量清单中没有相应项目的额外工作，尤其是那些难以事先商定价格的额外工作。

计日工应列出项目名称、计量单位和暂估数量。计日工可按照表 5-7 的格式列示。

表 5-7　计日工表

工程名称：　　　　　　　　　　　　　标段：　　　　　　　　　　　　　第　页　共　页

编号	项目名称	单位	暂定数量	实际数量	综合单价	合价/元	
					元	暂定	实际
	人工						
1							
2							
人工小计							
	材料						
1							
2							
材料小计							
	施工机械						
1							
2							
施工机械小计							
四、企业管理费和利润							
总计							

注：此表项目名称、暂定数量由招标人填写，编制招标控制价时，单价由招标人按有关计价规定确定；投标时，单价由投标人自主报价，按暂定数量计算合价计入投标总价中。结算时，按发承包双方确认的实际数量计算合价。

4）总承包服务费

总承包服务费是指总承包人为配合协调发包人进行的专业工程发包，对发包人自行采购的材料、工程设备等进行保管以及施工现场管理、竣工资料汇总整理等服务所需的费用。招标人应预计该项费用并按投标人的投标报价向投标人支付该项费用。

总承包服务费应列出服务项目及其内容等。总承包服务费按照表5-8的格式列示。

表5-8　总承包服务费计价表

工程名称：　　　　　　　　　　标段：　　　　　　　　　　第　页　共　页

序号	项目名称	项目价值/元	服务内容	计算基础	费率/%	金额/元
1	发包人发包专业工程					
2	发包人提供材料					
…						
	合计					

注：此表项目名称、服务内容由招标人填写，编制招标控制价时，费率及金额由招标人按有关计价规定确定；投标时，费率及金额由投标人自主报价，计人投标总价中。

5. 规费、税金项目清单

规费项目清单应按照下列内容列项：社会保险费，包括养老保险费、失业保险费、医疗保险费、工伤保险费、生育保险费；住房公积金；工程排污费；出现计价规范中未列的项目，应根据省级政府或省级有关权力部门的规定列项。税金项目清单应包括下列内容：营业税；城市维护建设税；教育费附加；地方教育附加。出现计价规范未列的项目，应根据税务部门的规定列项。规费、税金项目计价表如5-9所示。

表5-9　规费、税金项目计价表

工程名称：　　　　　　　　　　标段：　　　　　　　　　　第　页　共　页

序号	项目名称	计算基础	计算基数	计算费率/%	金额/元
1	规费	定额人工费			
1.1	社会保障费	定额人工费			
（1）	养老保险费	定额人工费			
（2）	失业保险费	定额人工费			
（3）	医疗保险费	定额人工费			
（4）	工伤保险费	定额人工费			
（5）	生育保险费	定额人工费			
1.2	住房公积金	定额人工费			
1.3	工程排污费	按工程所在地环境保护部门收取标准，按实计入			
2	税金	分部分项工程费+措施项目费+其他项目费+规费-按规定不计税的工程设备金额			

编制人（造价人员）：　　　　　　　　　　复核人（造价工程师）：

二、工程概预算编制模式

除了工程量清单计价模式之外，最常用的计价模式就是工程概预算的编制模式。

工程概预算的编制是国家通过颁布统一的计价定额或指标，对建筑产品价格进行计价的活动。国家以假定的建筑安装产品为对象，制定统一的预算和概算定额。然后，按照概预算定额规定的分部分项子目，逐项计算工程量，套用概预算定额单价（或单位估价表）确定直接工程费，然后按规定的取费标准确定措施费、间接费、利润和税金，经汇总后即为工程概、预算价值。工程概预算编制的基本程序如图 5-2 所示。

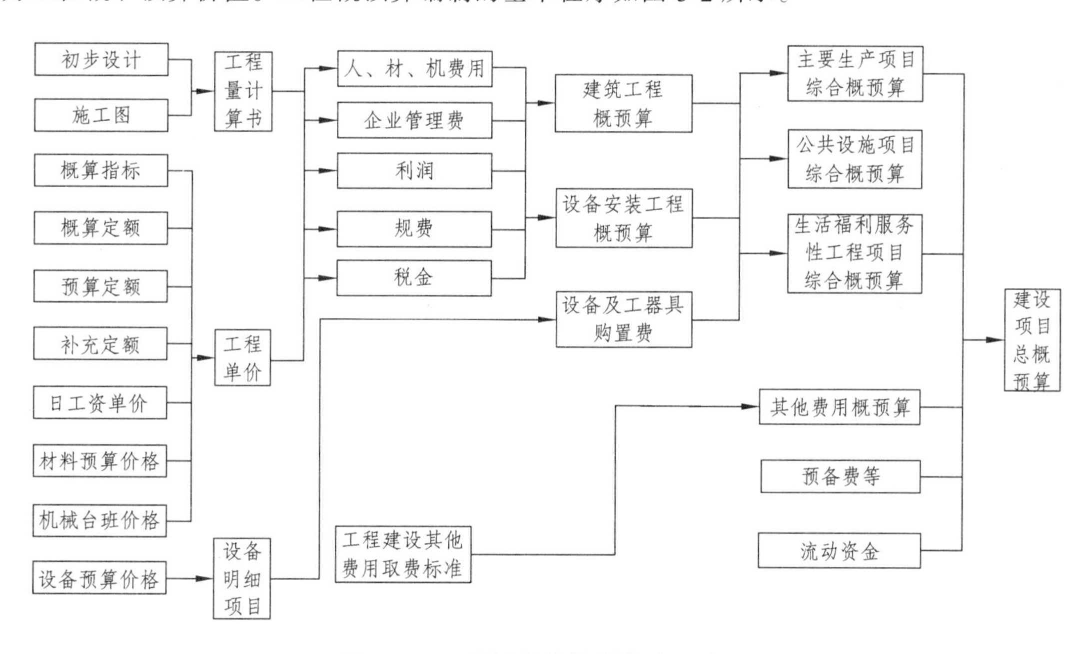

图 5-2　工程概预算编制程序示意图

工程概预算单位价格的形成过程，就是依据概预算定额所确定的消耗量乘以定额单价或市场价，经过不同层次的计算形成相应造价的过程。可以用公式进一步明确工程概预算编制的基本方法和程序：

（1）每一计量单位建筑产品的基本构造要素（假定建筑产品）的直接工程费单价

=人工费+材料费+施工机械使用费　（5-1）

式中　人工费=∑（人工工日数量×人工单价）　（5-2）

材料费=∑（材料用量×材料单价）+检验试验费　（5-3）

机械使用费=∑（机械台班用量×机械台班单价）　（5-4）

（2）单位工程直接费=∑（假定建筑产品工程量×直接工程费单价）+措施费　（5-5）

（3）单位工程概预算造价=单位工程直接费+间接费+利润+税金　（5-6）

（4）单项工程概预算造价=∑单位工程概预算造价+设备、工器具购置费　（5-7）

（5）建设项目全部工程概预算造价

=∑单项工程的概预算造价+预备费+有关的其他费用　（5-8）

第三节 工程评标

一、评标的准备与初步评审

评标活动应遵循公平、公正、科学、择优的原则，招标人应当采取必要的措施，保证评标在严格保密的情况下进行。评标是招标投标活动中一个十分重要的环节，如果对评标过程不进行保密，则影响公正评标的不正当行为有可能发生。

评标委员会成员名单一般应于开标前确定，而且该名单在中标结果确定前应当保密。评标委员会在评标过程中是独立的，任何单位和个人都不得非法干预、影响评标过程和结果。

1. 评标工作的准备

评标委员会成员应当编制供评标使用的相应表格，认真研究招标文件，至少应了解和熟悉以下内容：

（1）招标的目标。

（2）招标项目的范围和性质。

（3）招标文件中规定的主要技术要求、标准和商务条款。

（4）招标文件规定的评标标准、评标方法和在评标过程中考虑的相关因素。

招标人或者其委托的招标代理机构应当向评标委员会提供评标所需的重要信息和数据。

评标委员会应当根据招标文件规定的评标标准和方法，对投标文件进行系统的评审和比较。《招标投标法实施条例》第四十九条规定：招标文件中没有规定的标准和方法不得作为评标的依据。因此，评标委员会成员还应当了解招标文件规定的评标标准和方法，这也是评标的重要准备工作。

2. 初步评审及标准

根据《评标委员会和评标方法暂行规定》和《标准施工招标文件》的规定，我国目前评标中主要采用的方法包括经评审的最低投标价法和综合评估法，两种评标方法在初步评审阶段，其内容和标准基本是一致的。

（1）初步评审标准。初步评审的标准包括以下四方面：

① 形式评审标准。包括投标人名称与营业执照、资质证书、安全生产许可证一致；投标函上有法定代表人或其委托代理人签字或加盖单位章；投标文件格式符合要求；联合体投标人已提交联合体协议书，并明确联合体牵头人（如有）；报价唯一，即只能有一个有效报价等。

② 资格评审标准。如果是未进行资格预审的，应具备有效的营业执照，具备有效的安全生产许可证，并且资质等级、财务状况、类似项目业绩、信誉、项目经理、其他要求、联合体投标人等，均符合规定。如果是已进行资格预审的，仍按前文所述资格审查办法中详细审查标准来进行。

③ 响应性评审标准。主要的投标内容包括投标报价校核，审查全部报价数据计算的正

确性，分析报价构成的合理性，并与招标控制价进行对比分析，还有工期、工程质量、投标有效期、投标保证金、权利义务、已标价工程量清单、技术标准和要求、分包计划等，均应符合招标文件的有关要求。即投标文件应实质上响应招标文件的所有条款、条件，无显著的差异或保留。所谓显著的差异或保留包括以下情况：对工程的范围、质量及使用性能产生实质性影响；偏离了招标文件的要求，而对合同中规定的招标人的权利或者投标人的义务造成实质性的限制；纠正这种差异或者保留将会对提交了实质性响应要求的投标书的其他投标人的竞争地位产生不公正影响。

④ 施工组织设计和项目管理机构评审标准。主要包括施工方案与技术措施、质量管理体系与措施、安全管理体系与措施、环境保护管理体系与措施、工程进度计划与措施、资源配备计划、技术负责人、其他主要人员、施工设备、试验、检测仪器设备等，符合有关标准。

（2）投标文件的澄清和说明。

评标委员会可以书面方式要求投标人对投标文件中含义不明确的内容作必要的澄清、说明或补正，但是澄清、说明或补正不得超出投标文件的范围或者改变投标文件的实质性内容。对投标文件的相关内容做出澄清、说明或补正，其目的是有利于评标委员会对投标文件的审查、评审和比较。澄清、说明或补正包括投标文件中含义不明确、对同类问题表述不一致或者有明显文字和计算错误的内容。但评标委员会不得向投标人提出带有暗示性或诱导性的问题，或向其明确投标文件中的遗漏和错误。同时，评标委员会不接受投标人主动提出的澄清、说明或补正。投标文件不响应招标文件的实质性要求和条件的，招标人应当拒绝，并不允许投标人通过修正或撤销其不符合要求的差异或保留，使之成为具有响应性的投标。评标委员会对投标人提交的澄清、说明或补正有疑问的，可以要求投标人进一步澄清、说明或补正，直至满足评标委员会的要求。

（3）报价有算术错误的修正。

投标报价有算术错误的，评标委员会按以下原则对投标报价进行修正，修正的价格经投标人书面确认后具有约束力。投标人不接受修正价格的，其投标作废标处理。

① 投标文件中的大写金额与小写金额不一致的，以大写金额为准。

② 总价金额与依据单价计算出的结果不一致的，以单价金额为准修正总价，但单价金额小数点有明显错误的除外。

此外，如对不同文字文本投标文件的解释发生异议的，以中文文本为准。

（4）经初步评审后否决投标的情况。评标委员会应当审查每一投标文件是否对招标文件提出的所有实质性要求和条件做出响应。未能在实质上响应的投标，评标委员会应当否决其投标。具体情形包括：

① 投标文件未经投标单位盖章和单位负责人签字。

② 投标联合体没有提交共同投标协议。

③ 投标人不符合国家或者招标文件规定的资格条件。

④ 同一投标人提交两个以上不同的投标文件或者投标报价，但招标文件要求提交备选投标的除外。

⑤ 投标报价低于成本或者高于招标文件设定的最高投标限价。

⑥ 投标文件没有对招标文件的实质性要求和条件做出响应。

⑦ 投标人有串通投标、弄虚作假、行贿等违法行为。

二、详细评审标准与方法

经初步评审合格的投标文件，评标委员会应当根据招标文件确定的评标标准和方法对其技术部分和商务部分做进一步评审、比较。详细评审的方法包括经评审的最低投标价法和综合评估法两种。

1. 经评审的最低投标价法

经评审的最低投标价法是指评标委员会对满足招标文件实质要求的投标文件，根据详细评审标准规定的量化因素及量化标准进行价格折算，按照经评审的投标价由低到高的顺序推荐中标候选人，或根据招标人授权直接确定中标人，但投标报价低于其成本的除外。经评审的投标价相等时，投标报价低的优先；投标报价也相等的，由招标人自行确定。

（1）经评审的最低投标价法的适用范围。按照《评标委员会和评标方法暂行规定》的规定，经评审的最低投标价法一般适用于具有通用技术、性能标准或者招标人对其技术、性能没有特殊要求的招标项目。

（2）详细评审标准及规定。采用经评审的最低投标价法的，评标委员会应当根据招标文件中规定的量化因素和标准进行价格折算，对所有投标人的投标报价以及投标文件的商务部分作必要的价格调整。根据《标准施工招标文件》的规定，主要的量化因素包括单价遗漏和付款条件等，招标人可以根据项目具体特点和实际需要，进一步删减、补充或细化量化因素和标准。另外如世界银行贷款项目采用此种评标方法时，通常考虑的量化因素和标准包括：一定条件下的优惠（借款国国内投标人有 7.5%的评标优惠）；工期提前的效益对报价的修正；同时投多个标段的评标修正等。所有的这些修正因素都应当在招标文件中有明确的规定。对同时投多个标段的评标修正，一般的做法是，如果投标人的某一个标段已被确定为中标，则在其他标段的评标中按照招标文件规定的百分比（通常为 4%）乘以报价额后，在评标价中扣减此值。

根据经评审的最低投标价法完成详细评审后，评标委员会应当拟定一份“价格比较一览表”，连同书面评标报告提交招标人。“价格比较一览表”应当载明投标人的投标报价、对商务偏差的价格调整和说明以及已评审的最终投标价。

【例 5.1】某高速公路项目招标采用经评审的最低投标价法评标，招标文件规定对同时投多个标段的评标修正率为 4%。现有投标人甲同时投标 1#、2#标段，其报价依次为 6 300 万元、5 000 万元，若甲在 1#标段已被确定为中标，则其在 2#标段的评标价应为多少万元。

【解】投标人甲在 1#标段中标后，其在 2#标段的评标可享受 4%的评标优惠，具体做法应是将其 2#标段的投标报价乘以 4%，在评标价中扣减该值。因此，投标人甲 2#标段的评标价=5 000×（1-4%）=4 800（万元）。

2. 综合评估法

不宜采用经评审的最低投标价法的招标项目，一般应当采取综合评估法进行评审。综合评估法是指评标委员会对满足招标文件实质性要求的投标文件，按照规定的评分标准进行打分，并按得分由高到低顺序推荐中标候选人，或根据招标人授权直接确定中标人，但投标报价低于其成本的除外。综合评分相等时，以投标报价低的优先；投标报价也相等的，由招标人自行确定。

（1）详细评审中的分值构成与评分标准。综合评估法下评标分值构成分为四个方面，即施工组织设计，项目管理机构，投标报价，其他评分因素。总计分值为 100 分。各方而所占比例和具体分值由招标人自行确定，并在招标文件中明确载明。

【例 5.2】各评审因素的权重由招标人自行确定，例如可设定施工组织设计占 25 分，项目管理机构占 10 分，投标报价占 60 分，其他因素占 5 分。施工组织设计部分可进一步细分为：内容完整性和编制水平 2 分，施工方案与技术措施 12 分，质量管理体系与措施 2 分，安全管理体系与措施 3 分，环境保护管理体系与措施 3 分，工程进度计划与措施 2 分，其他因素 1 分等。各评审因素的标准由招标人自行确定，如对施工组织设计中的施工方案与技术措施可规定如下的评分标准：施工方案及施工方法先进可行，技术措施针对工程质量、工期和施工安全生产有充分保障 11 ~ 12 分；施工方案先进，方法可行，技术措施针对工程质量、工期和施工安全生产有保障 8 ~ 10 分；施工方案及施工方法可行，技术措施针对工程质量、工期和施工安全生产基本有保障 6 ~ 7 分；施工方案及施工方法基本可行，技术措施针对工程质量、工期和施工安全生产基本有保障 1 ~ 5 分。

（2）投标报价偏差率的计算。在评标过程中，可以对各个投标文件按下式计算投标报价偏差率：

$$偏差率 = \frac{（投标人报价 - 评价基准价）}{评标基准价} \times 100\% \tag{5-9}$$

评标基准价的计算方法应在投标人须知前附表中予以明确。招标人可依据招标项目的特点、行业管理规定给出评标基准价的计算方法，确定时也可适当考虑投标人的投标报价。

（3）详细评审过程。

评标委员会按分值构成与评分标准规定的量化因素和分值进行打分，并计算出各标书综合评估得分。

① 按规定的评审因素和标准对施工组织设计计算出得分 A。

② 按规定的评审因素和标准对项目管理机构计算出得分 B。

③ 按规定的评审因素和标准对投标报价计算出得分 C。

④ 按规定的评审因素和标准对其他部分计算出得分 D。

评分分值计算保留小数点后两位，小数点后第三位“四舍五入”。投标人得分计算公式是：投标人得分 $= A + B + C + D$。由评委对各投标人的标书进行评分后加以比较，最后以总得分最高的投标人为中标候选人。

根据综合评估法完成评标后，评标委员会应当拟定一份“综合评估比较表”，连同书面评标报告提交招标人。“综合评估比较表”应当载明投标人的投标报价、所做的任何修正、对商务偏差的调整、对技术偏差的调整、对各评审因素的评估以及对每一投标的最终评审结果。

三、中标人的确定

1. 中标候选人的确定

除招标文件中特别规定了授权评标委员会直接确定中标人外，招标人应依据评标委员会推荐的中标候选人确定中标人，评标委员会提交中标候选人的人数应符合招标文件的要求，应当不超过 3 人，并标明排列顺序。中标人的投标应当符合下列条件之一：

（1）能够最大限度满足招标文件中规定的各项综合评价标准。

（2）能够满足招标文件的实质性要求，并且经评审的投标价格最低；但是投标价格低于成本的除外。

对使用国有资金投资或者国家融资的项目，招标人应当确定排名第一的中标候选人为中标人。排名第一的中标候选人放弃中标，因不可抗力提出不能履行合同，或者招标文件规定应当提交履约保证金而在规定的期限内未能提交的，招标人可以确定排名第二的标候选人为中标人。排名第二的中标候选人因上述同样原因不能签订合同的，招标人可以确定排名第三的中标候选人为中标人。

招标人可以授权评标委员会直接确定中标人。

招标人不得向中标人提出压低报价、增加工作量、缩短工期或其他违背中标人意愿的要求，即不得以此作为发出中标通知书和签订合同的条件。

2. 评标报告的内容及提交

评标委员会完成评标后，应当向招标人提交书面评标报告，并抄送有关行政监督部门。评标报告应当如实记载以下内容：

（1）基本情况和数据表。

（2）评标委员会成员名单。

（3）开标记录。

（4）符合要求的投标一览表。

（5）废标情况说明。

（6）评标标准、评标方法或者评标因素一览表。

（7）经评审的价格或者评分比较一览表。

（8）经评审的投标人排序。

（9）推荐的中标候选人名单与签订合同前要处理的事宜。

（10）澄清、说明、补正事项纪要。

评标报告由评标委员会全体成员签字。对评标结果有不同意见的评标委员会成员应当以书面方式阐述其不同意见和理由，评标报告应当注明该不同意见。评标委员会成员拒绝在评标报告上签字且不陈述其不同意见和理由的，视为同意评标结论。评标委员会应当对此做出书面说明并记录在案。

3. 公示与中标通知

1）公示中标候选人

为维护公开、公平、公正的市场环境，鼓励各个招投标当事人积极参与监督，按照《招标投标法实施条例》的规定，依法必须进行招标的项目，招标人应当自收到评标报告之日起 3 日内公示中标候选人，公示期不得少于 3 日。投标人或者其他利害关系人对依法必须进行招标的项目的评标结果有异议的，应当在中标候选人公示期间提出。招标人应当自收到异议之日起 3 日内作出答复；作出答复前，应当暂停招标投标活动。

对中标候选人的公示需明确以下几个方面：

① 公示范围。公示的项目范围是依法必须进行招标的项目，其他招标项目是否公示中标候选人由招标人自主决定。公示的对象是全部中标候选人。

② 公示媒体。招标人在确定中标人之前，应当将中标候选人在交易场所和指定媒体上公示。

③ 公示时间（公示期）。公示由招标人统一委托当地招投标中心在开标当天发布。公示期从公示的第二天开始算起，在公示期满后招标人才可以签发中标通知书。

④ 公示内容。对中标候选人全部名单及排名进行公示，而不是只公示排名第一的中标候选人。同时，对有业绩信誉条件的项目，在投标报名或开标时提供的作为资格条件或业绩信誉情况，应一并进行公示，但不含投标人的各评分要素的得分情况。

⑤ 异议处置。公示期间，投标人及其他利害关系人应当先向招标人提出异议，经核查后发现在招投标过程中确有违反相关法律法规且影响评标结果公正性的，招标人应当重新组织评标或招标。招标人拒绝自行纠正或无法自行纠正的，则根据《招标投标法实施条例》第 60 条的规定向行政监督部门提出投诉。对故意虚构事实，扰乱招投标市场秩序的，则按照有关规定进行处理。

2）发出中标通知书

中标人确定后，招标人应当向中标人发出中标通知书，并同时将中标结果通知所有未中标的投标人。中标通知书对招标人和中标人具有法律效力。中标通知书发出后，招标人改变中标结果，或者中标人放弃中标项目的，应当依法承担法律责任。依据《招标投标法》的规定，依法必须进行招标的项目，招标人应当自确定中标人之日起 15 日内，向有关行政监督部门提交招标投标情况的书面报告。书面报告中至少应包括下列内容：

① 招标范围。

② 招标方式和发布招标公告的媒介。

③ 招标文件中投标人须知、技术条款、评标标准和方法、合同主要条款等内容。

④ 评标委员会的组成和评标报告。

⑤ 中标结果。

第四节　工程合同价款的约定与施工合同的签订

一、建设工程合同概述

1. 施工承包合同

为了规范和指导合同当事人双方的行为，避免合同纠纷，解决合同文本不规范、条款不完备、执行过程纠纷多等一系列问题，国际工程界许多著名组织（如 FIDIC——国际咨询工程师联合会、AIA——美国建筑师学会、AGC——美国总承包商会、ICE——英国土木工程师学会、世界银行等）都编制了指导性的合同示范文本，规定了合同双方的一般权利和义务，对引导和规范建设行为起到非常重要的作用。

住房和城乡建设部和国家工商行政管理总局根据工程建设的有关法律、法规. 总结我国 1991 年版《建设工程施工合同》（GF-91-0201）推行的有关经验，结合我国建设工程施工合同的实际情况，并借鉴国际上通用的土木工程施工合同的成熟经验和有效做法，分别于 1999 年和 2013 年对施工合同示范文本进行了修订。该文本［当前版本为《建设工程施工合同（示范文本）》（GF-2013-0201）］适用于各类公用建筑、民用住宅、工业厂房、交通设施及线路、管道的施工和设备安装等工程。

为了规范施工招标资格预审文件、招标文件编制活动，提高资格预审文件、招标文件编制质量，促进招标投标活动的公开、公平和公正，国家发展和改革委员会、财政部、建设部、铁道部、交通部、信息产业部、水利部、民用航空总局、广播电影电视总局联合编制了《标准施工招标资格预审文件》和《标准施工招标文件》，自 2008 年 5 月 1 日起试行。

国务院有关行业主管部门可根据《标准施工招标文件》并结合本行业施工招标特点和管理需要，编制行业标准施工招标文件。行业标准施工招标文件重点对“专用合同条款”“工程量清单”“图纸”“技术标准和要求”作出具体规定。

行业标准施工招标文件中的“专用合同条款”可对《标准施工招标文件》中的“通用合同条款”进行补充、细化，除“通用合同条款”明确“专用合同条款”可作出不同约定外，补充和细化的内容不得与“通用合同条款”强制性规定相抵触，否则抵触内容无效。

《标准施工招标文件》中“通用合同条款”的主要内容包括：词语定义与解释、发包人的责任与义务、承包人的责任与义务、进度控制的主要条款、质量控制的主要条款、费用控制的主要条款、竣工验收、缺陷责任与保修责任。

2. 施工专业分包合同

针对各种工程中普遍存在专业工程分包的实际情况，为了规范管理，减少或避免纠纷，建设部和国家工商行政管理总局于 2003 年发布了《建设工程施工专业分包合同（示范文本）》（GF-2003-0213）和《建设工程施工劳务分包合同（示范文本）》（GF-2003-0214），

《建设工程施工专业分包合同（示范文本）》（GF-2003-0213）的主要内容如下。

1）工程承包人（总承包单位）的主要责任和义务

（1）分包人对总包合同的了解：承包人应提供总包合同（有关承包工程的价格内容除外）供分包人查阅。

（2）项目经理应按分包合同的约定，及时向分包人提供所需的指令、批准、图纸并履行其他约定的义务，否则分包人应在约定时间后 24 小时内将具体要求、需要的理由及延误的后果通知承包人，项目经理在收到通知后 48 小时内不予答复，应承担因延误造成的损失。

（3）承包人的工作：

① 向分包人提供与分包工程相关的各种证件、批件和各种相关资料，向分包人提供具备施工条件的施工场地。

② 组织分包人参加发包人组织的图纸会审，向分包人进行设计图纸交底。

③ 提供本合同专用条款中约定的设备和设施，并承担因此发生的费用。

④ 随时为分包人提供确保分包工程的施工所要求的施工场地和通道等，满足施工运输的需要，保证施工期间的畅通。

⑤ 负责整个施工场地的管理工作，协调分包人与同一施工场地的其他分包人之间的交叉配合，确保分包人按照经批准的施工组织设计进行施工。

2）专业工程分包人的主要责任和义务

（1）分包人对有关分包工程的责任。

除本合同条款另有约定，分包人应履行并承担总包合同中与分包工程有关的承包人的所有义务与责任，同时应避免因分包人自身行为或疏漏造成承包人违反总包合同中约定的承包人义务的情况发生。

（2）分包人与发包人的关系。

分包人须服从承包人转发的发包人或工程师（监理人）与分包工程有关的指令。未经承包人允许，分包人不得以任何理由与发包人或工程师（监理人）发生直接工作联系，分包人不得直接致函发包人或工程师（监理人），也不得直接接受发包人或工程师（监理人）的指令。如分包人与发包人或工程师（监理人）发生直接工作联系，将被视为违约，并承担违约责任。

（3）承包人指令。

就分包工程范围内的有关工作，承包人随时可以向分包人发出指令，分包人应执行承包人根据分包合同所发出的所有指令。分包人拒不执行指令，承包人可委托其他施工单位完成该指令事项，发生的费用从应付给分包人的相应款项中扣除。

（4）分包人的工作。

① 按照分包合同的约定，对分包工程进行设计（分包合同有约定时）、施工、竣工和保修。

② 按照合同约定的时间，完成规定的设计内容，报承包人确认后在分包工程中使用。承包人承担由此发生的费用。

③ 在合同约定的时间内，向承包人提供年、季、月度工程进度计划及相应进度统计报表。

④ 在合同约定的时间内，向承包人提交详细施工组织设计，承包人应在专用条款约定的时间内批准，分包人方可执行。

⑤ 遵守政府有关主管部门对施工场地交通、施工噪音以及环境保护和安全文明生产等的管理规定，按规定办理有关手续，并以书面形式通知承包人，承包人承担由此发生的费用，因分包人责任造成的罚款除外。

⑥ 分包人应允许承包人、发包人、工程师（监理人）及其三方中任何一方授权的人员在工作时间内，合理进入分包工程施工场地或材料存放的地点，以及施工场地以外与分包合同有关的分包人的任何工作或准备的地点，分包人应提供方便。

⑦ 已竣工工程未交付承包人之前，分包人应负责已完分包工程的成品保护工作，保护期间发生损坏，分包人自费予以修复；承包人要求分包人采取特殊措施保护的工程部位和

相应的追加合同价款，双方在合同专用条款内约定。

3）合同价款及支付

（1）分包工程合同价款可以采用以下三种中的一种（应与总包合同约定的方式一致）：

① 固定价格，在约定的风险范围内合同价款不再调整。

② 可调价格，合同价款可根据双方的约定而调整，应在专用条款内约定合同价款调整方法。

③ 成本加酬金，合同价款包括成本和酬金两部分，双方在合同专用条款内约定成本构成和酬金的计算方法。

（2）分包合同价款与总包合同相应部分价款无任何连带关系。

（3）合同价款的支付。

① 实行工程预付款的，双方应在合同专用条款内约定承包人向分包人预付工程款的时间和数额，开工后按约定的时间和比例逐次扣回。

② 承包人应按专用条款约定的时间和方式，向分包人支付工程款（进度款），按约定时间承包人应扣回的预付款，与工程款（进度款）同期结算。

③ 分包合同约定的工程变更调整的合同价款、合同价款的调整、索赔的价款或费用以及其他约定的追加合同价款，应与工程进度款同期调整支付。

④ 承包人超过约定的支付时间不支付工程款（预付款、进度款），分包人可向承包人发出要求付款的通知，承包人不按分包合同约定支付工程款（预付款、进度款），导致施工无法进行，分包人可停止施工，由承包人承担违约责任。

⑤ 承包人应在收到分包工程竣工结算报告及结算资料后 28 天内支付工程竣工结算价款，无正当理由不按时支付，从第 29 天起按分包人同期向银行贷款利率支付拖欠工程价款的利息，并承担违约责任。

3. 施工劳务分包合同

劳务分包合同与本书内容最为密切的部分为保险、劳务报酬、工时及工程量的确认、劳务报酬最终支付。

1）保险

① 劳务分包人施工开始前，工程承包人应获得发包人为施工场地内的自有人员及第三人生命财产办理的保险，且不需劳务分包人支付保险费用。

② 运至施工场地用于劳务施工的材料和待安装设备，由工程承包人办理或获得保险，且不需劳务分包人支付保险费用。

③ 工程承包人必须为租赁或提供给劳务分包人使用的施工机械设备办理保险，并支付保险费用。

④ 劳务分包人必须为从事危险作业的职工办理意外伤害保险，并为施工场地内自有人员生命财产和施工机械设备办理保险，支付保险费用。

⑤ 保险事故发生时，劳务分包人和工程承包人有责任采取必要的措施，防止或减少损失。

2）劳务报酬

（1）劳务报酬可以采用以下方式中的任何一种：

① 固定劳务报酬（含管理费）。

② 约定不同工种劳务的计时单价（含管理费），按确认的工时计算。

③ 约定不同工作成果的计件单价（含管理费），按确认的工程量计算。

（2）劳务报酬，可以采用固定价格或变动价格。采用固定价格，则除合同约定或法律政策变化导致劳务价格变化以外，均为一次包死，不再调整。

（3）在合同中可以约定，下列情况下，固定劳务报酬或单价可以调整：

① 以本合同约定价格为基准，市场人工价格的变化幅度超过一定百分比时，按变化前后价格的差额予以调整。

② 后续法律及政策变化，导致劳务价格变化的，按变化前后价格的差额予以调整。

③ 双方约定的其他情形。

3）工时及工程量的确认

（1）采用固定劳务报酬方式的，施工过程中不计算工时和工程量。

（2）采用按确定的工时计算劳务报酬的，由劳务分包人每日将提供劳务人数报工程承包人，由工程承包人确认。

（3）采用按确认的工程量计算劳务报酬的，由劳务分包人按月（或旬、日）将完成的工程量报送工程承包人，由工程承包人确认。对劳务分包人未经工程承包人认可，超出设计图纸范围和因劳务分包人原因造成返工的工程量，工程承包人不予计量。

4）劳务报酬最终支付

（1）全部工作完成，经工程承包人认可后 14 天内，劳务分包人向工程承包人递交完整的结算资料，双方按照本合同约定的计价方式，进行劳务报酬的最终支付。

（2）工程承包人收到劳务分包人递交的结算资料后 14 天内进行核实，给予确认或者提出修改意见。工程承包人确认结算资料后 14 天内向劳务分包人支付劳务报酬尾款。

（3）劳务分包人和工程承包人对劳务报酬结算价款发生争议时，按合同约定处理。

二、工程价款的约定

合同价款是合同文件的核心要素，建设项目不论是招标发包还是直接发包，合同价款的具体数额均在“合同协议书”中载明。

签约合同价是指合同双方签订合同时在协议书中列明的合同价格，对于以单价合同形式招标的项目，工程量清单中各种价格的总计即为合同价。合同价就是中标价，因为中标价是指评标时经过算术修正的、并在中标通知书中申明招标人接受的投标价格。法理上，经公示后招标人向投标人所发出的中标通知书（投标人向招标人回复确认中标通知书已收到），中标的中标价就受到法律保护，招标人不得以任何理由反悔。这是因为，合同价格属于招投标活动中的核心内容，根据《招投标法》第四十六条有关“招标人和中标人应当……按照招标文件和中标人的投标文件订立书面合同，招标人和中标人不得再行订立背离合同实质性内容的其他协议”之规定，发包人应根据中标通知书确定的价格签订合同。

通常情况下，合同价款的约定主要包括以下内容：

（1）合同类型的选择：合同的类型主要包括：单价合同、总价合同、成本加酬金合同。

（2）工程计量。

（3）合同价款调整：调整的事项以及程序、法律法规变化、项目特征描述不符、工程量清单缺项、工程量偏差、计日工、物价变化、暂估价、不可抗力、提前竣工（赶工补偿）、误期补偿、暂列金额。

（4）工程变更：分部分项工程费的调整、措施项目费的调整、承包人报价偏差的调整、删减工程或工作的补偿、索赔、现场签证。

（5）合同价款的支付：价款的结算方式、预付款的支付与抵扣、进度款的支付。

（6）竣工结算与支付：竣工结算、质量保证金、最终结清。

三、建设工程施工承包合同的签订

1. 履约担保

在签订合同前，中标人以及联合体的中标人应按招标文件有关规定的金额、担保形式和提交时间，向招标人提交履约担保。履约担保有现金、支票、汇票、履约担保书和银行保函等形式，可以选择其中的一种作为招标项目的履约保证金，履约保证金不得超过中标合同金额的 10%。中标人不能按要求提交履约保证金的，视为放弃中标，其投标保证金不予退还，给招标人造成的损失超过投标保证金数额的，中标人还应当对超过部分予以赔偿。招标人要求中标人提供履约保证金或其他形式履约担保的，招标人应当同时向中标人提供工程款支付担保。中标后的承包人应保证其履约保证金在发包人颁发工程接收证书前一直有效。发包人应在工程接收证书颁发后 28 天内把履约保证金退还给承包人。

2. 签订合同

招标单位与中标单位应当自中标通知书发出之日起 30 天内，根据招标文件和中标单位的投标文件订立书面合同。一般情况下中标价就是合同价。招标单位与中标单位不得再行订立背离合同实质性内容的协议。

中标单位无正当理由拒签合同的，招标单位取消其中标资格，其投标保证金不予退还；给招标单位造成的损失超过投标保证金数额的，中标单位还应对超过部分予以赔偿。发出中标通知书后，招标单位无正当理由拒签合同的，招标单位向中标单位退还投标保证金；给中标单位造成损失的，还应当赔偿损失。招标单位与中标单位签订合同后 5 个工作日内，应当向中标单位和未中标的投标单位退还投标保证金。

习　题

1. 根据我国招投标法律法规，哪些项目必须实行招标？
2. 简述工程量清单计价的作用。
3. 中标候选人的确定有哪几种方法？
4. 施工专业分包合同中的报酬该如何支付？

5. 某多层砖混住宅土方工程，土壤类别为三类土；基础为砖大放脚带形基础；垫层宽度为 920 mm，挖土深度为 1.8 m，基础总长度为 1 590.6 m。根据施工方案，土方开挖的工作面宽度各边 0.25 m，放坡系数为 0.2。除沟边堆土 1 000 m^3 外，现场堆土 2 170.5 m^3，运距 60 m，采用人工运输。其余土方需装载机装，自卸汽车运，运距 3 km。已知人工挖土单价为 8.4 元/m^3，人工运土单价 7.38 元/m^3，装卸机装、自卸汽车运土需使用的机械有装载机（280 元/台班，0.003 98 台班/m^3）、自卸汽车（340 元/台班，0.049 25 台班/m^3）、推土机（500 元/台班，0.002 96 台班/m^3）和洒水车（300 元/台班，0.000 6 台班/m^3）另外，装卸机装、自卸汽车运土需用工（25 元/工日，0.012 工日/m^3）、用水（水 1.8 元/m^3，每立方米土方需耗水 0.012 m^3）。试根据建筑工程量清单计算规则计算土方工程的综合单价（不含措施费、规费和税金），其中，管理费取人、料、机费的 14%，利润取人、料、机费与管理费之和的 8%。

第六章　施工阶段工程造价管理

【学习目标】

本章论述了建设工程施工阶段施工预算的编制、工程预付款的支付、施工计量、变更、索赔、结算。通过本章的学习，要求：熟悉建设项目施工预算、结算的编制；重点掌握建设项目工程预付款的支付、变更及其价款的确定、工程索赔计算、进度款申请。

第一节　施工预算的编制

一、概述

（一）建设工程施工预算的概念和作用

1. 施工预算的概念

施工图预算即单位工程预算书，是在施工图设计完成后、工程开工前，根据已审定的施工图纸，在施工方案或施工组织设计已确定的前提下，按照国家或省、市颁发的现行预算定额、费用标准、材料预算价格等有关规定，逐项计算工程量，套用相应定额，进行工料分析，计算直接费、间接费、计划利润、税金等费用，确定单位工程造价的技术经济文件。施工预算一般以单位工程为编制对象。

2. 施工预算的作用

（1）施工预算是确定工程造价的依据。施工图预算可作为建设单位招标的标底，也可以作为建筑施工企业投标时报价的参考。

（2）施工预算是实行建筑工程预算包干的依据和签订施工合同的主要内容。通过建设单位与施工单位协商，可在施工图预算的基础上，考虑设计或施工变更后可能发生的额外费用，故在原费用上增加一定系数，作为工程造价一次性包死。

（3）施工预算是施工计划部门安排施工作业计划和组织施工的依据。施工预算确定施工中所需的人力、物力的供应量；进行劳动力、运输机械和施工机械的平衡；计算材料、构件的需要量，进行施工备料和及时组织材料；计算实物工程量和安排施工进度，并做出最佳安排。

（4）施工预算是施工企业进行工程成本管理的基础。施工预算既反映设计图纸的要求，也考虑在现有条件下可能采取的节约人工、材料和降低成本的各项具体措施。执行施工预算，不仅可以起到控制成本、降低费用的作用，同时也为贯彻经济核算、加强工程成本管理奠定基础。

（5）施工预算是施工图预算是进行“两算”对比的依据。因为施工预算中规定完成的每一个分项工程所需要的人工、材料、机械台班使用量，都是按施工定额计算的，所以在完成每一个分项工程时，其超额和节约部分就成为班组计算奖励的依据之一。

（二）建设工程施工预算的内容构成

施工预算的内容，原则上应包括工程量、人工、材料、和机械四项指标。一般以单位工程为对象，按分部工程计算。施工预算由编制说明及表格两大部分组成。

1. 编制说明

编制说明是以简练的文字，说明施工预算的编制依据、对施工图纸的审查意见、现场勘查的主要资料、存在的问题及处理办法等，主要包括以下内容：

（1）编制依据：施工图纸、施工规范、工程经验与企业规范、工程量清单规范、利润材料价格市场价咨询价信息价差异等。

（2）工程概况：工程建设规模、使用性质、结构功能、建设地点及施工期限等。

（3）现场勘查的主要资料。

（4）施工技术措施：土方施工方法、运输方式、机械化施工部署、垂直运输方案、新技术或代用材料的采用、质量及安全技术等。

（5）施工关键部位的技术处理方法，施工中降低成本的措施。

（6）遗留项目或暂估项目的说明。

（7）工程中存在及尚需解决的其他问题。

2. 表格

为了减少重复计算，便于组织施工，编制施工预算常用表格来计算和整理。土建工程一般主要有以下表格。

（1）工程量计算表：可根据投标报价的工程量计算表格来进行计算。

（2）施工预算的工料单价分析表：是施工预算中的基本表格，其编制方法与投标报价中施工图预算工料分析相似，即各项的工程量乘以施工定额重点工料用量。施工预算要求分部、分层、分段进行工料分析，并按分部汇总成表。

（3）人工汇总表：即将工料分析表中的各工种人工数字，分工种、按分部分列汇总成表。

（4）材料汇总表：即将工料分析表中的各种材料数字，分现场和外加工厂用料，按分部分列汇总成表。

（5）机械汇总表：即将工料分析表中的各种施工机具数字，分名称、分部分列成表。

（6）金属构件汇总表：包括金属加工汇总表、金属结构构件加工材料明细表。

（7）门窗加工汇总表：包括门窗加工一览表、门窗五金明细表。

（8）两算对比表：即将投标报价中的施工图预算与施工预算中的人工、材料、机械三项费用进行对比。

（9）其他地方性相关表格。

（三）施工预算与施工图预算的区别

1. 用途及编制方法不同

预算定额用于施工企业内部核算，主要计算工料用料和直接费；而施工图预算却要确定整个单位工程造价。施工图预算必须在施工图预算价值的控制下进行编制。

2. 使用定额不同

施工预算的编制依据是施工定额，施工图预算使用的是预算定额，两种定额的项目划分不同。即便是同一定额项目，在两种定额中各自的工、料、机械台班耗用数量都有一定的差别。

3. 工程项目粗细程度不同

施工预算比施工图预算的项目多，划分细，具体表现如下：

（1）施工预算的工程量计算要分层、分段、分工程项目计算，其项目要比施工图预算多。如砌砖基础，预算定额仅列了一项，而施工定额根据不同深度及砖基础墙的厚度，共划分了六个项目。

（2）施工定额的项目综合性小于预算定额。如现浇钢筋混凝土工程，预算定额每个项目中都包括了模板、钢筋、混凝土三个项目，而施工定额中模板、钢筋、混凝土则分别列项计算。

4. 计算范围不同

施工预算一般只计算工程所需工料的数量，有条件的地区可计算工程的直接费，而施工图预算要计算整个工程的直接工程费、现场经费、间接费、利润及税金等各项费用。

5. 所考虑的施工组织及施工方法不同

施工预算所考虑的施工组织及施工方法要比施工图预算细得多。如吊装机械，施工预算要考虑的是采用塔吊还是卷扬机或别的机械，而施工图预算对一般民用建筑是按塔式起重机考虑的，及时使用卷扬机作吊装机械也按塔吊计算。

6. 计量单位不同

施工预算与施工图预算的工程量计量单位也不完全一致。如门窗安装施工预算分门窗框、门窗扇安装两个项目，门窗框安装以樘为单位计算，门窗扇安装以扇为单位计算工程量，但施工图预算门窗安装包括门窗框及扇以平方米计算。

二、施工预算的编制

（一）施工预算的编制依据

（1）施工图纸及其说明书。编制施工图预算需要具备全套施工图和有关的标准图案。施工图纸和说明书必须经过建设单位、设计单位和施工单位共同会审，并要有会审记录，未经会审的图纸不宜采用，以免因与实际施工不相符而返工。

（2）施工组织设计或施工方案。经批准的施工组织设计或施工方案所确定的施工方式、施工顺序、技术组织措施和现场平面布置等，可供施工预算集体计算时采用。

（3）当地或专业预算定额或预算基价及相关取费、调价文件规定，施工单位的预期利润和本项工程的市场竞争情况。各省、各自治区、直辖市或地区，一般都编制颁发有《建筑工程施工定额》。若没有编制或原编制的施工定额现已过时废止使用，则可根据国家颁布的《建筑安装工程统一劳动定额》，以及各地区编制的《材料消耗定额》和《机械台班使用定额》编制施工预算。

（4）施工图预算书。由于投标报价（施工图预算）中的许多工程量数据可供编制施工预算时使用，因为依据施工图预算可减少施工预算的编制工程量，提高编制效率。

（5）建筑材料手册和预算手册。根据建筑材料手册和预算手册进行材料长度、面积、体积、重量之间的换算，工程量的计算等。

（6）当地工程造价信息及主要材料的市场价格情况及工程实际勘察与测量资料等。

（7）建设项目的具体要求如招标文件、工程量清单、主要设备及材料的限制规定。

（二）施工预算的编制方法

施工预算的编制方法分为工程量清单法、工料单价法、实物法三种。

（1）工程量清单法。根据工程量清单计价规范的规定，计算出各分部分项工程量，套用其相应分部分项工程综合单价，再计算措施费、规费、税金等费用，得出工程造价。

（2）工料单价法。根据施工定额的规定，计算出各分项工程量，以分部分项工程量乘以单价后的合计为直接工程费，直接工程费以人工、材料、机械的消耗量及其相应价格确定。直接工程费汇总后另加间接费、利润、税金生成工程造价。

（3）实物法。实物法就是根据施工图纸和说明书，以及施工组织设计，按照施工定额或劳动定额的规定计算工程量，再分析并汇总人工和材料的数量。这是目前编制施工预算大多采用的方法。应用这些数量可向施工班组签发任务书和限额领料单，进行班组核算，并与施工图预算的人工、材料和机械台班数量对比，分析超支或节约的原因，进而改进和加强企业管理。

（三）施工预算的编制程序与步骤

施工预算和施工图预算的编制程序基本相同，所不同的是施工预算比施工图预算的项目划分更细，以适合施工方法的需要，有利于安排施工进度计划和编制统计报表。施工预算的编制，可按下述步骤进行：

（1）熟悉基础资料。在编制施工预算前，要认真阅读经会审和交底的全套施工图纸、说明书及有关标准图集，掌握施工定额内容范围，了解经批准的施工组织设计或施工方案，为正确、顺利地编制施工预算奠定基础。

（2）计算工程量。要合理划分分部、分项工程项目，一般可按施工定额项目划分，并按照施工定额手册的项目顺序排列。有时为签发施工任务单方便，也可按施工方案确定的施工顺序或流水施工的分层分段排列。此外，为便于进行“两算”对比，也可按照施工图预算的项目顺序排列。为加快施工预算的编制速度，在计划工程量过程中，凡能利用的施工图预算的工程量数据可以直接利用。工程量计算完毕核对无误后，根据施工定额内容和计量单位的要求，按分部、分项工程的顺序或分层分段，逐项整理汇总。各类构件、钢筋、门窗、五金等也整理列成表格。

（3）套取施工定额，分析和汇总工、料、机消耗量。按所在地区或企业内部自行编制的施工定额进行套用，以分项工程的工程量乘以相应项目的人工、材料和机械台班消耗量定额，得到该项目的人工、材料和机械台班消耗量。将各分部工程（或分层分段）中同类的各种人工、材料和机械台班消耗量再加，得出每一分部工程（或分层分段）的各种人工、材料和机械台班的总消耗量，再进一步将各分部工程的人工、材料和机械总消耗量汇总，并制成表格。

（4）编制措施费、其他项目、规费、税金等费用。

（5）"两算"对比。将施工图预算与施工预算中的分部工程人工、材料、机械台班消耗量或价值列出，并一一对比，算出节约差或超支额，以便反映经济效果，考核施工图预算是否达到降低工程成本之目的。否则，应重新研究施工方法和技术组织措施，修正施工方案，防止亏本。

（6）编写编制说明。

三、"两算"对比

（一）"两算"对比的概念

"两算"对比是指施工预算与施工图预算的对比。这里的施工图预算指的是施工单位编制的投标报价。施工图预算确定的是工程预算成本，施工预算确定的是工程计划成本，它们是从不同角度计算的工程成本。

"两算"对比是建筑企业运用经济活动分析来加强经营管理的一种重要手段。通过"两算"对比分析，可以了解施工图预算的正确与否，发现问题，及时纠正；通过"两算"对比可以对该单位工程给施工企业带来的经济效益进行预测，是施工企业做到心中有数，事先控制不合理的开支，以免造成亏损；通过"两算"对比分析，可以预先找出节约或超支的原因，研究其解决措施，防止亏本。

（二）"两算"对比的方法

"两算"对比的方法一般采用实物量法或实物金额对比法。

1. 实物量对比法

实物量是指分项工程所消耗的人工、材料、机械台班消耗的实物数量。对比是将"两算"中相同项目所需的人工、材料和机械台班消耗量进行比较，或者以分部工程或单位工程为对象。将"两算"的人工、材料汇总数量相比较。因"两算"各自的定额项目划分工作内容不一致，为使两者有可比性，常常需经过项目合并、换算之后才能进行对比。由于预算定额项目的综合性较施工定额项目大，故一般是合并施工预算项目的实物量，使其与预算定额项目相对应，然后进行对比。

2. 实物金额对比法

实物金额是指分项工程所消耗的人工、材料和机械台班的金额费用。由于施工预算只能反映完成项目所消耗的实物量，并不反映其价值，为使施工预算和施工图预算进行金额对比，就需要将施工预算中的人工、材料和机械台班的数量，乘以各自的单价，汇总成人工费、材料费和机械台班使用费，然后与施工图预算的人工费、材料费和机械台班使用费相比较。

3．“两算”对比的一般说明

（1）人工数量。一般施工预算工日数应低于施工图预算工日数的 10%～15%，因为两者的基础不一样。比如，考虑到在正常施工组织的情况下，工序搭接及土建与水电安装之间的交叉配合所需停歇时间，工程质量检查与隐蔽工程验收而影响的时间和施工中不可避免的少量零星用工等因素，施工图预算定额有 10%人工幅度差。计算公式如下：

人工费节约或超支额

=施工图预算人工费-施工预算人工费　　（6-1）

计划人工费降率=（施工图预算人工费-施工预算人工费）/

施工图预算人工费×100%　　（6-2）

计算结果为正值时，表示计划人工费节约；但结果为负值时，表示计划人工费超支。

（2）材料消耗。材料消耗方面，一般施工预算应低于施工图预算消耗量。由于定额水平不一致，有的项目会出现施工预算消耗量大于施工图预算消耗量的情况，这时，要调查分析，根据实际情况调查施工预算用量后再予对比。材料费的节约或超支额及计划材料费降低率按下式计算。

材料费节约或超支额

=施工图预算材料费-施工预算材料费　　（6-3）

计划材料费降率=（施工图预算材料费-施工预算材料费）/

施工图预算材料费×100%　　（6-4）

（3）机械台班数量及机械费。由于施工预算是根据施工组织设计或施工方案规定的实际进场施工机械种类、型号、数量和工期编制计算机械台班，而施工图预算定额的机械台班是根据需要和合理配备来综合考虑的，多以金额表示，因此一般以“两算”的机械费相对比，且只能核算搅拌机、卷扬机、塔吊、汽车吊和履带吊等大中型机械台班费是否超过施工图预算机械费。如果机械费大量超支，没有特殊情况，应改变施工采用的机械方案，尽量做到不亏本而略有盈余。

（4）措施费。通用措施和专用措施费用的对比。

第二节　工程施工计量

一、工程计量的重要性

（一）计量是控制工程造价的关键环节

工程计量是指根据设计文件及承包合同中关于工程量计算的规定，项目管理机构对承包商申报的已完成工程的工程量进行的核验。合同条件中明确规定工程量表中开列的工程量是该工程的估算工程量，不能作为承包商应予完成的实际和确切的工程量。因为工程量表中的工程量是在编制招标文件时，在图纸和规范的基础上估算的工作量，不能作为结算工程价款的依据，而必须通过项目管理机构对已完成的工程进行计量。经过项目管理机构计量所确定的数量是向承包商支付任何款项的凭证。

（二）计量是约束承包商履行合同义务

计量不仅是控制项目投资费用支出的关键环节，同时也是约束承包商履行合同义务、强化承包商合同意识的手段。FIDIC 合同条件规定，业主对承包商的付款，是以工程师批准的付款证书为凭据的，工程师对计量支付有充分的批准权和否决权。对于不合格的工作和工程，工程师可以拒绝计量。同时，工程师通过按时计量，可以及时掌握承包商工作的进展情况和工程进度。当工程师发现工程进度严重偏离计划目标时，可要求承包商及时分析原因、采取措施、加快进度。因此，在施工过程中，项目管理机构可以通过计量支付手段，控制工程按合同进行。

二、工程计量的程序

（一）施工合同（示范文本）约定的程序

按照施工合同（示范文本）规定，工程计量的一般程序是：承包人应按专用条款约定的时间，向工程师提交已完工程量的报告，工程师接到报告后 7 天内按设计图纸核实已完工程量，并在计量前 24 小时通知承包人，承包人为计量提供便利条件并派人参加。承包人收到通知后不参加计量，计量结果有效，作为工程价款支付的依据。工程师收到承包人报告后 7 天未进行计量，从第 8 天起，承包人报告中开列的工程量即视为已被确认，作为工程价款支付的依据。工程师不按约定时间通知承包人，使承包人不能参加计量，计量结果无效。对承包人超出设计图纸范围和因承包人原因造成返工的工程量，工程量不予计量。

（二）建设工程管理规范规定的程序

（1）承包单位按合同约定的时间，统计经造价管理者质量验收合格的工程量，按施工合同的约定填报工程量清单和工程款支付申请表。

（2）造价管理者进行接到报告 14 天内核实现场计量，按施工合同的约定审核工程量清单和工程款支付申请表，并报总管理者审定。

（3）造价总管理者签署工程款支付证书，并报建设单位。

（三）FIDIC 施工合同约定的工程计量程序

按照 FIDIC 施工合同约定，当工程师要求测量工程的任何部分时，应向承包商代表发出合理通知，承包商代表应：

（1）及时亲自或另派合格代表，协助工程师进行测量。

（2）提供工程师要求的任何具体材料。

如果承包商未能到场或派代表到场，工程师（或其代表）所作测量应作为准确测量，予以认可。

除合同另有规定外，凡需根据记录进行测量的任何永久工程，此类记录应由工程师准备。承包商应根据或被提出要求时，到场与工程师对记录进行检查和协商，达成一致后应在记录上签字。如果承包商未到场，应认为该记录准确，予以认可。如果承包商检查后不同意该记录，应向工程师发出通知，说明认为该记录不准确的部分。工程师收到通知后，应审查该记录，进行确认或更改。如果承包商在被要求检查记录 14 天内，没有发出此类通知，该记录应作为准确记录，予以认可。

三、工程计量的依据

计量依据一般有施工合同、设计文件、质量合格证书，工程量清单计价规范和技术规范中的“计量支付”条款和设计图纸、测量数据等条例的证书。也就是说，计量时必须以这些资料为依据。

（1）施工合同。

施工合同中有关计量的条款是工程计量的重要依据。

（2）设计文件。

单价合同以实际完成的工程量进行结算，凡是被工程师计量的工程数量，并不一定是承包商实际施工的数量。计量的几何尺寸要以设计图纸为依据，工程师对承包商超出设计图纸要求增加的工程量和自身原因造成返工的工程量，不予计量。

（3）质量合格证书。

对于承包商已完成的工程，并不是全部进行计量，而只是质量达到合同标准的已完成的工程才予以计量。所以工程计量必须与质量管理紧密配合，经过专业工程师检验，工程质量达到合同规定的标准后，由专业工程师签署报验申请表（质量合格证书），只有质量合格的工程才予以计量。所以说质量管理是计量管理的基础，计量又是质量管理的保障，通过计量支付，强化承包商的质量意识。

（4）工程量清单计价规范和技术规范。

程量清单计价规范和技术规范是确定计量方法的依据，因为工程量清单计价规范和技术规范的“计量支付”条款规定了清单中每一项工程的计量方法，同时还规定了按规定的计量方法确定的单价所包括的工作内容和范围。除工程师书面批准外，凡超过图纸所规定的任何宽度、长度、面积或体积均不予计量。

四、工程计量的原则

（1）按合同计量。

（2）按实际计量。

（3）准确计量。

（4）三方联合会签。

（5）承包商超出施工图或自身原因造成的返工工程量不予计量。

（6）工程变更签认不全的工程量不予计量。
（7）未经监理工程师验收合格的工程量不予计量。
（8）会审中对报验不全和有违约行为的不予审核计量。
（9）因承包商自身风险或自身施工需要而另外产生的工程量不予计量。

五、工程计量的方法

根据 FIDIC 合同条件的规定，一般可按照以下方法进行计量：
（1）均摊法。
均摊法即对清单中某些项目的合同价款，按合同工期平均计量，如：为监理工程师提供宿舍，保养测量设备，维护工地清洁和整洁等。这些项目的共同特点是每月均有发生。
（2）凭据法。
凭据法即按照承包商提供的凭据进行计量支付。如建筑工程险保险费、第三方责任险保险费、履约保证金等项目，一般按凭据法进行计量支付。
（3）估价法。
估价法即按合同文件的规定，根据工程师估算的已完成的工程价值支付。如为工程师提供办公设施和生活设施，当承包商不能一次购进时，则需采用估价法进行计量支付。
（4）断面法。
断面法主要用于取土坑或填筑路堤土方的计量。采用这种方法计量，在开工前承包商需测绘出原地形的断面，并需经工程师检查，作为计量的依据。
（5）图纸法。
在工程量清单中，许多项目都采取按照设计图纸所示的尺寸进行计量。如混凝土构筑物的体积，钻孔桩的桩长等。
（6）分解计量法。
分解计量法即将一个项目，根据工序或部位分解为若干子项，对完成的各子项进行计量支付。这种计量方法主要是为了解决一些包干项目或较大的工程项目的支付时间过长，影响承包商的资金流动等问题。

第三节　工程变更及其价款的确定

一、工程变更的含义与内容

建设工程变更是指施工图设计完成后，施工合同签订后，项目施工阶段发生的与招标文件发生变化的技术文件，包含设计变更通知单及技术核定单。
设计变更是指设计单位依据建设单位要求调整，或对原设计内容进行修改、完善、优化。设计变更应以图纸或设计变更通知单的形式发出。
技术核定单是记录施工图设计责任之外，对完成施工承包义务，采取合理的施工措施等技术事宜，提出的具体方案、方法、工艺、措施等，经发包方和有关单位共同核定的凭证之一。

工程变更通常都会涉及费用和施工进度的变化，变更工程部分往往要重新确定单价，需要调整合同价款；承包人也经常利用变更的契机进行索赔。

工程变更的范围和内容包括：

（1）取消合同中的任何一项工作，但被取消的工作不能转由发包人或其他人实施。

（2）改变合同中的任何一项工作的质量或其他特性。

（3）改变合同工程的基线、标高、位置或尺寸。

（4）改变合同中的任何一项工作的施工时间后改变已批准的施工工艺或顺序。

（5）为完成工程需要追加的额外工作。

二、工程变更的分类

（一）按提出工程变更的各方当事人来分类

1. 承包商提出的工程变更

承包方签于现场情况的变化或出于施工便利，或受施工设备限制，遇到不能预见的地质条件或地下障碍，资源市场的原因（如材料供应或施工条件不成熟，认为需改用其他材料替代，或需要改变工程项目具体设计等引起的），施工中产生错误，工程地质勘察资料不准确而引起的修改，如基础加深，或为了节约工程成本和加快工程施工进度等原因，可以要求变更设计。

2. 建设方提出变更

建设方根据工程的实际需要提出的工程变更，修改工艺技术（包括设备的改变）、增减工程内容、改变使用功能、使用的材料品种的改变，提高标准。

3. 监理工程师提出工程变更

监理工程师根据施工现场的地形、地质、水文、材料、运距、施工条件、施工难易程度及临时发生的各种问题各方面的原因，综合考虑认为需要的变更。

4. 工程相邻地段的第三方提出变更

例如当地政府主管部门和群众提出的变更设计，规划、环保及其他政府主管部门等提出的要求。

5. 设计方提出变更

设计单位对原设计有新的考虑或为进一步完善设计等提出变更设计。

（二）按工程变更的性质来分类

1. 重大变更

重大变更包括改变技术标准和设计方案的变动：如结构形式的变更、使用功能的变更、重大防护设施及其他特殊设计的变更。

2. 重要变更

重要变更包括不属于第一类范围的较大变更：如标高、位置和尺寸变动；变动工程性质、质量和类型等。

3. 一般变更

变更原设计图纸中明显的差错、碰、漏；不降低原设计标准下的构件材料代换和现场必须立即决定的局部修改等。

三、变更遵循的原则

一般，建设单位有权对设计文件中不涉及结构等质量内容进行变更，并不得违反法律法规特别是有关强制性条文的要求。设计单位有权在设计权限范围内对图纸进行修改。监理单位有权对施工单位提出的变更进行审查，并提出合理化建议。施工单位提出的变更须满足下列原则：

（1）工程变更必须遵守设计任务书和初步设计审批的原则，符合有关技术标准设计规范，符合节约能源、节约用地、提高工程质量、方便施工、利于营业、节约工程投资、加快工程进度的原则。工程项目文件一经批准，不得任意变更，除非确实需要，应根据工程变更规定程序上报批准。

（2）工程变更的变更设计必须在合同条款的约束下进行，任何变更不能使合同失效。

（3）在工程变更过程中，不得相互串通作弊，不得通过行贿、回扣等不正当手段获取工程变更的审批。

（4）提出变更申请时，须附完整的工程变更佐证资料：变更申请表、变更理由、原始记录、设计图纸的缺点、变更工程造价计算书等。

（5）对于工程变更，现场工作组人员必须严格把好第一关，依据工程现场实际数据、资料严格审查所提工程变更理由的充分性与变更的必要性，合理、准确地做好工程变更的核实、计量与估价，切实做到“公平、合理”并按规定程序正确受理。

（6）为避免一些工程进度，工程变更的审批应规定严格的时间周期，一般在 7~15 天内批复。

（7）工程变更设计经审查批准后，有现场工作组根据批复下达变更通知，施工单位应按变更通知及批准的变更设计文件施工，并相应调整严格工程费用。

（8）变更后的单价仍执行合同中已有的单价，如合同中无此单价或因变更带来的影响和变化，应按合同条款进行估价。经承包商提出单价废墟数据，监理工程师审定，业主认可后，按认可的单价执行。

（9）无总监理工程师或其代表签发的设计变更令，承包商不得做出任何工程设计和变更，否则驻地监理工程师可不予计量和支付。

四、申报审批程序

1. 业主指令的变更

业主指令的变更，由总监理工程师直接下达变更令，交驻地监理工程师监督执行。并将变更资料交工程师、合同部存档。如涉及设计变更要由涉及代表作变更设计图纸。

2. 监理工程师根据有关规定对工程进行的变更

监理工程师决定根据有关规定对工程进行变更时，向承包人发出意向通知书，内容主要包括：变更的工程项目、部位或合同某文件内容；变更的原因、依据及有关的文件、图纸、资料；要求承包人据此安排变更工程的施工或合同文件修订的事宜；要求承包人向监理工程师提交此项变更给其带来影响的估价报告。

3. 承包人提出的变更

承包人应按程序提出变更申请，经监理工程师批准后执行。具体的申报审批程序如下：

1）承包人申请

先由承包人提出申请及内容报告，包括变更的理由、变更的方案和数量，以及单价和费用、包驻地办审批。

2）驻地监理审核

驻地监理接到承包人变更申请后及时进行调查、分析、收集相关资料，审核其变更内容、技术方案及变更的工程数量、签批意见后上报监理代表处工程部。

3）工程部的审查和核实

工程部接到驻地监理签批的工程变更申报资料后，应认真按图纸、规范等审查其提出的工程变更的技术方案是否合理，并组织有关人员复核变更的工程量。对于工程变更的技术方案的审查是一项十分重要的工作，工程变更的技术方案一定要合理，变更的工程内容才能成立，所以技术方案一定要尽可能提出两种以上，以便进行对比，要结合经济技术分析选择最优的方案作为最终的工程变更方案执行。

对于变更工程量的核定一般程序是承包人先提供工程变更数量的计量资料，包括图纸及计算公式。驻地监理对承包人提供的变更数量先进行核实签认，工程部再对工程变更数量进行核实签认后转合同部核定单价和费用。

4）合同部审核单价和费用

合同部根据驻地监理和工程部的审核意见，对承包人提出的申报单价进行审核，通过单价分析确定建议的单价和费用。签批意见上报总监理工程师。

5）总监理工程师审批

总监理工程师审核后，报业主审批。

6）业主的审批

业主审批，然后下发工程变更批文，包括对工程数量的确认和对工程单价的审批。

7）签发工程变更令

在变更资料齐全，变更费用确定之后，征得业主审批同意，监理工程师应根据合同规定，签发工程变更令，然后监督执行。

五、工程变更价款的确定

（1）明确工程变更的责任。根据工程变更的内容和原因，明确应由谁承担责任。如施工合同中已明确约定，则按合同执行；如合同中为预料到的工程变更，则应查明责任，判明损失承担者。通常又发包人提出的工程变更，损失由发包人承担；由于客观条件的影响（如施工条件、天气、工资和物价变动等）产生的工程变更，在合同规定范围之内的，按合同规定处理，否则应由双方协商解决。在特殊情况下，变更也可能是由于承包人的违约所导致，损失必须由承包人自己承担。

（2）估测损失。在明确损失承担者的情况下，根据实际情况、设计变更文件和其他有关资料，按照施工合同的有关条款，对工程变更的费用和工期作出评估，以确定工程变更项目与原工程项目之间的类似程度和难易程度，确定工程变更项目的工程量，确定工程变更的单价和总价。

（3）确定变更价款。确定变更价款的原则是：

① 合同中已有适用于变更工程的项目时，按合同已有的价格变更合同价款。当变更项目和内容直接适用合同中已有项目时，由于合同中的工程量单价和价格由承包人投标时提供，用于工程变更，容易被发包人、承包人及工程师所接受，从合同意义上讲也是比较公平的。

② 合同中只有类似于变更工程的项目时，可以参照类似项目的价格变更合同价款。当变更项目和内容类似合同中已有项目时，可以将合同中已有项目的工程量清单的单价和价格拿来简介套用，即依据工程量清单，通过换算后采用；或者是部分套用，即依据工程量清单，取其价格中某一部分使用。

③ 合同中没有适用于或类似于变更合同的项目时，由承包人或发包人提出适当的变更价格，经双方确认后执行。如双方不能达到一致的，可提请工程所在地工程造价管理部门进行咨询或按合同约定的争议解决程序办理。由于确定价格的过程中可能延续时间较长或者双方尚未能达到一致意见时，可以先确定暂行价格以便在适当的月份反映在付款证书之中。

当变更工程对其他部分工程产生较大影响时，原单价已不合理或不适用时，则应按上述原则协商或确定新的价格。例如，如变更是基础结构形式发生变化，而对挖土及回填施工的工程量和施工方法产生重大影响，挖土及回填施工的有关单价便可能不合理。实际工作中，可通过实事求是地编制预算来确定变更价款。编制预算时根据施工合同已确定的计价原则、实际使用的设备、采用的施工方法等进行，施工方案的确定应体现科学、合理、安全、经济和可靠的原则，在确保施工安全及质量的前提下，节省投资。

（4）签字存档。经合同双方协商同意的工程变更，应由书面材料，并由双方正式委托的代表签字。设计设计变更的，还必须有设计单位的代表签字，这是进行工程价款结算的依据。

第四节　工程索赔

一、索赔的含义

发包人、承包人未能按施工合同约定履行自己的各项义务或发生错误，给另一方造成经济损失的，由受损方按合同约定提出索赔，索赔金额按施工合同约定支付。

索赔是当事人在合同实施过程中，根据法律、合同规定及惯例，对不应由自己承担责任的情况造成的损失，向合同的另一方当事人提出给予赔偿或补偿要求的行为。在工程建设的各个阶段，都有可能发生索赔，但在施工阶段索赔发生较多。

二、索赔的特征

从索赔的基本含义，可以看出索赔具有以下基本特征：

（1）索赔是双向的。不仅承包人可以向发包人索赔，发包人同样也可以向承包人索赔。由于实践中发包人向承包人索赔发生的频率相对较低，而且在索赔处理中，发包人始终处于主动和有利地位，对承包人的违约行为他可以直接从应付工程款中扣抵、扣留保留金或通过履约保函向银行索赔来实现自己的索赔要求。因此在工程实践中大量发生的、处理比较困难的是承包人向发包人的索赔，也是工程师进行合同管理的重点内容之一。承包人的索赔范围非常广泛，一般只要因非承包人自身责任造成其工期延长或成本增加，都有可能向发包人提出索赔。有时发包人违反合同，如未及时交付施工图纸、合格施工现场、决策错误等造成工程修改、停工、返工、窝工，未按合同规定支付工程款等，承包人可向发包人提出赔偿要求；也可能由于发包人应承担风险的原因，如恶劣气候条件影响、国家法规修改等造成承包人损失或损害时，也会向发包人提出补偿要求。

（2）只有实际发生了经济损失或权利损害，一方才能向对方索赔。经济损失是指因对方因素造成合同外的额外支出，如人工费、材料费、机械费、管理费等额外开支；权利损害是指虽然没有经济上的损失，但造成了一方权利上的损害，如由于恶劣气候条件对工程进度的不利影响，承包人有权要求工期延长等。因此发生了实际的经济损失或权利损害，应是一方提出索赔的一个基本前提条件。有时上述两者同时存在，如发包人未及时交付合格的施工现场，既造成承包人的经济损失，又侵犯了承包人的工期权利，因此，承包人既要求经济赔偿，又要求工期延长；有时两者则可单独存在，如恶劣气候条件影响、不可抗力事件等，承包人根据合同规定或惯例则只能要求工期延长，不应要求经济补偿。

（3）索赔是一种未经对方确认的单方行为。它与我们通常所说的工程签证不同。在施工过程中签证是承发包双方就额外费用补偿或工期延长等达成一致的书面证明材料和补充协议，它可以直接作为工程款结算或最终增减工程造价的依据，而索赔则是单方面行为，对对方尚未形成约束力，这种索赔要求能否得到最终实现，必须要通过双方确认（如双方协商、谈判、调解或仲裁、诉讼）后才能实现。

许多人一听到“索赔”两字，很容易联想到争议的仲裁、诉讼或双方激烈的对抗，因此往往认为应当尽可能避免索赔，担心因索赔而影响双方的合作或感情。实质上索赔是一种正当的权利或要求，是合情、合理、合法的行为，它是在正确履行合同的基础上争取合理的偿付，不是无中生有，无理争利。索赔同守约、合作并不矛盾、对立，索赔本身就是市场经济中合作的一部分，只要是符合有关规定的、合法的或者符合有关惯例的，就应该理直气壮地、主动地向对方索赔。大部分索赔都可以通过协商谈判和调解等方式获得解决，只有在双方坚持己见而无法达成一致时，才会提交仲裁或诉诸法院求得解决，即使诉诸法律程序，也应当被看成是遵法守约的正当行为。

三、索赔的作用

索赔与工程承包合同同时存在。它的主要作用有：

（1）保证合同的实施。合同一经签订，合同双方即产生权利和义务关系。这种权益受法律保护，这种义务受法律制约。索赔是合同法律效力的具体体现，并且由合同的性质决定。如果没有索赔和关于索赔的法律规定，则合同形同虚设，对双方都难以形成约束，这样合同的实施得不到保证，不会有正常的社会经济秩序。索赔能对违约者起警戒作用：使他考虑到违约的后果，似尽力避免违约事件发生。所以索赔有助于工程双方更紧密的合作，有助于合同目标的实现。

（2）落实和调整合同双方经济责任关系。有权利，有利益，同时又应承担相应的经济责任。谁未履行责任，构成违约行为，造成对方损失，侵害对方权利，则应承担相应的合同处罚，予以赔偿。离开索赔，合同的责任就不能体现，合同双方的责权利关系就不平衡。

（3）维护合同当事人正当权益。索赔是一种保护自己，维护自己正当利益，避免损失，增加利润的手段。在现代承包工程中，如果承包商不能进行有效的索赔，不精通索赔业务，往往使损失得不到合理的及时的补偿，不能进行正常的生产经营，甚至要倒闭。

（4）促使工程造价更合理。施工索赔的正常开展，把原来打人工程报价的一些不可预见费用，改为按实际发生的损失支付，有助于降低工程报价，使工程造价更合理。

四、施工索赔分类

（一）按索赔的合同依据分类

1. 合同中明示的索赔

合同中明示的索赔是指承包商所提出的索赔要求，在该工程项目的合同文件中有文字依据，承包商可以据此提出索赔要求，并取得经济补偿。这些在合同文件中有文字规定的合同条款，称为明示条款。

2. 合同中默示的索赔

合同中默示的索赔，即承包商的该项索赔要求，虽然在工程项目的合同条件中没有专门的文字叙述，但可以根据该合同条件的某些条款的含义，推论出承包商有索赔权。这种索赔要求，同样有法律效力，有权得到相应的经济补偿。这种有经济补偿含义的条款，在合同管理工作中被称为“默示条款”或称为“隐含条款”。

默示条款是一个广泛的合同概念，它包含合同明示条款中没有写入、但符合双方签订合同时设想的愿望和当时环境条件的一切条款。这些默示条款，或者从明示条款所表述的设想愿望中引申出来，或者从合同双方在法律上的合同关系引申出来，经合同双方协商一致，或被法律和法规所指明，都成为合同文件的有效条款，要求合同双方遵照执行。

（二）按索赔有关当事人分类

1. 承包人同业主之间的索赔

这是承包施工中最普遍的索赔形式。最常见的是承包人向业主提出的工期索赔和费用索赔；有时，业主也向承包人提出经济赔偿的要求，即“反索赔”。

2. 总承包人和分包人之间的索赔

总承包人和分包人，按照他们之间所签订的分包合同，都有向对方提出索赔的权利，以维护自己的利益，获得额外开支的经济补偿。分包人向总承包人提出的索赔要求，经过总承包人审核后，凡是属于业主方面责任范围内的事项，均由总承包人汇总编制后向业主提出；凡属总承包人责任的事项，则由总承包人同分包人协商解决。

3. 承包人同供货人之间的索赔

承包人在中标以后，根据合同规定的机械设备和工期要求，向设备制造厂家或材料供应人询价订货，签订供货合同。

供货合同一般规定供货商提供的设备的型号、数量、质量标准和供货时间等具体要求。如果供货人违反供货合同的规定，使承包人受到经济损失时，承包人有权向供货人提出索赔，反之亦然。

（三）按索赔目的分类

1. 工期索赔

由于非承包人责任的原因而导致施工进程延误，要求批准展延合同工期的索赔，称之为工期索赔。工期索赔形式上是对权利的要求，以避免在原定合同竣工日不能完工时，被业主追究拖期违约责任。一旦获得批准合同工期延展后，承包人不仅免除了承担拖期违约赔偿费的严重风险，而且可能提前工期得到奖励，最终仍反映在经济收益上。

2. 费用索赔

费用索赔的目的是要求经济补偿。当施工的客观条件改变导致承包人增加开支，要求对超出计划成本的附加开支给予补偿，以挽回不应由他承担的经济损失。

（四）按索赔的处理方式分类

1. 单项索赔

单项索赔是针对某一干扰事件提出的。索赔的处理是在合同实施的过程中，干扰事件发生时，或发生后立即执行，它由合同管理人员处理，并在合同规定的索赔有效期内提交索赔意向书和索赔报告，它是索赔有效性的保证。

单项索赔通常处理及时，实际损失易于计算。例如，工程师指令将某分项工程混凝土改为钢筋混凝土，对此只需提出与钢筋有关的费用索赔即可。

单项索赔报告必须在合同规定的索赔有效期内提交工程师，由工程师审核后交业主，由业主做答复。

2. 总索赔

总索赔又叫一揽子索赔或综合索赔。一般在工程竣工前，承包人将施工过程中未解决的单项索赔集中起来，提出一篇总索赔报告。合同双方在工程交付前后进行最终谈判，以一揽子方案解决索赔问题。

通常在如下几种情况下采用一揽子索赔：

（1）在施工过程中，有些单项索赔原因和影响都很复杂，不能立即解决，或双方对合同的解释有争议，而合同双方都要忙于合同实施，可协商将单项索赔留到工程后期解决。

（2）业主拖延答复单项索赔，使施工过程中的单项索赔得不到及时解决。在国际工程中，有的业主就以拖的办法对待索赔，常常使索赔和索赔谈判旷日持久，导致许多索赔要求集中起来。

（3）在一些复杂的工程中，当干扰事件多，几个干扰事件同时发生，或有一定的连贯性，互相影响大，难以一一分清，则可以综合在一起提出索赔。

总索赔特点：

① 处理和解决都很复杂，由于施工过程中的许多干扰事件搅在一起，使得原因、责任和影响分析很为艰难。索赔报告的起草、审阅、分析、评价难度大。

由于解决费用、时间补偿的拖延，这种索赔的最终解决还会连带引起利息的支付，违约金的扣留，预期的利润补偿，工程款的最终结算等问题。这会加剧索赔解决的困难程度。

② 为了索赔的成功，承包人必须保存全部的工程资料和其他作为证据的资料，这使得工程项目的文档管理任务极为繁重。

③ 索赔的集中解决使索赔额集中起来，造成谈判的困难。由于索赔额大，双方都不愿或不敢作出让步，所以争执更加激烈。通常在最终一揽子方案中，承包商往往必须作出较大让步，有些重大的一揽子索赔谈判一拖几年，花费大量的时间和金钱。

对索赔额大的一揽子索赔，必须成立专门的索赔小组负责处理。在国际承包工程中，通常聘请法律专家，索赔专家，或委托咨询公司，索赔分司进行索赔管理。

④ 由于合理的索赔要求得不到解决，影响承包人的资金周转和施工速度，影响承包人履行合同的能力和积极性。这样会影响工程的顺利实施和双方的合作。

五、施工索赔的原因

引起索赔的原因是多种多样的，以下是一些主要原因：

（一）业主违约

业主违约常常表现为业主或其委托人未能按合同规定为承包人提供应由其提供的、使承包人得以施工的必要条件，或未能在规定的时间内付款。比如业主未能按规定时间向承包人提供场地使用权，工程师未能在规定时间内发出有关图纸、指示、指令或批复，工程师拖延发布各种证书（如进度付款签证、移交证书等），业主提供材料等的延误或不符合合同标准，还有工程师的不适当决定和苛刻检查等。

（二）合同缺陷

合同缺陷常常表现为合同文件规定不严谨甚至矛盾、合同中的遗漏或错误。这不仅包括商务条款中的缺陷，也包括技术规范和图纸中的缺陷。在这种情况下，工程师有权作出解释。但如果承包人执行工程师的解释后引起成本增加或工期延长，则承包人可以为此提出索赔，工程师应给与证明，业主应给与补偿。一般情况下，业主作为合同起草人，他要对合同中的缺陷负责，除非其中有非常明显的含糊或其他缺陷，根据法律可以推定承包商有义务在投标前发现并及时向业主指出。

（三）施工条件变化

在土木建筑工程施工中，施工现场条件的变化对工期和造价的影响很大。由于不利的自然条件及障碍，常常导致涉及变更，工期延长或成本大幅度增加。

土建工程对基础地质条件要求很高，而这些土壤地质条件，如地下水、地质断层，熔岩孔洞、地下文物遗址等等，根据业主在招标文件中所提供的材料，以及承包人在招标前的现场勘察，都不可能准确无误地发现，即使是有经验的承包人也无法事前预料。因此，基础地质方面出现的异常变化必然会引起施工索赔。

（四）工程变更

土建工程施工中，工程量的变化是不可避免的，施工时实际完成的工程量超过或小于工程量表中所列的预计工程量。在施工过程中，工程师发现设计、质量标准和施工顺序等问题时，往往会指令增加新的工作，改换建筑材料，暂停施工或加速施工，等等。这些变更指令必然引起新的施工费用，或需要延长工期。所有这些情况，都迫使承包人提出索赔要求，以弥补自己所不应承担的经济损失。

（五）工期拖延

大型土建工程施工中，由于受天气、水文地质等因素的影响，常常出现工期拖延。分析拖期原因、明确拖期责任时，合同双方往往产生分歧，使承包商实际支出的计划外施工费用得不到补偿，势必引起索赔要求。

如果工期拖延的责任在承包商方面，则承包商无权提出索赔。他应该以自费采取赶工的措施，抢回延误的工期；如果到合同规定的完工日期时，仍然做不到按期建成，则应承担误期损害赔偿费。

（六）工程师指令

工程师指令通常表现为工程师指令承包商加速施工、进行某项工作、更换某些材料、采取某种措施或停工等。工程师是受业主委托来进行工程建设监理的，其在工程中的作用是监督所有工作都按合同规定进行，督促承包商和业主完全合理地履行合同、保证合同顺利实施。为了保证合同工程达到既定目标，工程师可以发布各种必要的现场指令。相应地，因这种指令（包括指令错误）而造成的成本增加和（或）工期延误，承包商当然可以索赔。

（七）国家政策及法律、法令变更

国家政策及法律、法令变更，通常是指直接影响到工程造价的某些政策及法律、法令的变更，比如限制进口、外汇管制或税收及其他收费标准的提高。无疑，工程所在国的政策及法律、法令是承包商投标时编制报价的重要依据之一。就国际工程而言，合同通常都规定，从投标截止日期之前的第 28 天开始，如果工程所在国法律和政策的变更导致承包商施工费用增加，则业主应该向承包商补偿其增加值；相反，如果导致费用减少，则也应由业主受益。作出这种规定的理由是很明显的，因为承包商根本无法在投标阶段预测这种变更。就国内工程而言，因国务院各有关部、各级建设行政管理部门或其授权的工程造价管理部门公布的价格调整，比如定额、取费标准、税收、上缴的各种费用等，可以调整合同价款。如未予调整，承包商可以要求索赔。

（八）其他承包商干扰

其他承包商干扰通常是指其他承包商未能按时、按序进行并完成某项工作、各承包商之间配合协调不好等而给本承包商的工作带来的干扰。大中型土木工程，往往会有几个承包商在现场施工。由于各承包商之间没有合同关系，工程师作为业主委托人有责任组织协调好各个承包商之间的工作；否则，将会给整个工程和各承包商的工作带来严重影响，引起承包商索赔。比如，某承包商不能按期完成他那部分工作，其他承包商的相应工作也会因此延误。在这种情况下，被迫延迟的承包商就有权向业主提出索赔。在其他方面，如场地使用、现场交通等等，各承包商之间也都有可能发生相互干扰的问题。

（九）其他第三方原因

其他第三方原因通常表现为因与工程有关的其他第三方的问题而引起的对本工程的不利影响。比如，银行付款延误，邮路延误，港口压港等。由于这种原因引起的索赔往往比较难以处理。比如，业主在规定时间内依规定方式向银行寄出了要求向承包商支付款项的付款申请，但由于邮路延误，银行迟迟没有收到该付款申请，因而造成承包商没有在合同规定的期限内收到工程款。在这种情况下，由于最终表现出来的结果是承包商没有在规定时间内收到款项，所以承包商往往会向业主索赔。对于第三方原因造成的索赔，业主给予补偿后，业主应该根据其与第三方签订的合同规定或有关法律规定再向第三方追偿。

六、索赔程序

（一）承包人的索赔

承包人的索赔程序通常可分为以下几个步骤：

1. 索赔意向通知

在索赔事件发生后，承包人应抓住索赔机会，迅速作出反应。承包人应在索赔事件发生后的28天内向工程师递交索赔意向通知，声明将对此事件提出索赔。该意向通知是承包人就具体的索赔事件向工程师和业主表示的索赔愿望和要求。如果超过这个期限，工程师和业主有权拒绝承包人的索赔要求。

当索赔事件发生，承包人就应该进行索赔处理工作，直到正式向工程师和业主提交索赔报告。这一阶段包括许多具体的复杂的工作，主要有：

（1）事态调查，即寻找索赔机会。通过对合同实施的跟踪、分析、诊断、发现了索赔机会，则应对它进行详细的调查和跟踪，以了解事件经过、前因后果、掌握事件详细情况。

（2）损害事件原因分析，即分析这些损害事件是由谁引起的，它的责任应由谁来承担。一般只有非承包人责任的损害事件才有可能提出索赔。在实际工作中，损害事件的责任常常是多方面的，故必须进行责任分解，划分责任范围，按责任大小，承担损失。这里特别容易引起合同双方争执。

（3）索赔根据，即索赔理由，主要指合同文件。必须按合同判明这些索赔事件是否违反合同，是否在合同规定的赔偿范围之内。只有符合合同规定的索赔要求才有合法性、才能成立。例如，某合同规定，在工程总价15%的范围内的工程变更属于承包人承担的风险。则业主指令增加工程量在这个范围内，承包人不能提出索赔。

（4）损失调查，即为索赔事件的影响分析。它主要表现为工期的延长和费用的增加。如果索赔事件不造成损失，则无索赔可言。损失调查的重点是收集、分析、对比实际和计划的施工进度，工程成本和费用方面的资料，在此基础计算索赔值。

（5）搜集证据。索赔事件发生，承包人就应抓紧搜集证据，并在索赔事件持续期间一直保持有完整的当时记录。同样，这也是索赔要求有效的前提条件。如果在索赔报告中提不出证明其索赔理由，索赔事件的影响，索赔值的计算等方面的详细资料，索赔要求是不能成立的。在实际工程中，许多索赔要求都因没有，或缺少书面证据而得不到合理的解决。所以承包人必须对这个问题有足够的重视。通常，承包人应按工程师的要求做好并保持当时记录，并接受工程师的审查。

（6）起草索赔报告。索赔报告是上述各项工作的结果和总括。它表达了承包人的索赔要求和支持这个要求的详细依据。它决定了承包人索赔的地位，是索赔要求能否获得有利和合理解决的关键。

2. 索赔报告递交

索赔意向通知提交后的28天内，或工程师可能同意的其他合理时间内，承包人应递送正式的索赔报告。索赔报告的内容应包括：事件发生的原因，对其权益影响的证据资料，索赔的依据，此项索赔要求补偿的款项和工期展延天数的详细计算等有关材料。如果索赔事件的影响持续存在，28天内还不能算出索赔额和工期展延天数时，承包人应按工程师合理要求的时间间隔（一般为28天），定期陆续报出每一个时间段内的索赔证据资料和索赔要求。在该项索赔事件的影响结束后的28天内，报出最终详细报告，提出索赔论证资料和累计索赔额。

承包人发出索赔意向通知后，可以在工程师指示的其他合理时间内再报送正式索赔报告，也就是说工程师在索赔事件发生后有权不马上处理该项索赔。如果事件发生时，现场施工非常紧张，工程师不希望立即处理索赔而分散各方抓施工管理的精力，可通知承包人将索赔的处理留待施工不太紧张时再去解决。但承包人的索赔意向通知必须在事件发生后的28天内提出，包括因对变更估价双方不能取得一致意见，而先按工程师单方面决定的单价或价格执行时，承包人提出的保留索赔权利的意向通知。如果承包人未能按时间规定提出索赔意向和索赔报告，则他就失去了该项事件请求补偿的索赔权力。此时他所受到损害的补偿，将不超过工程师认为应主动给予的补偿额，或把该事件损害提交仲裁解决时，仲裁机构依据合同和同期记录可以证明的损害补偿额。承包人的索赔权利就受到限制。

3. 工程师审核索赔报告

1）工程师审核承包人的索赔申请

接到承包人的索赔意向通知后，工程师应建立自己的索赔档案，密切关注事件的影响，检查承包商的同期记录时，随时就记录内容提出他的不同意见之处或他希望应予以增加的记录项目。

在接到正式索赔报告以后，认真研究承包商报送的索赔资料。首先在不确认责任归属的情况下，客观分析事件发生的原因，重温合同的有关条款，研究承包商的索赔证据，并检查他的同期记录；其次通过对事件的分析，工程师再依据合同条款划清责任界限，如果必要时还可以要求承包人进一步提供补充资料。尤其是对承包人与业主或工程师都负有一定责任的事件影响，更应划出各方应该承担合同责任的比例。最后再审查承包人提出的索赔补偿要求，剔除其中的不合理部分，拟定自己计算的合理索赔款额和工期延展天数。

《建设工程施工合同示范文本》规定，工程师收到承包人递交的索赔报告和有关资料后，应在 28 天内给予答复，或要求承包人进一步补充索赔理由和证据。如果在 28 天内既未予答复，也未对承包人作进一步要求的话，则视为承包人提出的该项索赔要求已经认可。

2）索赔成立条件

工程师判定承包人索赔成立的条件为：

① 与合同相对照，事件已造成了承包人施工成本的额外支出，或直接工期损失。

② 造成费用增加或工期损失的原因，按合同约定不属于承包人的行为责任或风险责任。

③ 承包人按合同规定的程序提交了索赔意向通知和索赔报告。

上述三个条件没有先后主次之分，应当同时具备。只有工程师认定索赔成立后，才按一定程序处理。

4. 工程师与承包人协商补偿

工程师核查后初步确定应予以补偿的额度，往往与承包人的索赔报告中要求的额度不一致，甚至差额较大。主要原因大多为对承担事件损害责任的界限划分不一致；索赔证据不充分；索赔计算的依据和方法分歧较大等，因此双方应就索赔的处理进行协商。通过协商达不成共识的话，承包商仅有权得到所提供的证据满足工程师认为索赔成立那部分的付款和工期延展。不论工程师通过协商与承包人达到一致，还是他单方面作出的处理决定，批准给予补偿的款额和延展工期的天数如果在授权范围之内，则可将此结果通知承包商，并抄送业主。补偿款将计入下月支付工程进度款的支付证书内，延展的工期加到原合同工期中去。如果批准的额度超过工程师权限，则应报请业主批准。

对于持续影响时间超过 28 天以上的工期延误事件，当工期索赔条件成立时，对承包人每隔 28 天报送的阶段索赔临时报告审查后，每次均应作出批准临时延长工期的决定，并于事件影响结束后 28 天内承包人提出最终的索赔报告后，批准延展工期总天数。应当注意的是，最终批准的总延展天数，不应少于以前各阶段已同意延展天数之和。规定承包人在事件影响期间必须每隔 28 天提出一次阶段索赔报告，可以使工程师能及时根据同期记录批准该阶段应予延展工期的天数，避免事件影响时间太长而不能准确确定索赔值。

5. 工程师索赔处理决定

在经过认真分析研究与承包人、业主广泛讨论后，工程师应该向业主和承包人提出自己的《索赔处理决定》。工程师收到承包人送交的索赔报告和有关资料后，于 28 天内给予答复，或要求承包人进一步补充索赔理由和证据。工程师在28天内未予答复或未对承包人作出进一步要求，则视为该项索赔已经认可。

工程师在《索赔处理决定》中应该简明地叙述索赔事项、理由和建议给予补偿的金额及（或）延长的工期。《索赔评价报告》则是作为该决定的附件提供的。它根据工程师所掌握的实际情况详细叙述索赔的事实依据、合同及法律依据，论述承包人索赔的合理方面及不合理方面，详细计算应给予的补偿。《索赔评价报告》是工程师站在公正的立场上独立编制的。

通常，工程师的处理决定不是终局性的，对业主和承包人都不具有强制性的约束力。在收到工程师的《索赔处理决定》后，无论业主还是承包人，如果认为该处理决定不公正，都可以在合同规定的时间内提请工程师重新考虑。工程师不得无理拒绝这种要求。一般来说，对工程师的处理决定，业主不满意的情况很少，而承包人不满意的情况较多。承包人如果持有异议，他应该提供进一步的证明材料，向工程师进一步表明为什么其决定是不合理的。有时甚至需要重新提交索赔申请报告，对原报告做一些修正，补充或做一些让步。如果工程师仍然坚持原来的决定，或承包人对工程师的新决定仍不满，则可以按合同中的仲裁条款提交仲裁机构仲裁。

6. 业主审查索赔处理

当工程师确定的索赔额超过其权限范围时，必须报请业主批准。

业主首先根据事件发生的原因、责任范围、合同条款审核承包商的索赔申请和工程师的处理报告，再依据工程建设的目的、投资控制、竣工投产日期要求以及针对承包人在施工中的缺陷或违反合同规定等的有关情况，决定是否批准工程师的处理意见，而不能超越合同条款的约定范围。例如，承包人某项索赔理由成立，工程师根据相应条款规定，既同意给予一定的费用补偿，也批准展延相应的工期。但业主权衡了施工的实际情况和外部条件的要求后，可能不同意延展工期，而宁可给承包人增加费用补偿额，要求他采取赶工措施，按期或提前完工。这样的决定只有业主才有权作出。索赔报告经业主批准后，工程师即可签发有关证书。

7. 承包人是否接受最终索赔处理

承包人接受最终的索赔处理决定，索赔事件的处理即告结束。如果承包人不同意，就会导致合同争议。通过协商双方达到互谅互让的解决方案，是处理争议的最理想方式。如达不成谅解，承包人有权提交仲裁解决。

（二）发包人的索赔

《建设工程施工合同示范文本》规定，承包人未能按合同约定履行自己的各项义务或发生错误而给发包人造成损失时，发包人也应按合同约定承包人索赔的时限要求，向承包人提出索赔。

七、索赔费用的计算

索赔费用的项目与合同价款的构成类似，也包括直接费、管理费、利润等。索赔费用的计算方法，基本上与报价计算相似。

实际费用法是索赔计算最常用的一种方法。一般是先计算与索赔事件有关的直接费用，然后计算应分摊的管理费、利润等。关键是选择合理的分摊方法。由于实际费用所依据的是实际发生的成本记录或单据，在施工过程中，系统而准确地积累记录资料非常重要。

（1）人工费索赔。人工费索赔包括完成合同范围之外的额外工作所花费的人工费用，由于发包人责任的工效降低所增加的人工费用，由于发包人责任导致的人员窝工费，法定的人工费增长等。

（2）材料费索赔。材料费索赔包括完成合同范围之外的额外工作所增加的材料费，由于发包人责任的材料实际用量超过计划用量而增加的材料费，由于发包人责任的工程延误所导致的材料价格上涨和材料超期储存费用，有经验的承包人不能预料的材料价格大幅度上涨等。

（3）施工机械使用费索赔。施工机械使用费索赔包括完成合同范围之外的额外工作所增加的机械使用费，由于发包人责任的工效降低所增加的机械使用费，由于发包人责任导致机械停工的窝工费等。机械窝工费的计算，如系租赁施工机械，一般按实际租金计算（应扣除运行使用费用）；如系承包人自有施工机械，一般按机械折旧费加人工费（司机工资）计算。

（4）管理费索赔。按国际惯例，管理费包括现场管理费和公司管理费。由于我国工程造价没有区别现场管理费和公司管理费，因此有关管理费的索赔需综合考虑。现场管理费索赔包括完成合同范围之外的额外工作所增加的现场管理费，由于发包人责任的工程延误期间的现场管理费等。对部分工人窝工损失索赔时，如果有其他工程仍然在进行（非关键线路上的工序），一般不予计算现场管理费索赔。公司管理费索赔主要指工期延误期间所增加的公司管理费。

参照国际惯例，管理费的索赔有下面两种主要的分摊计算方法。

$$\text{日管理费}=\frac{\text{合同价款中所包括的管理费}}{\text{合同工期}} \tag{6-4}$$

$$\text{管理费索赔额}=\text{日管理费}\times\text{合同延误天数} \tag{6-5}$$

$$\text{单位直接费的管理费率}=\frac{\text{管理费总额}}{\text{总直接费}}\times 100\% \tag{6-6}$$

$$\text{管理费索赔额}=\text{索赔直接费}\times\text{单位直接费的管理费率} \tag{6-7}$$

（5）利润。工程范围变更引起的索赔，承包人是可以列入利润项的。而对于工期延误的索赔，由于延误工期并未影响或削减某些项目的实施，未导致利润减少，因此一般很难在延误的费用索赔中加进利润损失。当工程顺利完成，承包人通过工程结算实现了分摊在工程单价中的全部期望利润，但如果因发包人的原因工程终止，承包人可以对合同利润未实现部分提出索赔要求。

索赔利润的款额计算与原报告的利润率保持一致，即在工程成本的基础上，乘以原报价利润率，作为该项索赔款的利润。

八、工程师索赔管理原则

要使索赔得到公正合理的解决，工程师在工作中必须遵守以下原则：

（一）公正原则

工程师作为施工合同的中介人，他必须公正地行事。以没有偏见的方式解释和履行合同，独立地作出判断，行使自己的权力。由于施工合同双方的利益和立场存在不一致，常常会出现矛盾，甚至冲突，这时工程师起着缓冲、协调作用。他的立场，或者公正性的基本点有如下几个方面：

（1）他必须从工程整体效益、工程总目标的角度出发作出判断或采取行动。使合同风险分配，干扰事件责任分担，索赔的处理和解决不损害工程整体效益和不违背工程总目标。在这个基本点上，双方常常是一致的，例如使工程顺利进行，尽早使工程竣工，投入生产，保证工程质量，按合同施工等。

（2）按照法律规定（合同约定）行事。合同是施工过程中的最高行为准则。作为工程师更应该按合同办事，准确理解，正确执行合同。在索赔的解决和处理过程中应贯穿合同精神。

（3）从事实出发，实事求是。按照合同的实际实施过程、干扰事件的实情、承包商的实际损失和所提供的证据作出判断。

（二）及时履行职责原则

在工程施工中，工程师必须及时地（有的合同规定具体的时间，或“在合理的时间内”）行使权力，作出决定，下达通知，指令，表示认可或满意等。这有如下重要作用：

（1）可以减少承包人的索赔机会。因为如果工程师不能迅速及时地行事，造成承包人的损失，必须给予工期或费用的补偿。

（2）防止干扰事件影响的扩大。若不及时行事会造成承包人停工等待处理指令，或承包人继续施工，造成更大范围的影响和损失。

（3）在收到承包人的索赔意向通知后应迅速作出反应，认真研究密切注意干扰事件的发展。一方面可以及时采取措施降低损失；另一方面可以掌握干扰事件发生和发展的过程，掌握第一手资料，为分析、评价、反驳承包人的索赔做准备。所以工程师也应鼓励并要求承包人及时向他通报情况，并及时提出索赔要求。

（4）不及时地解决索赔问题将会加深双方的不理解、不一致和矛盾。由于不能及时解决索赔问题，承包人资金周转困难，积极性受到影响，施工进度放慢，对工程师和业主缺乏信任感；而业主会抱怨承包人拖延工期，不积极履约。

（5）不及时行事会造成索赔解决的困难。单个索赔集中起来，索赔额积累起来，不仅给分析，评价带来困难，而且会带来新的问题，使解决复杂化。

（三）协商一致原则

工程师在处理和解决索赔问题时应及时地与业主和承包人沟通，保持经常性的联系。在作出决定，特别是调整价格、决定工期和费用补偿，做调解决定时，应充分地与合同双方协商，最好达成一致，取得共识。这是避免索赔争执的最有效的办法。工程师应充分认识到，如果他的调解不成功，使索赔争执升级，则对合同双方都是损失，将会严重影响工程项目的整体效益。在工程中，工程师切不可凭借他的地位和权力武断行事，滥用权力，特别对承包人不能随便以合同处罚相威胁，或盛气凌人。

（四）诚实信用原则

工程师有很大的工程管理权力，对工程的整体效益有关键性的作用。业主依赖他，将工程管理的任务交给他；承包人希望他公正行事。但他的经济责任较小，缺少对他的制约机制。所以工程师的工作在很大程度上依靠他自身的工作积极性，责任心，他的诚实和信用，靠他的职业道德来维持。

第五节　工程价款结算

工程价款结算指依据施工合同进行工程预付款、工程进度款结算的活动。在履行工程合同过程中，工程价款结算分为预付款结算、进度款结算这两个阶段。

一、工程预付款

（一）工程预付款的概念

工程预付款是建设工程施工合同订立后由发包人按照合同约定，在正式开工前预先支付给承包人的工程款项。它是施工准备和所需主要材料、结构件等流动资金的主要来源，国内习惯又称预付备料款。工程预付款的支付，表明该工程已经实质性启动。预付款习惯上称为预付备料款。预付款还可以包括开办费，供施工人员组织、完成临时设施工程等准备工作之用。例如，有的地方建设行政主管部门明确规定：临时设施费作为预付款，发包人应在开工前全额支付。预付款相当于发包人给承包人的无息贷款。随着我国投资体制的改革，很多新的投资模式如 BT、BOT 不断出现，不是每个工程都存在预付款。

全国各地区、各部门对于预付款二度的规定不尽相同。结合不同工程项目的承包方式、工期等实际情况，可以在合同中约定不同比例的预付备料款。

（二）工程预付款的拨付

施工合同约定由发包人供应材料的，按招标文件提供的“发包人供应材料价格表”所示的暂定价，由发包人将材料转给承包人，相应的材料款在结算工程款时陆续抵扣。这部分材料，承包人不应收取备料款。预付备料款的计算公式为：

预付备料款款=施工合同价或年度建安工程费×预付备料款额度（%）　　（6-8）

预付备料款的额度由合同约定，招标时应在合同条件中约定工程预付款的百分比，根据工程类型、合同工期、承包方式和供应方式等不同条件而定。《建设工程价款结算暂定办法》规定：包工包料工程的预付款按合同约定拨付，原则上预付比例不低于合同金额的 10%，不高于合同金额的 30%，对重大工程项目，按年度工程计划逐年预付。执行《计价规范》的工程，实体性消耗和非实体性消耗部分应在合同中分别约定预付款比例。

在具备施工条件的前提下，发包人应在双方合同签订后的一个月内或不迟于约定的开工日期前的 7 天内预付工程款；发包人不按约定预付，承包人应在预付时间到期后 10 天内向发包人发出要求预付的通知；发包人收到通知后仍不按要求预付，承包人可在发出通知 14 天后停止施工，发包人应从约定应付之日起向承包人支付应付款的利息（利率按同期银行贷款利率计），并承担违约责任。

（三）工程预付款的扣还

备料款属于预付性质，在工程后期应随工程所需材料储备逐步减少而逐步扣还，以抵充工程价款的方式陆续扣还。预付的工程款必须在施工合同中约定起扣时间和比例等，在工程进度款中进行抵扣。

1. 按公式计算起扣点和抵扣额

按公式计算起扣点和抵扣额的方法的原则是：以未完工程和未施工工程所需材料价值相当于备料款数额时起扣；每次结算工程价款时按主要材料比重抵扣工程价款，竣工时全部扣清。一般情况下，工程进度达到 60%左右时，开始抵扣预付备料款。起扣点计算公式为：

$$起扣点已完工程价值=施工合同总值-\frac{预付备料款}{主要材料比重} \tag{6-9}$$

例如，主要材料比重为 56%，预付备料款额度为 18%，则预付备料款起扣时的工程进度为：1 −（18%÷56%）=67.86%，这时未完工程，32.14%为所需的主材费。接近 18%（即 32.14%×56%≈18%）。

结算时应扣还的预付备料款的计算公式为：

$$第一次抵扣额=（累计已完工程价值-起扣点已完工程价值）\times 主要材料比重 \tag{6-10}$$

$$以后每次抵扣额=每次完成工程价值\times 主要材料比重 \tag{6-11}$$

主要材料比重可以按照工程造价当中的材料费结合材料供应方式确定。

2. 按照合同约定办法扣还备料款

按公式计算确定起扣点和起扣额，按理论上较为合理，按获得有关计算数据比较繁琐。在实际工作中，常参照上述公式计算出起扣点，在施工合同中采用约定起扣点和固定比例扣还备料款的办法，双方共同遵守。

例如：约定工程进度款达到 60%，开始抵扣备料款，扣回的比例是按每完成 10%进度扣预付备料款总额的 25%。

3. 工程最后一次抵扣备料款

工程最后一次抵扣备料款的方法适用于结构简单、造价低、工期短的工程。备料款在施工前一次拨付，施工过程中不分词抵扣，当备料款加已付工程款打到施工合同总值的 95%时（当留 5%尾款时），停付工程款。

【例 6-1】某工程合同价款为 800 万元。施工合同约定：工程备料款额度为 18%，工程进度打到 68%时，开始起扣工程备料款。经测算，主要材料比重为 56%，在承包人累计完成工程进度 64%后的当月完成工程价款为 80 万元。试求：

（1）预付备料款总额为多少？

（2）在累计完成工程进度 64%后的当月应收取的工程进度款及应归还的工程备料款为多少？

（3）在此后的施工过程还将归还多少工程备料款？

【解】（1）预付备料款总额=800×18%=144（万元）

（2）承包人累计完成工程进度 64%后的当月所完成的工程进度为：

80/800×100%=10%

承包人当月在未达到起扣工程备料款时应收取工程进度款为：

800×4%=32（万元）

承包人当月在已达到起扣工程备料款时应收取工程进度款为：

（80−32）×（1−56%）=21.12（万元）

承包人当月应收取的工程进度款为：

32+21.12=53.12（万元）

也就是说，承包人当月扣还的工程备料款为：

80−53.12=26.88（万元）

或

48−21.12=26.88（万元）

（3）此后的施工过程中还有 144−26.88=117.12（万元）应归还的备料款。此时，尚有工程价款为：

800×（100%−64%−10%）=208（万元）

如按材料比重抵扣工程价款可归还的工程备料款为：

208×56%=116.48（万元）

应注意在竣工结算月要抵扣清了。

二、工程进度结算款

工程进度款结算，也称为中间结算，指承包人在施工过程中，根据实际完成的分部分项工程数量计算各项费用，向发包人办理工程结算。工程进度款结算，是履行施工合同过程中的经常性工作，具体的支付时间、方式和数额等都应在施工合同中作出约定。图 6-1 是工程进度款支付步骤。

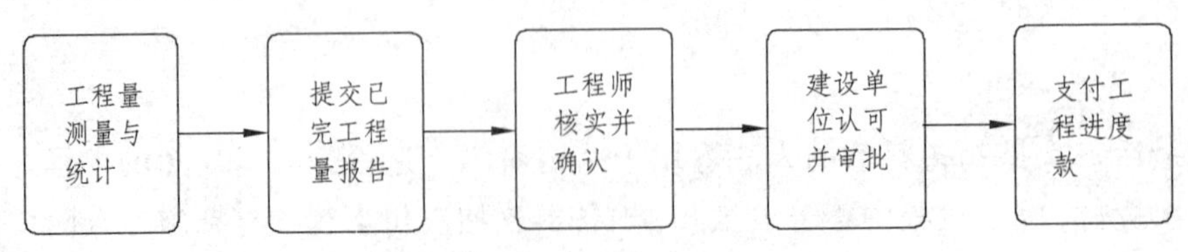

图 6-1　工程进度款支付步骤

众所周知，工程施工过程必然会产生一些设计变更或施工条件变化，从而使合同价款发生变化。对此，发包人和承包人均应加强施工现场的造价控制，及时对施工合同外的事项如实记录并履行书面手续，按照合同约定的合同价款调整内容以及索赔事项，对合同价款进行调整，进行工程进度款结算。

1. 工程计量及其程序

计量支付指在施工过程中间结算时，工程师按照合同约定，对核实的工程量填制中间计量表，作为承包人取得发包人付款的凭证；承包人根据施工合同所约定的时间、方式和工程师所做的中间计量表，按照构成合同价款相应项目的单价和取费标准提出付款申请；经工程师审核签字后，由发包人予以支付。

《建设工程价款暂行办法》对工程计量有如下规定：

（1）承包人应当按照合同约定的方法是和时间，向发包人提供已完工程量的报告。发包人接到报告后 14 天内核实已完工程量，并在核实完 1 天前通知承包人，承包人应提供条件并派人参加核实，承包人收到通知后不参加核实，以发包人核实的工程量作为工程价款支付的依据。发包人不按约定时间通知承包人，致使承包人未能参加核实，核实结果无效。

（2）发包人收到承包人报告后 14 天内未核实完工程量，从第 15 天起，承包人报告的工程量即视为被确认，作为工程价款支付的依据，双方合同另有约定的，按合同执行。

（3）对承包人超出设计图纸（含设计变更）范围和因承包人原因造成返工的工程量，发包人不予计量。

工程计量应当注意严格确定计量内容，严格计量的方法，并且加强隐蔽工程的计量。为了切实做法工程计量与复核工作，工程师应对隐蔽工程做预先测量。测量结果必须经各方认可，并以签字为凭。

通过工程计量支付来控制合同价款，由工程师掌握工程支付签认权，约束承包人的行为，在施工的各个环节上发挥其监督和管理作用。把工程财务支付的签认权和否决权交给工程师，对控制造价十分有利。在施工过程的各个工序上，设置由工程师签认的质量检验程序，同事设置中期支付报表的一系列签认程序，没有工程师签字的工序或分项工程检验报告，该工序或该分项工程不得进入支付报表，且未经工程师签认的支付报表无效。这样做，能有效地控制工程造价，并提高承包人内部管理水平。

2. 工程价款的计算

按照施工合同约定的时间、方式和工程师确认的工程量，承包人按构成合同价款相应项目的单价和取费标准计算，要求支付工程进度款。

工程进度款的计算主要涉及两个方面：一是工程量的计算；二是单价的计算方法。施工合同选用工料单价还是综合单价，工程进度款的计算方法不同。

在工程量清单计价方式下，能够获得支付的项目必须是工程量清单中的项目，综合单价必须按已标价的工程量清单确定。采用固定综合单价法计价，工程进度款的计算公式为：

$$\text{工程进度款}=\sum(\text{计量工程量}\times\text{综合单价})\times(1+\text{规费费率})\times(1+\text{税金率}) \tag{6-15}$$

工程进度款结算的性质是按进度临时付款，这是因为在有工程变更但又未对变更价款达成协议时，工程师可以提出一个暂定的价格，作为临时支付工程进度款的依据，有些合同还可能为控制工程进度而提出一个每月最低支付款，不足最低付款额的已完工程价款会延至下个月支付；另外，在按月支付时可能还存在计算上的疏漏，工程竣工结算将调整这些结果差异。

3. 工程支付的有关规定

承包人提出的付款申请除了对所完成的工程量要求付款以外，还包括变更工程款、索赔款、价格调整等。按照《建设工程价款结算暂行办法》及其他有关规定，发承包双方应该按照以下要求办理工程支付：

（1）根据确定的工程计算结果，承包人向发包人提出支付工程进度款申请后的 14 天内，发包人应按数额不低于工程价款的 60%，不高于工程价款的 90%向承包人支付工程进度款。

（2）发包人向承包人支付工程进度款的同时，按约定发包人应扣回的预付款，供应的材料款，调价合同价款，变更合同价款及其他约定的追加合同价款，与工程进度款同期结算。需要说明的是，发包人应扣回的供应的材料款，用按照施工合同规定留下承包人的材料保管费，并在合同价款总额计算之后扣除，即税后扣除。

（3）发包人超过支付的约定时间不支付工程进度款，承包人应及时向承包人发出要求付款的通知，发包人收到承包人通知后仍不按要求付款，可与承包人协商签订延期付款协议，经承包人同意后可延期支付，协议应明确延期支付的时间和从工程计量结果确认后第 15 天起计算应付款的利息（利率按同期银行贷款利率计）。

（4）发包人不按合同约定支付工程进度款，双方又未达成延期付款协议，导致施工无法进行，承包人可停止施工，由发包人承担违约责任。

【例 6-2】某工程开、竣工时间分别为当年 4 月 1 日、9 月 30 日。发包人根据该工程的特点及项目构成情况，将工程分为三个标段。其中第Ⅲ标段造价为 4 150 万元，第Ⅲ标段中的预制构件由发包人提供（直接委托构件厂生产）。

第Ⅲ标段承包人为 C 公司。发包人与 C 公司在施工合同中约定：

（1）开工前发包人应向 C 公司支付合同价 25%的预付款，预付款从第三个月开始等额扣还，4 个月扣完。

（2）发包人根据 C 公司完成的工程量（经工程师签认后）按月支付工程款，质量保证金总额为合同价的 5%。质量保证金按每月工程价款的 10%扣除，直至扣完为止。

（3）工程师签发的月付款凭证最低金额为 300 万元。

第Ⅲ标段个月完成工程价款见表 6-1。试计算支付给 C 公司的工程预付款是多少？工程师在 4 月至 8 月底按月分别给 C 公司实际签发的付款凭证金额是多少？

表 6-1　各月完成工程价款　　单位：万元

月份	4	5	6	7	8	9
C 公司	480	685	560	430	620	580
构件厂			275	340	180	

【解】（1）计算工程预付款。

C 公司的合同价款为：

$$4\ 150-（275+340+180）=3\ 355.00（万元）$$

C 公司应得到的工程预付款为：

$$3\ 355.00\times25\%=838.75（万元）$$

质量保证金为：

$$3\ 355.00\times5\%=167.75（万元）$$

（2）计算实际签发的付款凭证金额。

① 4 月底：

$$480.00-480.00\times10\%=432.00（万元）$$

实际签发的付款凭证金额为 432.00 万元。

② 5 月底：

$$685.00-685.00\times10\%=616.50（万元）$$

实际签发的付款凭证金额为 616.50 万元。

③ 6 月底：

工程保证金应扣 167.75-48.00-68.50=51.25（万元）

应签发的付款凭证金额为：

$$560-51.25-838.75\div4=299.06（万元）$$

由于应签发的付款凭证金额低于合同规定的最低支付限额，故不予支付。

④ 7 月底：

$$430-838.75\div4=220.31（万元）$$

实际签发的付款凭证金额为：

$$299.06+220.31=519.37（万元）$$

⑤ 8 月底：

$$620-838.75\div4=410.31（万元）$$

实际签发的付款凭证金额为 410.31 万元。

4. 固定单价合同的单价调整

对于固定单价合同，工程量的大小对造价控制有十分重要的影响。在正常履行施工合同期间，如果工程量的变化以及价格上涨水平没有超出规定的表变化幅度范围，则执行同一综合单价，按实际完成的且经过工程师核实确认的工程量进行计算，量变价不变。

《清单计价》规定：不论是由于工程量清单有误，还是由于设计变更引起工程量的增减，均按实调整合同价款。合同中综合单价因工程量变更需调整时，除合同另有约定外，应按照下列办法确定：由于工程量清单的工程量有误或设计变更引起工程量的增减，属合同约定幅度以外的，其增加部分的工程量或减少后剩余部分的工程量的综合单价由承包人提出，经发包人确认后，作为结算的依据。《计价规范》还规定：由于工程量的变更，且实际发生了除前述规定以外的费用损失，承包人可提出索赔要求，与发包人协商确认后，给予补偿。单价调整的具体做法示意如图 6-2 所示。

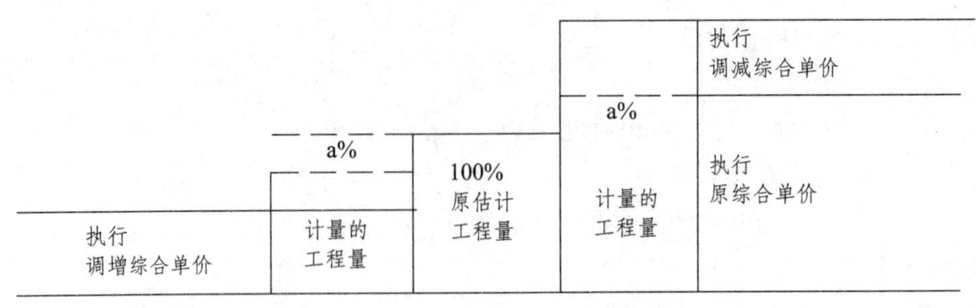

图 6-2　固定单价合同的单价调整

固定单价合同单价调整的原因是，在单价合同条件下，招标所采用的工程量清单中的工程量是估计的，承包人是按此工程量分摊完成整个工程所需要的管理费和利润总额，即在投标单价中包含一个固定费率的管理费和利润。当工程量“自动变更”时，承包人实际通过结算所获得的管理费和利润也随之变化。当这种变化超过一定的幅度后，应对综合单价进行调整，这样既保护承包人不因工程量大幅度减少而减少管理费和利润，又保护发包人不因工程量大幅度增加而造成更大的支出。在某种意义上说，这也是对承包人“不平衡报价”的一个制约。

综合单价的调整主要调整分摊在单价中的管理费和利润，合同应当明确约定具体的调整方法，同时在合同签订时还应当约定，承包人应配合工程师确认合同价款中的管理费率和利润率。

【例 6-3】某工程施工合同中含两个分项工程，估计工程量甲项为 2 300 m³，乙项为 3 200 m³，合同单价甲项为 180 元/m³，乙项为 160 元/m³。施工合同约定：

（1）开工前发包人应向承包人支付合同价 20%的预付款。

（2）发包人自第 1 个月起，从承包人的工程款中，按 5%的比例扣留质量保证金。

（3）当分项工程实际工程量超过估计工程量 10%时，可进行调价，调整系数为 0.9。

（4）根据市场情况，价格调整系数平均按 1.2 计算。

（5）工程师签发月度付款最低金额为 25 万元。

（6）预付款在最后两个月扣除，每月扣 50%。

承包人每月实际完成并经工程师签证确认的工程量见表 6-2。

表 6-2　每月实际完成工程量　　单位：m³

月份	1	2	3	4	合计
甲项目	500	800	800	600	2 700
乙项目	700	900	800	600	3 000

试求按月结算情况下的每月付款签证金额。

【解】本合同预付金额为：

$$(2\,300\times1\,800+3\,200\times160)\times20\%=18.52\text{（万元）}$$

（1）第 1 个月。

工程量价款为：

$$500\times180+700\times160=20.2\text{（万元）}$$

应签证的工程款为：

$$20.2\times 1.2\times(1-5\%)=23.028\text{（万元）}$$

月度付款最低金额为 25 万元，故本月不予签发付款凭证。

（2）第 2 个月。

工程量价款为：

$$800\times 180+900\times 160=28.8\text{（万元）}$$

应签证的工程款为：

$$28.8\times 1.2\times 0.95=32.832\text{（万元）}$$

本月实际签发的付款凭证金额为 23.028+32.832=55.86（万元）

（3）第 3 个月。

工程量价款为：

$$800\times 180+800\times 60=27.2\text{（万元）}$$

应签证的工程款为

$$27.2\times 1.2\times 0.95=31.008\text{（万元）}$$

应扣预付款为

$$18.52\times 50\%=9.26\text{（万元）}$$

应付款为：

$$31.008-9.26=21.748\text{（万元）}$$

月度付款最低金额为 25 万元，故本月不予签发付款凭证。

（4）第 4 个月。甲项工程累计完成工程量为 2 700 m^3，比原估算工程量 2 300 m^3超出 400 m^3，已超过估算工程量的 10%，超出部分的单价应进行调整。

超过估算工程量 10%的工程量为：

$$2700-2300\times(1+10\%)=170\ (m^3)$$

这部分工程量单价应调整为：

$$180\times 0.9=162\text{（元}/m^3\text{）}$$

甲项工程工程量价款为：

$$(600-170)\times 180+170\times 162=10.494\text{（万元）}$$

乙项工程累计完成工程量为：3 000 m^3，比原估计工程量 3 200 m^3减少 200 m^3，不超过估算工程量的 10%，其单价不予进行调整。

乙项工程工程量价款为：

$$600\times 160=9.6\text{（万元）}$$

本月完成甲、乙两项工程价款合计为：

$$10.494+9.6=20.094\text{（万元）}$$

应签证的工程款为：

$$20.094\times 1.2\times 0.95=22.907\text{（万元）}$$

本月实际签发的付款凭证金额为：

$$21.748+22.907-18.52\times 50\%=35.395\text{（万元）}$$

（5）合同以外零星项目工程价款结算。发包人要求承包人完成合同以外的零星工作项目，承包人应在接受发包人要求的 7 天内就用工数量和单价、机械台班数量和单价、使用材料和金额等向发包人提出施工签证，发包人签证后施工。如发包人未签证，承包人施工后发生争议的，责任由承包人自负。

【例 6-4】某工程施工合同价为 560 万元，其中包括大型设备进退场费用 10 万元，利润 30 万元。该工程实行全费用单价计价。承包人包工包全部材料。合同工期为 6 个月，各月计划与实际完成工程价款见表 6-3。

表 6-3　各月计划与实际完成工程价款　　单位：万元

月份	1	2	3	4	5	6
计划完成价款	70	90	110	110	100	80
实际完成价款	70	80	120			

【解】该工程施工进入第 4 个月时，由于发包人资金出现困难，合同被迫终止。此时，施工现场存有为本工程购买的特殊工程材料 50 万元。

这是合同因发包人原因而终止的情况。索赔处理情况如下：

已购特殊工程材料价款 50 万元应全部予以补偿。

合同终止时，已完成的工程价款为：

$$70+80+120=270\text{（万元）}$$

未完成部分占合同价的比例：

$$\frac{560-270}{560}\times100\%=51.79\text{（万元）}$$

大型设备进退场费用补偿：

$$10\times51.79\%=5.179\text{（万元）}$$

利润应补偿：

$$30\times51.79\%=15.537\text{（万元）}$$

5. 中间结算的预测工作

发包人在中间结算时，应根据施工实际完成工程量按月结算，做到拨款有度，心中有数，同时要随时检查投资运用情况，预估竣工前必不可少的各项支出并要求落实后备资金。

（1）检查施工图设计中的活口及甩项等情况。例如，材料、设备的不定因素；预留孔洞等的遗漏或没有包括的内容等。

（2）检查施工合同中的活口及甩项等情况。例如，材料、设备的暂估价有多少，按实调整结算的内容以及其他甩项或未包括的费用等。

（3）预估竣工时政策性调价的增加系数及按实调整材料的差价等。

（4）预估发包人订货的材料、设备的差价。

（5）预估不可避免的施工中的零星变更有多少。

（6）预估其他可能增加的费用，例如各项地方性规费及由于专业施工所发生的差价等。

上述各项内容必须预先估足，并与实际投资余额进行核对，看看是否足够，如有缺口应及时采取节约措施，落实后备资金。

习　题

1. 工程计量的依据和方法有哪些？
2. 工程价款现行结算办法和动态结算办法有哪些？
3. 简述工程变更价款的确定办法。
4. 简述索赔费用的一般构成和计算方法。
5. 索赔程序是什么？索赔的原则有哪些？

案例分析

【案例分析题 1】

案例背景：某大型工业项目的主厂房工程，发包人通过公开招标选定了承包人，并依据招标文件和投标文件，与承包人签订了施工合同。合同中部分内容如下：

（1）合同工期 180 天，承包人编制的初始网络进度计划，如图 6-3 所示。

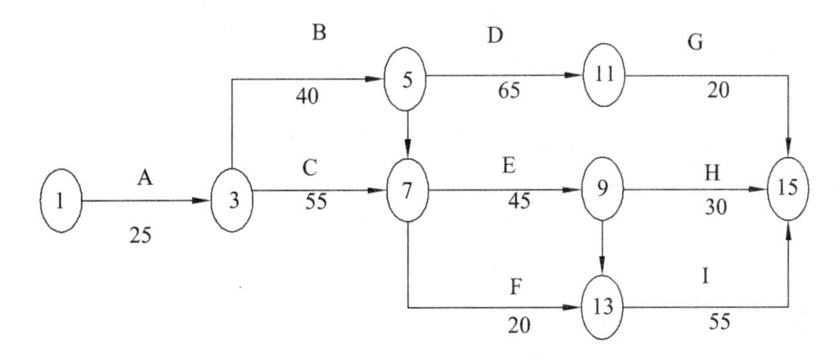

图 6-3　初始网络进度计划

由于施工工艺要求，该计划中 C、E、I 三项工作施工需使用同一台运输机械，B、D、H 三项作业施工需使用同一台吊装机械。上诉工作由于施工机械的限制只能按顺序施工，不能同时平行进行。

（2）承包人在投标报价中填报的部分相关内容如下：

① 完成 A、B、C、D、E、F、G、H、I 九项工作的人工工日消耗量分别为 150、440、420、390、270、60、80、120、1 100 个工日。

② 工人的日工资单价为 80 元/工日，运输机械台班单价为 3 000 元/台班，吊装机械台班单价为 1 400 元/台班。

③ 分项工程项目和措施项目均采用以直接费为计算基础的工料单价法，其中的间接费费率为 20%，利润率为 8%，税金按相关规定计算。施工企业所在地为县城。

（3）合同中规定：人员窝工费补偿 45 元/工日，运输机械折旧费 1 200 元/台班，吊装机械折旧费 600 元/台班。

在施工过程中，由于设计变更使工作 E 增加了工作量，作业时间延长了 25 天，增加用工 120 个工日，增加材料费 3.5 万元，增加机械台班 30 个，相应的措施费增加 2.2 万元。同时，H、I 的工人分别属于不同工种，H、I 工作分别推迟 25 天。

问题：

（1）对承包人的初始网络进度计划进行调整，以满足施工工艺和施工机械对施工作业顺序的制约要求。

（2）调整后的网络进度计划总工期为多少天？关键工作有哪些？

（3）按《建筑安装工程费用项目组成》（建标〔2013〕206号）文件的规定计算该工程的税率。分项列式计算承包商在工作E上可以索赔的直接费、间接费、利润和税金。

（4）在因设计变更使工作E增加工程量的事件中，承包商除在工作E上可以索赔的费用外，是否还可以索赔其他费用？如果有可以索赔的其他费用，请分别列式计算可以索赔的费用。如果没有，请说明原因。

（注：计算结果均保留两位小数）

【案例分析2】

案例背景：某工程项目施工承包合同价为4 800万元，工期18个月，承包合同规定：

（1）发包人在开工前7天应向承包人支付合同价20%的工程预付款。

（2）工程预付款自工程开工后的第8个月起分5个月等额抵扣。

（3）工程进度款按月结算。工程质量保证金为承包合同价的5%，发包人从承包人每月的工程款中按比例扣留。

（4）当分项工程实际完成工程量比清单工程量增加10%以上时，超出部分的相应综合单价调整系数为0.95。

（5）规费费率3.5%，以工程量清单中分部分项工程合价为基数计算，税金率3.48%，按规定计算。

在施工过程中，发生以下事件：

（1）工程开工后，发包人要求变更设计，增加一项花岗石墙面工程，由发包人提供花岗石材料，双方商定该项综合单价中的管理费、利润均以人工费与机械费之和为计算基数，管理费率为45%，利润率为15%。消耗量及价格信息资料见表6-4。

表6-4　铺贴花岗石面层定额消耗量及价格信息

项目		单位	消耗量	市场价/元
人工	综合	工日	0.56	80.00
材料	白水泥	kg	0.155	0.82
	花岗石	m^2	1.06	650.00
	水泥砂浆（1∶3）	m^3	0.029 9	280.00
	其他材料费			10.40
机械	灰浆搅拌机	台班	0.005 2	120.18
	切割机	台班	0.096 9	85.00

（2）在工程进度至第8个月时，施工单位按计划进度完成了300万元建安工作量，同时还完成了发包人要求增加的一项工作内容。经工程师计量后的该工作工程量为360 m^2，经发包人批准的综合单价为458元/m^2。

（3）施工至第 14 个月时，承包人向发包人提交了按原综合单价计算的改约已完工程量结算报告 280 万元。经工程师计量，其中某分项工程因设计变更实际完成工程数量为 160 m^3（原清单工程数量为 550 m^3，综合单价 980 元/m^3）。

问题：

（1）计算该项目工程预付款。

（2）编制花岗石墙面工程的工程量清单综合单价分析表，列式计算并把计算结果填入答题纸表 6-5 中。

表 6-5　分部分项工程量清单综合单价分析表　　单位：m^2

项目编号	项目名称	工程内容	综合单价组成					综合单价
020108001001	花岗石墙面	进口花岗岩板（25 cm） 1∶3 水泥砂浆结合层						

（1）列式计算第 8 个月的应付工程款。

（2）列式计算第 14 个月的应付工程款。

（注：计算结果均保留两位小数，问题 3 和问题 4 的计算结果以万元为单位）

第七章　竣工验收、竣工结算、后评价阶段的工程造价管理

【学习目标】

1. 了解、熟悉建设项目竣工验收、竣工决算及工程保修的基本知识。
2. 熟悉并掌握竣工验收的程序、保修期限及保修费用。

第一节　竣工验收、后评价概述

一、竣工验收概念

建设项目竣工验收是指由发包人、承包人和项目验收委员会，以项目批准的设计任务书和设计文件以及国家或部门颁发的施工验收规范和质量检验标准为依据，按照一定的程序和手续，在项目建成并试生产合格后（工业生产性项目），工程项目的总体进行检验和认证、综合评价和鉴定活动。

竣工验收是全面考核建设工作，检查是否符合设计要求和工程质量的重要环节，对促进建设项目及时投产，发挥投资效果，总结建设经验有重要作用。凡新建、扩建、改建的基本建设项目和技术改造项目，按批准的文件所规定的内容建成，复核验收标准的，必须及时组织验收，办理固定资产移交手续。表 7-1 为不同阶段的工程验收。

表 7-1　不同阶段的工程验收

类型	验收条件	验收组织
单位工程验收（中间验收）	1. 按照施工承包合同的约定，施工完成到某一阶段后要进行中间验收； 2. 主要的工程部位施工已完成了隐蔽前的准备工作，该工程部位将置于无法查看的状态	由监理单位组织，业主和承包商派人参加，该部位的验收资料将作为最终验收的依据
单项工程验收（交工验收）	1. 建设项目中的某个合同工程已全部完成； 2. 合同内约定有分部分项移交的工程已达到竣工标准，可移交给业主投入试运行	由业主组织，会同施工单位，监理单位，设计单位及使用单位等有关部门共同进行
工程整体验收（动用验收）	1. 建设项目按设计规定全部建成，达到竣工验收条件； 2. 初验结果全部合格； 3. 竣工验收所需资料已准备齐全	大中型和限额以上项目由国家发改委或由其委托项目主管部门或地方政府部门组织验收；小型和限额以下项目由项目主管部门组织验收；业主，监理单位，施工单位，设计单位和使用单位参加验收工作

二、竣工验收的条件

建设项目竣工验收应当具备下列条件。

① 建设工程设计和合同约定的各项内容。

② 有完整的技术档案和施工管理资料。

③ 有工程使用的主要建筑材料、建筑构配件和设备的进场试验报告。

④ 有勘察、设计、施工、工程监理等单位分别签署的质量合格文件。

⑤ 有施工单位签署的工程保修书。

建设单位收到建设项目竣工报告后，应当组织设计、勘察、施工、工程监有关等有关单位进行竣工验收。建设工程经验收合格的，方可交付使用。

三、竣工验收的依据

建设项目竣工验收的依据，除了必须符合国家规定的竣工标准（或地方政府主管机关规定的具体标准）之外，在进行竣工验收和办理工程移交手续时，还应该以下列文件作为主要依据。

① 国家、省、自治区、直辖市和行业行政主管部门颁发的法律、法规、现行的施工技术验收标准及技术规范、质量标准等有关规定。

② 审批部门批准的可行性研究报告、初步设计、实施方案、施工图纸和设备技术说明书。

③ 施工图设计文件及设计变更洽商记录。

④ 国家颁发布的各种标准和现行的施工验收规范。

⑤ 工程承包合同文件。

⑥ 技术设备说明书。

⑦ 建筑安装工程统计规定及主管部门关于工程竣工的规定。

从国外引进新技术或成套设备的项目以及中外合资建设项目，还应按照签订的合同和国外提供的设计文件等资料，进行验收。

四、竣工验收的程序

1）承包人申请交工验收

承包人在完成了合同工程或按合同约定可部分已交工程的，可申请交工验收。交工验收一般为单项工程，但在某些特殊情况下也可以是单位工程的施工内容，如基础工程、发电站单机机组完成后的移交等。

承包人按照合同规定的施工范围和质量标准完成施工任务后，应自行组织有关人员进行质量检查评定。自检合格后，向现场监理机构提交“工程竣工报验单”，要求组织工程预验收。

2）监理单位现场初步验收

监理工程师在收到“工程竣工报告单”后，应由总监理工程师组成验收组，对竣工的工程项目的竣工资料和各专业工程的质量进行初验，合格后监理工程师签署“工程竣工报验单”。

3）单项工程验收

单项工程验收又称交工验收，由建设单位负责组织，监理单位、勘察设计单位、承包单位、工程质量监督部门参加。验收合格后，建设单位和承包单位共同签署“交工验收证书”。验收合格的单项工程，在全部工程验收时，原则上不再办理验收手续。

4）全部工程的竣工验收

全部施工过程完成后的竣工验收，由国家主管部门组织，又称为动用验收，可分为验收准备、竣工预验收和正式验收三个环节进行。

经过各单项工程的验收符合设计的要求，并具备竣工图表、竣工决算、工程总结等必要文件资料，由建设项目主管部门或建设单位向负责验收的单位提出竣工验收申请报告，按现行验收组织规定，接受由银行、物资、环保、劳动、统计、消防及其他有关部门组成验收委员会或验收组的验收，办理固定资产移交手续。

正式验收的工作内容如下。

① 建设单位、勘察单位、设计单位分别汇报工程合同履行情况以及在工程建设各环节执行法律、法规与工程建设强制性标准的情况。

② 听取承包人汇报建设项目的施工情况、自验情况和竣工情况。

③ 听取监理单位汇报建设项目监理内容和监理情况以及对项目竣工的意见。

④ 组织竣工验收小组全体人员进行现场检查，了解项目现状、查验项目质量，及时发现存在和遗留的问题。

⑤ 审查竣工项目移交生产使用的各种档案资料。

⑥ 审查项目质量，对主要工程部位的施工质量进行复验、鉴定，对工程设计的先进性、合理性和经济性进行复验和鉴定，按设计要求和建筑安装工程施工的验收规范和质量标准进行质量评定验收。在确认工程符合竣工标准和合同条款规定后，签发竣工验收合格证书。

⑦ 审查试车规程，检查投产试车情况，核定收尾工程项目，对遗留问题提出处理意见。

⑧ 签署施工竣工验收鉴定书，对整个项目做出总的验收鉴定。竣工验收鉴定书是表示建设项目已经竣工，并交付使用的重要文件，是全部固定资产交付使用和建设项目正式动用的依据。

第二节　竣工结算

1. 竣工结算的概念

工程竣工结算是指施工企业按照合同规定的内容全部完成所承包的工程，经验收质量合格，并符合合同要求之后，向发包单位进行的最终工程价款结算。

2. 工程竣工结算的要求

① 工程竣工验收报告经甲方认可后 28 天内，乙方向甲方递交竣工结算报告及完整的结算资料，甲乙双方按照协议书约定的合同价款及专用条款约定的合同价款调整内容，进行

工程竣工结算。

② 甲方收到乙方递交的竣工结算报告及结算资料后 28 天内进行核实，给予确认或者提出修改意见。

③ 甲方收到竣工结算报告及结算资料后 28 天内无正当理由不支付工程竣工结算价款，从第 29 天起按乙方同期向银行贷款利率支付拖欠工程价款的利息，并承担违约责任。

④ 甲方收到竣工结算报告及结算资料后 28 天内不支付工程竣工结算价款，乙方可催告甲方支付结算价款。

⑤ 工程竣工验收报告经甲方认可后 28 天内，乙方未能向甲方递交竣工结算报告及完整的结算资料，造成工程竣工结算不能正常进行或工程竣工结算价款不能及时支付，甲方要求交付工程的，乙方应当交付；甲方不要求交付工程的，乙方承担保管责任。

⑥ 甲乙双方对工程竣工结算价款发生争议时，按解决争议的约定处理。

3. 办理工程价款竣工结算的一般公式

竣工结算工程价款=预算（或概算）或合同价款+施工过程中预算或合同价款调整数额－已预付及结算工程价款

第三节　竣工决算

一、竣工决算的概念及作用

1. 竣工决算的概念

竣工决算是建设工程经济效益的全面反映，是以实物量和货币指标为计量单位，综合反映竣工项目从筹建开始到项目竣工交付使用为止的全部建设费用、建设成果和财务情况的总结性文件，是竣工验收报告的重要组成部分。

2. 竣工决算的作用

工程项目竣工后，应及时编制竣工决算，其作用主要表现在以下几个方面。

（1）是综合、全面反映竣工项目建设成果及财务情况的总结性文件。

（2）是核定各类新增资产价值、办理其交付使用的依据。

（3）能正确反映建设工程的实际造价和投资结果。

（4）有利于进行设计概算、施工图预算和竣工决算的对比，考核实际投资效果。

二、竣工决算的内容

竣工决算是建设项目从筹建到竣工交付使用为止所发生的全部建设费用。为了全面反映建设工程的经济效益，竣工决算由竣工财务决算说明书、竣工财务决算报表、竣工工程平面示意图、工程造价比较分析 4 部分组成。前两个部分又称为工程项目竣工财务决算，是竣工决算的核心部分。

竣工财务决算说明书，有时也称为竣工决算报告情况说明书。在说明书中主要反映竣工工程建设成果，是竣工财务决算的组成部分，主要包括以下内容：

（1）建设项目概况。对工程总的评价，一般从进度、质量、安全和造价、施工方面进行分析说明。

（2）资金来源及运用的财务分析：包括工程价款结算、会计账务处理、财产物资情况及债权债务的清偿情况。

（3）建设收入、资金结余及结余资金的分配处理情况。

（4）主要技术经济指标的分析、计算情况。包括概算执行情况分析，根据实际投资完成额与概算进行对比分析；新增生产能力的效益分析，说明支付使用财产占总投资额的比例、占支付使用财产的比例，不增加固定资产造价占总投资的比例，分析有机构成和成果。

（5）工程项目管理及决算中存在的问题，并提出建议。

（6）需要说明的其他事项。

三、竣工财务决算报表

根据财政部印发的有关规定和通知，工程项目竣工财务决算报表应按大、中型工程项目和小型项目分别制定。

（1）大、中型项目需填报：工程项目竣工财务决算审批表；大、中型项目概况表；大、中型项目竣工财务决算表；大、中型项目交付使用资产总表；工程项目交付使用资产明细表。

（2）小型项目需填报：工程项目竣工财务决算审批表（同大、中型项目）；小型项目竣工财务决算总表；工程项目交付使用资产明细表。

工程项目竣工平面示意图是真实地反映各种地上地下建筑物、构筑物等情况的技术文件，是工程进行交工验收、维护改建和扩建的依据。国家规定对手各项新建、扩建、改建的基本建设工程，特别是基础、地下建筑、管线、结构、港口、水坝、桥梁、井巷以及设备安装等隐蔽部位，都应该绘制详细的竣工平面示意图。为了提供真实可靠的资料，在施工过程中应做好这些隐蔽工程的检查记录，整理好设计变更文件，具体要求如下。

（1）凡按图竣工未发生变动的，由施工单位在原施工图上加盖“竣工图”标志后，即作为竣工图。

（2）凡在施工过程中有一般性设计变更，但能将原施工图加以修改补充作为竣工图的，由施工单位负责在原施工图上注明修改的部分，并附以设计变更通知和施工说明，加盖“竣工图”标志后，作为竣工图。

（3）凡结构形式发生改变、施工工艺发生改变、平面布置发生改变、项目发生改变等重大变化的，不宜在原施工图上修改、补充时，应按不同责任分别由不同责任单位组织重新绘制竣工图，施工单位负责在新图上加盖“竣工图”标志，并附以有关记录和说明，作为竣工图。

四、工程造价比较分析

工程造价比较应侧重主要实物工程量、主要材料消耗量，以及建设单位管理费、建筑安装工程其他直接费、现场经费和间接费等方面的分析。

工程造价比较分析的应先对比整个项目的总概算，然后将建筑安装工程费，设备、工器具购置费和其他工程费用逐一与竣工决算表中所提供的实际数据和相关资料及批准的概算、预算指标、实际的工程造价进行对比分析，以确定工程项目总造价是节约还是超支。

五、竣工决算的编制步骤

（1）收集、分析、整理有关依据资料。从建设工程开始就按照编制依据的要求，收集、整理、清点有关建设项目的资料，包括所有的技术资料、工料结算的经济文件、施工图纸、施工记录和各种变更与签证资料、财产物资的盘点核实资料、债权的收回及债务的清偿资料。

（2）清理各项财务、债务和结余物资。

（3）核实工程变动情况。

（4）编制建设工程竣工决算说明。

（5）填写竣工决算报表。

（6）做好造价对比分析。

（7）整理、装订好竣工工程平面示意图。

（8）上报主管部门审查、批准、存档。

六、新增固定资产价值的确定

1. 新增固定资产的概念

指通过投资活动所形成的新的固定资产价值，包括已经建成投入生产或交付使用的工程价值和达到固定资产标准的设备、工具、器具的价值及有关应摊入的费用。它是以价值形式表示的固定资产投资成果的综合性指标，可以综合反映不同时期、不同部门、不同地区的固定资产投资成果。

2. 新增固定资产价值的构成

（1）已经投入生产或者交付使用的建筑安装工程价值，主要包括建筑工程费、安装工程费。

（2）达到固定资产使用标准的设备、工具及器具的购置费用。

（3）预备费，主要包括基本预备费和涨价预备费。

（4）增加固定资产价值的其他费用，主要包括建设单位管理费、研究试验费、设计勘察费、工程监理费、联合试运转费、引进技术和进口设备的其他费用等。

（5）新增固定资产建设期间的融资费用，主要包括建设期利息和其他相关融资费。

3. 新增固定资产价值的计算

新增固定资产价值的计算是以独立发挥生产能力的单项工程为对象的，单项工程竣工验收合格，正式移交生产或使用，即应计算新增固定资产价值。一次交付生产或使用的工程，应一次计算新增固定资产价值；分期分批交付生产或使用的工程，应分期分批计算新增固定资产价值。在计算时应注意以下几种情况。

（1）对于为了提高产品质量、改善劳动条件、节约材料消耗、保护环境而建设的附属辅助工程，只要全部建成，正式验收交付使用后就要计入新增固定资产价值。

（2）对于单项工程中不构成生产系统，但能独立发挥效益的非生产性项目，如住宅、食堂、医务所、托儿所、生活服务网点等，在建成交付使用后，也要计算新增固定资产价值。

（3）凡购置达到固定资产标准不需安装的设备、工器具，应在交付使用后计入新增固定资产价值。

（4）属于新增固定资产价值的其他投资，应随同受益工程交付使用的同时一并计入。

（5）交付使用财产的成本应按下列内容计算。

① 房屋、建筑物、管道、线路等固定资产的成本包括建筑工程成本和应分摊的待摊投资。

② 动力设备和生产设备等固定资产的成本包括需要安装设备的采购成本、安装工程成本、设备基础支柱等建筑工程成本或砌筑锅炉及各种特殊的建筑工程成本，应分摊的待摊投资。

③ 运输设备及其他不需要安装的设备、工具、器具、家具等固定资产一般仅计算采购成本，不计分摊的“待摊投资”。

（6）共同费用的分摊方法，新增固定资产的其他费用，如果是属于整个建设项目或两个以上单项工程的，在计算新增固定资产价值时，应在各单项工程中按比例分摊。分摊时，什么费用由什么工程负担应按具体规定进行。一般情况下，建设单位管理费按建筑工程、安装工程、需安装设备价值总额按比例分摊，而土地征用费、勘察设计费等费用则按建筑工程造价分摊。

4. 新增固定资产的计算条件

新增固定资产的计算必须具备以下 3 个条件。

（1）设计文件或计划方案中规定的形成生产能力所需的主体工程和相应的辅助工程均已建成，形成产品生产作业线，具备生产设计规定的条件。

（2）经过负荷试运转，并由有关部门验收鉴定合格，证明已具备正常生产条件，并正式移交生产部门。

（3）设计规定配套建设的三废治理和环境保护工程同时建成并移交使用。

第四节　保修阶段费用处理

一、缺陷责任期的概念和期限

1. 缺陷责任期与保修期的概念区别

（1）缺陷责任期。缺陷责任期是指承包人对已交付使用的合同工程承担合同约定的缺陷修复责任的期限，其实质上就是指预留质保金（即保证金）的一个期限，具体可由发承包双方在合同中约定。

（2）保修期。保修期是发承包双方在工程质量保修书中约定的期限。保修期自实际竣工日期起计算。保修的期限应当按照保证建筑物合理寿命期内正常使用，维护使用者合法权益的原则确定。按照《建设工程质量管理条例》的规定，保修期限如下：

① 地基基础工程和主体结构工程，为设计文件规定的该工程的合理使用年限。

② 屋面防水工程，有防水要求的卫生间，房间和外墙面的防渗漏为 5 年。

③ 供热与供冷系统为 2 个采暖期和供热期。

④ 电气管线，给排水管道，设备安装和装修工程为 2 年。

2. 缺陷责任期的期限

缺陷责任期一般为 6 个月，12 个月或 24 个月，具体可由发承包双方在合同中约定。

缺陷责任期从工程通过竣（交）工验收之日起计。由于承包人原因导致工程无法按规定期限进行竣（交）工验收的，缺陷责任期从实际通过竣（交）工验收的，在承包人提交竣（交）工验收报告 90 天后，工程自动进入缺陷责任期。

3. 缺陷责任期内的维修及费用承担

（1）保修责任。缺陷责任期内，属于保修范围，内容的项目，承包人应当在接到保修通知之日起 7 天内派人保修。发生紧急抢修事故的，承包人在接到事故通知后，应当立即到达事故现场抢修。对于涉及结构安全的质量问题，应当按照《房屋建筑工程质量保修办法》的规定，立即向当地建设行政主管部门报告，采取安全防范措施；由原设计单位或者有相应资质等级的设计单位提出报修方案，承包人实施保修。质量保修完成后，由发包人组织验收。

（2）费用承担。由他人及不可抗力原因造成的缺陷，发包人负责维修，承包人不承担费用，且发包人不得从保证金中扣除费用。如发包人委托承包人维修的，发包人应该支付相应的维修费用。

发承包双方就缺陷责任有争议时，可以请有资质的单位进行鉴定，责任方承担鉴定费用并承担维修费用。

缺陷责任期内，由承包人原因造成的缺陷，承包人应负责维修，并承担鉴定及维修费用。如承包人不维修也不承担费用，发包人可按合同约定扣除保留金，并由承包人承担违约责任。承包人维修并承担相应费用后，不免除对工程的一般损失赔偿责任。

缺陷责任期的起算日期必须以工程的实际竣工日期为准，与之相对应的工程照管义务期的计算时间是以业主签发的工程接收证书起。对于有一个以上交工日期的工程，缺陷责任期应分别从各自不同的交工日期算起。

由于承包人原因造成某项缺陷或损坏使某项工程或工程设备不能按原定目标使用而需要再次检查，检验和修复的，发包人有权要求承包人相应延长缺陷责任期，但缺陷责任期最长不超过 2 年。

二、质量保证金的使用及返还

1. 质量保证金的含义

建设工程质量保证金（以下简称保证金）是指发包人与承包人在建设工程承包合同中

约定，从应付的工程款中预留，用以保证承包人在缺陷责任期（即质量保修期）内对建设工程出现的缺陷进行维修的资金。缺陷是指建设工程质量不符合工程建设强制标准，设计文件，以及承包合同的约定。

2. 质量保证金预留及管理

（1）质量保证金的预留。发包人应按照合同约定的质量保证金比例从结算款中扣留质量保证金。全部或者部分使用政府投资的建设项目，按工程价款结算总额5%左右的比例预留保证金，社会投资项目采用预留保证金方式的，预留保证金的比例可以参照执行。发包人与承包人应该在合同中约定保证金的预留方式及预留比例，建设工程竣工结算后，发包人应按照合同约定及时向承包人支付工程结算价款并预留保证金。

（2）质量保证金的管理。缺陷责任期内，实行国库集中支付的政府投资项目，保证金的管理应按国库集中支付的有关规定执行。其他政府投资项目，保证金可以预留在财政部门或发包方。缺陷责任期内，如发包方被撤销，保证金随交付使用资产一并移交使用单位，由使用单位代行发包人职责。

社会投资项目采用预留保证金方式的，发承包双方可以约定将保证金交由金融机构托管；采用工程质量保证担保，工程质量保险等其他方式的，发包人不得再预留保证金，并按照有关规定执行。

（3）质量保证金的使用。承包人未按照合同约定履行属于自身责任的工程缺陷修复义务的，发包人有权从质量保证金中扣留用于缺陷修复的各项支出。若经查验，工程缺陷属于发包人原因造成的，应由发包人承担查验和缺陷修复的费用。

3. 质量保证金的返还

在合同约定的缺陷责任期终止后的14天内，发包人应将剩余的质量保证金返还给承包人。剩余质量保证金的返还，并不能免除承包人按照合同约定应承担的质量保修责任和应履行的质量保修义务。

第五节　建设工程项目后评估阶段工程造价控制与管理

本任务主要学习建设工程项目后评估阶段工程造价控制与管理的有关内容，具体包括项目后评估的概念、项目后评估的内容、项目后评估的种类、项目后评估的程序、项目后评估的方法、项目后评估指标的计算。

一、项目评估的概念

项目后评估一般是指项目投资完成之后所进行的评估。它通过对项目实施过程、结果及其影响进行调查研究和全面系统回顾，与项目决策时确定的目标以及技术、经济、环境、社会指标进行对比，找出差别和变化，分析原因，总结经验，汲取教训，得到启示，提出对策建议，通过信息反馈，改善投资管理和决策，达到提高投资效益的目的。

项目后评估是投资项目周期的一个重要阶段，是项目管理的重要内容。项目后评估主要服务于投资决策，是出资人对投资活动进行监管的重要手段。项目后评估也可以为改善企业经营管理提供帮助。

二、项目后评估的内容

项目后评估的基本内容包括以下 5 个方面。

1. 项圈目标后评估

项目目标后评估的目的是评定项目立项时原定目的和目标的实现程度。项目目标后评估要对照原定目标中的主要指标，检查项目实际完成指标的情况和变化，分析实际指标发生改变的原因，以判断目标的实现程度。项目目标后评估的另一项任务是要对项目原定决策目标的正确性、合理性和实践性进行分析评估，对项目实施过程中可能会发生的重大变化（如政策性变化或市场变化等），重新进行分析和评估。

2. 项目实施过程后评估

项目实施过程后评估应对照比较和分析项目、立项评估或可行性研究时所预计的情况和实际执行的过程，找出差别，分析原因。项目实施过程后评估一般要分析以下几个方面：项目的立项、准备和评估；项目的内容和建设规模；项目的进度和实施情况；项目的配套设施和服务条件；项目干系人范围及其反映；项目的管理和运行机制；项目的财务执行情况。

3. 项目效益后评估

项目效益后评估以项目投产后实际取得的效益为基础，重新测算项目的各项经济数据，并与项目前期评估时预测的相关指标进行对比，以评估和分析其偏差及其原因。项目效益后评估的主要内容与项目前评估无大的差别，主要分析指标还是内部收益率、净现值和贷款偿还期等项目盈利能力和清偿能力的指标，只不过项目效益后评估对已发生的财务现金流量和经济流量采用实际值，并按统计学原理加以处理，而且对后评估时点以后的现金流量需要作出新的预测。

4. 环境影响后评估

项目影响后评估内容包括经济影响、环境影响和社会影响的后评估。

经济影响后评估主要分析评估项目对所在国家、地区和所属行业所产生的经济方面的影响，它区别于项目效益评估中的经济分析，评估的内容主要包括分配、就业、国内资源成本、技术进步等。环境影响后评估包括项目的污染控制、地区环境质量、自然资源利用和保护、区域生态平衡和环境管理等几个方面。社会影响后评估是对项目在经济、社会和环境方面产生的有形和无形的效益和结果所进行的一种分析，通过评估持续性、机构发展、参与、妇女、平等和贫困等 6 个要素，分析项目对国家（或地方）社会发展目标的贡献和影响，包括项目本身和对项目周围地区社会的影响。

5. 项目持续性后评估

项目持续性是指在项目的建设资金投入完成之后，项目的既定目标是否还能继续，项目是否还可以持续地发展下去，接受投资的项目业主是否愿意并可能依靠自己的力量继续去实现既定目标，项目是否具有可重复性，即是否可在未来以同样的方式建设同类项目。持续性后评估一般可作为项目影响评估的一部分，但是亚洲开发银行等组织把项目的可持续性视为其援助项目成败的关键之一，因此要求援助项目在评估中进行单独的持续性分析和评估。

三、项目后评估的种类

从不同的角度出发，项目后评估可分为不同的种类。

1. 根据评估的时点划分

（1）项目跟踪评估，是指项目开工以后到项目竣工验收之前任何一个时点所进行的评估，它又称为项目中间评估。其目的是检查项目前评估和设计的质量，或是评估项目在建设过程中的重大变更（如项目产出品市场发生变化、概算调整、重大方案变化、主要政策变化等）及其对项目效益的作用和影响；或是诊断项目发生的重大困难和问题，寻求对策和出路等。

这类评估往往侧重于项目层次上的问题，比如建设必要性评估、勘测设计评估和施工评估等。

（2）项目实施效果评估，是指项目竣工一段时间之后所进行的评估，就是通常所称的项目后评估，世界银行和亚洲开发银行称之为PPAR（Project Performance Audit Report），是指在项目竣工以后1～2年，基础设施行业在竣工以后5年左右，社会基础设施行业可能更长一些）所进行的评估。其主要目的是检查确定投资项目或活动达到理想效果的程度，总结经验教训，为完善已建项目、调整在建项目和指导待建项目服务。一般意义上的项目后评估即为此类评估。这类评估要对项目层次和决策管理层次的问题加以分析和总结。

（3）项目影响评估，又称为项目效益评估，是指项目后评估报告完成一定时间之后所进行的评估，在项目实施效果评估完成一段时间以后，在项目实施效果评估的基础上，通过调查项目的经营状况，分析项目发展趋势及其对社会、经济和环境的影响，总结决策等宏观方面的经验教训。

2. 根据评估的内容划分

（1）目标评估。一方面有些项目原定的目标不明确，或不符合实际情况，项目实施过程中可能会发生重大变化，如政策性变化或市场变化等，所以项目后评估要对项目立项时原定决策目标的正确性、合理性和实践性进行重新分析和评估；另一方面，项目后评估要对照原定目标完成的主要指标，检查项目实际实现情况和变化，并分析变化原因，以判断目的和目标的实现程度，也是项目后评估所需要完成的主要任务之一。判别项目目标的指标应在项目立项时就确定。

（2）项目前期工作和实施阶段评估。主要通过评估项目前期工作和实施过程中的工作成绩，分析和总结项目前期工作的经验教训，为今后加强项目前期工作和实施管理积累经验。

（3）项目运营评估。通过项目投产后的有关实际数据资料或重新预测的数据，研究建设工程项目实际投资效益与预测情况或其他同类项目投资效益的偏离程度及其原因，系统地总结项目投资的经验教训，并为进一步提高项目投资效益提出切实可行的建议。

（4）项目影响评估。分析评估项目对所在地区、所属行业和国家在经济、环境、社会等方面产生的影响。

（5）项目持续性评估。项目持续性评估是指对项目的既定目标是否能按期实现，项目是否可以持续保持较好的效益，接受投资的项目业主是否愿意并可以依靠自己的能力继续实现既定的目标，项目是否具有可重复性等方面做出评估。

3. 根据项目投资渠道和管理体制划分

（1）国家重点建设项目后评估。由国家计委制定评估规定，编制评估计划，委托独立的咨询机构来完成。目前国家计委主要委托中国国际工程咨询公司实施国家重点建设项目的项目后评估。

（2）国际金融组织贷款项目后评估。世行和亚行在华的贷款项目，分别按其国际金融组织的规定开展项目后评估。

（3）国家银行贷款项目后评估。国家政府性投资项目 1987 年起由建设银行、1994 年起转由国家开发银行实施后评估工作。

（4）审计项目后评估。20 世纪 80 年代末国家审计署开始对国家投资和利用外资的大中型项目的完工、实施和竣工开展财务审计工作，目前正在积极开拓绩效审计等与项目后评估相关的业务。

（5）行业部门和地方项目后评估。由行业部门和地方政府安排投资的建设项目一般由行业部门和地方政府安排项目后评估。行业部门和地方政府也参与了在本地区或本部门的国家一级和世行、亚行项目的项目后评估工作。

4. 根据评估的主体划分

（1）项目自评估。由项目业主会同执行管理机构，按照国家有关部门的要求，编写项目的自我评估报告，报行业主管部门、其他管理部门或银行。

（2）行业或地方项目后评估。由行业或省级主管部门对项目自评估报告进行审查分析，并提出意见，撰写报告。

（3）独立后评估。由相对独立的后评估机构组织专家对项目进行后评估，通过资料收集、现场调查和分析讨论，提出项目后评估报告。通常情况下，项目后评估均属于这类评估。

四、项目后评估的程序

项目后评估主要是为决策服务的，决策需求有时是宏观的，涉及国家、地区、行业发展的战略；有时是微观的，仅为某个项目组织、管理机构积累经验，因此，项目后评估也就分为宏观决策型后评估和微观决策型后评估。

（一）面向宏观决策的后评估程序

1. 制订后评估计划

国家的后评估和银行、金融组织的后评估，更注重投资活动的整体效果、作用和影响，应从较长远的角度和更高的层次上来考虑后评估计划的工作制定。后评估计划制订得越早越好，应把它作为项目生命周期的一个必不可少的阶段，以法律或规章的形式确定下来。项目后评估计划内容包括项目的选定、后评估人员的配备、组织机构、时间进度、内容、范围、评估方法、预算安排等。

2. 后评估项目的选定

为在更高层次上总结出带有方向性的经验教训，不少国家和国际组织采用了“打捆”的方式，即将一个行业或一个地区的几个相关的项目一起列入后评估计划，同时进行评估。一般来讲，选择后评估项目有以下几条标准：项目实施出现重大问题的，非常规的，发生重大变化的，急迫需要了解项目作用和影响的，可为即将实施的国家预算、宏观战略和规划原则提供信息的，为投资规划确定未来发展方向有代表性的，对开展行业部门或地区后评估研究有重要意义的项目。

3. 后评估范围的确定

项目后评估范围和深度根据需要应有所侧重和选择。通常是在委托合同中确定评估任务的目的、内容、深度、时间和费用。一般有以下内容：

① 项目后评估的目的和范围，包括对合同执行者明确的调查范围。

② 提出评估过程中所采用的方法。

③ 提出所评项目的主要对比指标。

④ 确定完成评估的经费和进度。

4. 项目评估咨询专家的选择

项目后评估通常分为自我评估阶段和独立评估阶段。在独立评估阶段，需委托一个独立的评估咨询机构或由银行内部相对独立的后评估专门机构来实施。由此机构任命后评估负责人，该负责人聘请和组织项目评估专家组去实施后评估，评估专家可以是评估咨询机构内部的人员，他们较熟悉评估方法和程序，费用较低；也可以是熟悉评估项目专业的行家，他们客观公正，同时弥补了评估机构内部的人手不足。

5. 项目后评估的执行

项目后评估的执行包括以下几方面工作。

（1）资料信息的收集。资料信息包括项目资料（如项目自我评估、定工、竣工验收、决算审计、概算调整、开工、初步设计、评估和可行性研究等报告及批复文件等），项目所在地区的资料（如国家和地区的统计资料、物价信息等），评估方法的有关规定和准则（如联合国开发署、亚洲开发银行、国家计委、国家开发银行等机构已颁布的手册和规范等）。

（2）后评估现场调查。现场调查可了解项目的基本情况，其目标实现程度，产生的直接和间接影响等。现场调查应事先做好充分准备，明确调查任务，制定调查提纲。

（3）分析和结论。在收集资料和现场调查后进行全面认真的分析，就可得出一些结论性答案，如项目成功度、投入产出比、成败原因、经验教训、项目可持续性等。

6. 项目后评估的报告

项目后评估报告是评估结果的汇总，应真实反映情况，客观分析问题，认真总结经验。

后评估报告应包括：摘要、项目概况、评估内容、主要变化和问题、原因分析、经验教训、结论和建议、评估方法说明等。这些内容既可以形成一份报告，又可以单独成文上报。报告的发现和结论要与问题和分析相对应，经验教训和建议要把评估的结果与将来规划和政策的制订修改联系起来。后评估报告要有相对固定的内容格式，便于分解和计算机录入。

7. 后评估的反馈

反馈过程有两个要素：一是评估信息的报告和扩散，其中包含了评估者的工作责任。后评估的成果和问题应该反馈到决策、规划、立项管理、评估、监督和项目实施等机构和部门中。二是应用后评估成果及经验教训，以改进和调整政策的分析和制定，这是反馈最主要的管理功能。在反馈程序里，必须在评估者及其评估成果与应用者之间建立明确的机制，以保持紧密的联系。

（二）面向微观决策的后评估程序

此类后评估往往注重某个项目和项目团队，涉及的环境较少，评估的程序比较简化，内容简单，形式多样。一般而言，可以包含如下几个步骤。

1. 自我评估

自我评估由项目组织内部进行，通常以项目总结会的形式开展，通过对项目的整体总结、归纳、统计、分析，找出项目实施过程、结果等方面与计划的偏差，并给予分析。自我评估的结果是形成项目总结报告。自我评估注重项目和项目成果本身，侧重找出项目在实施过程中的变化，以及变化对项目各方面的影响，分析变化原因，以总结项目团队在工作中的经验教训。

2. 成立项目后评估小组

这种专门的评估小组一般由项目组之外的人员组成，他们可以来自项目所属的业务部门、上级管理部门、独立的评估咨询机构或是外聘专家。评估小组要站在管理的角度来进一步地评估项目的管理业绩和产生的效益。

3. 信息的收集

项目后评估小组依据项目总结报告审查项目管理部、财务部、业务部等部门记载和递交的项目记录和报告，查阅有关项目各时段的文档资料，访问项目干系人，尤其是向客户或用户了解项目产品的质量、问题和影响，对这些信息进行综合分析。

4. 实施评估

微观决策服务的后评估内容可能会比较具体，如涉及项目的各方面管理行为的评估、项目进度管理评估、项目成本管理评估、项目人力资源管理评估、客户管理评估、项目的质量管理评估、项目责任人业绩评估、项目的效益和前景评估等。每一方面的评估可以细分为一些问题和条件，定制成几种便于操作的评分表，以便进行量化评估。

5. 形成评估报告

后评估小组根据评分标准及其评估模型对项目进行整体评估，给出结论，形成报该报告通过规定的渠道汇报给各个方面，以起到应有的评估现实项目、支持后续项目的评估目的。

习　题

1. 某施工单位承包某项目工程，甲乙双方签订的有关工程价款的合同如下。

（1）建筑安装工程造价 600 万元，建筑材料及设备占施工产值的比重为 60%。

（2）工程预付款为建安工程造价的 20%。工程实施后，工程预付款从尚未施工工程尚需的建筑材料及设备费相当于工程预付款数额时起扣，每次结算工程价款中按材料和设备占施工产值的比重扣抵工程预付款，竣工前全部扣清。

（3）工程进度款逐月计算。

（4）工程质量保证金为建筑安装工程造价的 3%，竣工结算月一次扣除。

（5）建筑材料和设备价差调整按当地工程造价管理部门有关规定执行（当地工程造价管理部门有关规定，上班年材料和设备价差上调 10%，在 6 月一次调增）。

工程各月实际完成情况见表 7-2。

表 7-2　各月实际完成产值（单位：万元）

月份	2	3	4	5	6	合计
完成产值	55	110	165	220	110	660

问题：

（1）通常竣工结算的前提是什么？

（2）工程价款结算的方式有哪几种？

（3）该工程的工程预付款、起扣点为多少？

（4）该工程 2—5 月每月拨付工程款为多少？累计工程款为多少？

（5）6 月办理工程竣工结算，该工程结算造价为多少？甲方应付工程结算款为多少？

（6）该工程在保修期间发生屋面漏水，甲方多次催促乙方修理，乙方一再拖延，最后甲方另请施工单位修理，修理费 1.5 万，该项费用如何处理？

2. 单选题。

（1）建设项目（　　）是综合全面地反映竣工项目建设成果及财务情况的总结性文件。

A. 接收证书　　B. 竣工决算报告

C. 竣工结算报告　　D. 竣工验收合格证书

（2）根据我国《建设工程质量管理条例》规定，下列关于保修期限的表述，错误的是（　　）。

A. 屋面防水工程的防渗漏为 5 年　　B. 给排水管道工程为 2 年

C. 供热系统为 2 年　　D. 电气管线工程为 2 年

（3）对共同费用进行分摊时，土地征用费按照（　　）分摊。

A. 工程费用　　B. 建筑工程造价

C. 建筑安装工程费用　　D. 工程费用+基本预备费

（4）下列各项费用属于大中型建设项目竣工财务决算表中资金占用的是（　　）。

A. 基建基金拨款　　B. 待冲基建支出

C. 待处理固定资产损失　　D. 未交基建包干节余

（5）某医院建设项目由住院大楼、门诊大楼和检查中心 3 个单项工程组成，其中：勘察设计费用 60 万元，建设项目建筑工程费 2 000 万元、设备费 3 000 万元、安装工程费 1 000 万元。检查中心单项工程的建筑工程设备和安装工程费分别为 600 万元、1 000 万元和 200 万元，则检测中心单项工程应分摊的勘察设计费用为（　　）万元。

A. 18.00　　B. 19.2　　C. 16.00　　D. 18.40

（6）工程竣工后，由于洪水造成的破坏，承担保修费用的单位是（　　）。

A. 施工单位　　B. 设计单位

C. 建设单位　　D. 监理单位

3. 多项选择题。

（1）建设项目竣工决算的内容包括（　　）。

A. 竣工财务决算报表　　B. 竣工决算报告情况说明书

C. 投标报价书　　D. 新增资产价值的确定

E. 工程造价比较分析

（2）关于无形资产价值确定的说法中，正确的有（　　）。

A. 无形资产计价入账后，应在其有效使用期内分期摊销

B. 专利权转让价格必须按成本估价

C. 自创专利权的价值为开发过程中的实际支出

D. 自创的非专利技术一般作为无形资产入账

E. 通过行政划拨的土地，其土地使用权作为无形资产核算

第八章　建设工程造价审计与司法鉴定

【学习目标】

通过本章学习，应掌握建设项目工程造价审计的概念、主体、客体，工程造价司法鉴定的概念。熟悉建设项目工程造价审计的目标和依据及前期准备、投资估算阶段审计、设计概算、施工图预算、竣工结算审计、竣工决算阶段审计的依据和方法、内容，熟悉我国的工程造价司法鉴定管理制度、工程造价司法鉴定的主要内容及司法鉴定业务操作基本流程，了解工程造价司法鉴定人的出庭要求。

第一节　建设工程造价审计概述

改革开放以来，国家对原有的投资体制进行了一系列改革，打破了传统经济体制下的投资管理模式，初步形成了投资主体多元化、资金来源多渠道、投资方式多样化、项目建设市场化的新格局。改革政府对企业投资的管理制度，按照“谁投资、谁决策、谁收益、谁承担风险”的原则，落实企业投资自主权；无论是国家还是企业，作为投资主体，其风险意识正日益增强。为了保障建设资金安全有效使用，防止损失、浪费、贪污、挪用等问题发生，建设项目造价审计成为一种迫切需求。

一、建设项目造价审计的基本概念

建设项目造价审计是由审计机构及其审计人员，根据国家有关法规政策，运用规定的程序和方法，对建设项目工程造价形成过程中的经济活动和文件资料，进行审查、复核的一种经济监督活动。从审计需求的角度来看，建设项目工程造价审计是基于两个层面展开的，一种是审计机关对政府投资项目造价的外部审计监督，另一种是内部审计机构对本单位或本系统内投资项目造价的内部审计监督。但就造价审计的内容而言，基本是统一的。

1. 建设项目造价审计的主体

审计的主体是指实施审计活动的当事人，与其他专业审计一样，我国建设项目造价审计的主体由政府审计机关、社会审计组织和内部审计机构三大部分所构成。

政府审计机关包括：国务院审计署及派出机构和地方各级人民政府审计厅（局）都属于政府审计机关，政府审计机关重点审计以国家投资或融资为主的基础性项目和公益性项目。政府审计机关即审计署及派出机构和地方各级人民政府审计厅（局）。

社会审计组织包括：经政府有关部门批准和注册的社会中介组织，如会计师事务所、造价咨询审计机构；它们以接受被审单位或审计机关委托的方式对委托审计的项目实施审计；

内部审计机构包括：部门或单位内设的审计机构。在我国，它由本部门、本单位负责人直接领导，应接受国家审计机关和上级主管部门内部审计机构的指导和监督。内部审计机构则重点审计在本单位或本系统内投资建设的所有建设项目。

无论是哪一种审计主体，在从事建设项目造价审计工作时，必须保持审计上的独立性。审计的独立性是指项目审计机构和审计人员在审计中应独立于项目的建设与管理的主体之外。即审计机构和审计人员在经济上、业务上和行政关系上不与被审项目的主体发生任何关系。对于内部审计人员来说，独立性还要求其保持良好的组织状态和意识上的客观性，应不受行政机构、社会团体或个人的干涉。审计的独立性是审计的本质，是保证审计工作顺利进行的必要条件，独立性可使审计人员提出客观的、公正的鉴定或评价，这对正常地开展审计工作是必不可少的。审计的独立性应体现在建设项目造价审计的全过程之中，主要表现在审计的实施阶段和审计报告阶段。

2. 建设项目造价审计的客体

审计的客体亦即审计主体作用的对象，按照审计的定义，审计的客体在内涵上为审计内容或审计内容在范围上的限定，建设项目造价审计的客体是指项目造价形成过程中的经济活动及相关资料，包括前期准备、设计概算、施工图预算及竣工结算等所有工作以及涉及的资料。在外延上为被审计单位，在建设项目造价审计中是指项目的建设单位、设计单位、施工单位、金融机构、监理单位以及参与项目建设与管理的所有部门或单位。

3. 建设项目造价审计的目的

建设项目工程造价审计属于一门专项审计，其目的是确定建设项目造价确定过程中的各项经济活动及经济资料的真实性、合法性、合理性、效益性。

真实性是指在造价形成过程中经济活动是否真实，如账目是否真实明晰、有无虚列项目增设开支；资料内容是否真实，如单据是否真实有效、图纸与实体是否一致；计量计价是否真实，如工程量是否准确按规定计算，材料用量、设备报价是否真实。

合法性是指建设项目造价确定过程中的各项经济活动是否遵循法律、法规及有关部门规章制度的规定。在工程项目造价审计中，主要审计编制依据是否是经过国家或授权机关的批准、适应该部门的专业工程范围（如：主管部门的各种专业定额及取费标准）；编制程序是否符合国家的编制规定。

合理性是指造价的组成是否必要，取费标准是否合理，有无不当之处，有无高估冒算，弄虚作假，多列费用，加大开支等问题。

效益性是指在造价形成过程中是否充分遵循成本效益原则，合理使用资金和分配物资材料，使建设项目建成后，生产能力或使用效益最大化。

二、建设项目造价审计的依据

建设项目工程造价的审计依据由以下 3 个层次组成：

1. 法律、法规

建设项目工程造价审计时必须执行的法律、法规，如：《中华人民共和国审计法》《中华人民共和国审计法实施条例》《中华人民共和国国家审计准则》《政府投资项目审计管理办法》《审计署关于内部审计工作的规定》《内部审计实务指南第 1 号——建设项目内部审计》以及国家、地方和各行业颁发的相关规定等。

2. 资料文件

主要有设计施工图、合同、可行性研究报告以及概、预算文件等。

3. 相关的技术经济指标

如造价审计中所依据的概算定额、概算指标、预算定额、费用定额以及有关技术经济分析参数指标等。建设项目审计的依据不是一成不变的，审计人员在使用这些依据时，必须要注意依据的适用性、时效性、地区性。

可见，工程造价审计是指由独立的审计机构和审计人员，依据国家的方针政策、法律法规和相关的技术经济指标，运用审计技术对工程建设过程中涉及工程造价的活动以及与之相联系的各项工作进行的审查、监督和评价。

第二节 建设工程造价审计分类

一、按审计主体分类

审计主体可分为政府审计、社会审计与内部审计三种，各主体之间既有相互联系，也有明确分工。

根据《国务院关于投资体制改革的决定》和新修改的《中华人民共和国审计法》，针对工程造价审计而言，不同审计主体的审计范围和审计重点均有相应调整，政府审计的范围将重点集中在政府投资和政府投资为主的建设项目上，更多的审计工作将由市场来配置，充分发挥内部审计和社会审计的作用。

目前，工程建设项目造价政府审计主要有以下范围：

1. 基础性项目造价审计

基础性项目指以中央投资为主的建设项目，主要是一些关系到国计民生的大中型建设项目，由国家审计署、审计署驻各地特派员办事处负责完成审计，个别项目可委托当地审计机关代审或与当地审计机关合作审计。对基础性项目造价审计的重点是投资估算与设计概算的编制及设计概算的执行情况。

2. 公益性项目造价审计

公益性项目指以地方投资为主建设的项目，原则上交由当地审计机关审计。公益性项目造价的审计重点是概算审计与决算审计。通过概算审计，检查投资计划的制定情况；通过决算审计，检查投资计划的执行及完成情况。

3. 竞争性项目造价审计

竞争性项目指以企事业单位及实行独立经济核算的经济实体投资为主的项目，往往是一些中小型项目或盈利性项目。竞争性项目造价审计的目的是帮助企业、事业单位减少投资浪费，提高投资效益。因此，对这一类项目造价的审计多由社会审计单位与内部审计机构协作完成，审计重点是工程结算。

二、按工程造价审计的时间分类

1. 事后审计

长期以来，工程造价审计有一种明显的事后审计特征，采用报送审计的方式，一般是在工程竣工后相关单位报送竣工结算资料。审计工作基本上是一项“内业”。建设项目具有建设周期长、组成内容复杂等专业技术特点，面对如此复杂的审计对象系统，事后审计却采取远离具体工程建设过程的这样一种审计路径，使得工程造价审计的深度和质量难以满足要求。事后审计表现出了明显的弱效性或无效性。

2. 跟踪审计

工程造价审计的目的是追求造价形成的合理性、造价控制的有效性。要达到审计结果的有效性，没有一个针对过程的监督是不可能实现的。因此，必须要进行工程造价审计方式的创新，变静态的事后审计为动态的跟踪审计，将工程造价的事后审核提前和扩展到工程造价形成全过程。工程造价的跟踪审计指将工程建设全过程划分为若干阶段或期间，审计人员在工程建设过程中及时对各阶段或期间涉及工程造价的活动和文件进行审计，并及时做出审计评价和建议，有助于建设单位及时发现问题、解决问题，有效防范风险，强化管理，有效地解决了传统审计介入滞后带来的整改难问题。

三、按审计阶段来划分

可分为前期准备阶段审计、投资估算阶段审计、设计概算、施工图预算、竣工结算审计、竣工决算阶段审计等。

总之，对建设项目造价的审计在不同阶段，从不同角度，有不同的划分和审计方法。

第三节　建设工程造价审计程序

审计程序是审计机构和人员在审计工作中必须遵循的工作规程，对于保证审计质量、提高审计工作效率、确保依法审计、增强审计工作的严肃性和审计人员的责任感都有十分重要的意义。建设项目造价审计程序分为三个阶段，即审计准备阶段、审计实施阶段和审计终结阶段。

一、建设项目造价审计准备阶段

准备阶段是整个审计工作的起点，直接关系到审计工作的成效，包括以下步骤：

1. 接受审计任务，通知审计部门接受造价审计任务

主要途径有如下三种形式：

（1）接受上级审计部门或主管部门的任务安排，完成当年审计计划的审计。

（2）接受建设单位委托，根据自己的业务能力情况酌情安排建设项目造价审计工作。以审计事务所为代表的社会审计大多选择这种方式。

（3）根据国家有关政策要求及当地的经济发展和城市规划安排，及时主动地承担审计范围内的建设项目造价审计任务，这也是政府审计。

2. 组织审计人员，做好审计准备工作

从政府审计角度来讲，在对大中型建设项目造价审计时，要求组织有关的工程技术人员、经济人员、财务人员参加，并成立审计小组，明确分工，落实审计任务。

从社会审计与内部审计角度看，重点是将建设项目造价审计工作按专业不同再详细分工，如土建工程审计、水电工程审计、安装工程审计等。

二、建设项目造价审计实施阶段

审计实施阶段是将审计的工作方案付诸实施，是审计全过程中的最主要阶段。

1. 进入施工现场，了解建设项目建设过程

在实施阶段开始后，审计组与项目建设主管部门的有关工程建设负责人员接触，深入分析项目情况，根据审计重点，进行实物测量工作，尤其是对于出现的变更部位，及时调整原审计方案。这一过程也称为取证阶段，如何使证据有理有力，这里是关键一步。

2. 获取审计证据，编写审计工作底稿

审计组在实施审计的过程中运用审计方法，围绕审计准备阶段制定的审计目标，以收集到的审计资料为依据，从各个方面对项目造价进行审计，如工程量计算审计、定额套用审计、取费计算审计等具体过程，排查建设项目经济活动中的疑点。

通过合法有效的渠道获取审计证据，作出审计记录，编制审计工作底稿。

被审计单位负责人应当对所提供的审计资料的真实性和完整性作出承诺。审计人员在整个工作过程中应严格遵守实事求是、公正客观的基本原则，从技术经济分析入手，完善项目造价文件中不确切的部分内容，保证审计质量，达到审计目的，实现审计要求。

三、建设项目造价审计终结阶段

1. 撰写审计组审计报告，征求被审计对象意见

审计实施阶段工作完成后，审计组撰写出审计组的审计报告，并就该审计报告征求被审计对象如项目建设的主管领导及项目造价有关部门的意见。

被审计对象应当自接到审计组的审计报告之日起10日内，将其书面意见送交审计组。审计组收回反馈意见后，应及时协调并争取妥善解决。最后审计组将其审计报告和被审计对象的书面意见一并报送审计机关。

2. 出具审计机关审计报告，提出处理处罚建议

审计机关按照法定程序对审计组的审计报告进行审议，并对被审计对象对审计组的审计报告提出的意见一并研究后，提出审计机关的审计报告；对违反国家规定的财政收支、财务收支行为，依法应当给予处理、处罚的，在法定职权范围内做出审计决定或者向有关主管机关提出处理、处罚的意见。至此，项目造价审计工作的基本程序即告完结。

第四节　工程造价审计的内容

按照工程造价形成过程，建设项目从立项筹建到竣工交付使用整个建设过程可划分为前期准备阶段审计、投资估算阶段审计、设计概算、施工图预算、竣工结算审计、竣工决算阶段审计等。各阶段审计依据各不相同，审计内容各有侧重。

一、前期准备阶段审计

前期准备阶段审计是审计机关对其前期准备工作、前期资金运用情况、建设程序、概（预）算的真实性、合法性、效益性及一致性进行的审计监督。

1. 前期准备阶段审计的依据

《中华人民共和国审计法》；项目审批文件、计划批准文件和项目概（预）算；项目前期财务支出等有关资料；施工图预算及其编制依据；与项目前期审计相关的其他资料等。

2. 前期准备阶段审计的主要内容

对政府投资项目前期准备阶段审计的主要内容有：

（1）审查土地征用、拆迁、安置补偿的审批与执行情况，建设用地的“三通一平”是否完成。

土地属于相对稀缺资源，必须严格控制不合理用地，建设项目所需的土地，一般需通过征地、划拨或出让、转让等方式并按计划报批。因此，审计的重点一是土地用途，二是审批手续，三是审批程序。另外，还必须实地审查建设用地的施工道路，施工用水，施工用电以及场地平整等情况。

（2）审查建设工程项目管理组织及其规章制度。

根据工程项目建设的需要，相应的组织和管理机构是否建立，对于大中型工程，审查项目法人是否设立；人员是否经过培训，是否具有相应的资质和是否具备承担相应职责的能力；为保证项目建设正常运行的规章制度是否建立健全并切实可行。

（3）审查建设资金的来源及到位情况。

建设资金是保证项目按时开工和顺利进行的基本条件。针对投资渠道多元化的特点，

审计应根据不同的资金来源如上级拨款，企业自筹，国外投资，银行贷款等分别根据相应的审计依据，审查其来源是否正当、是否稳定、是否符合国家有关规定，资金的筹措和使用进度计划是否与项目的实施进度计划一致，是否及时足额到位，有无脱节现象。

（4）审查初步设计。

① 审查初步设计的审批权限和程序。

建设工程项目的初步设计，应按隶属关系，由主管部门或地方政府授权的单位进行审批。各级主管部门应遵守国家规定的审批权限，不得下放审批权也不得超越审批权审批初步设计。

② 审查设计单位的资质等级。

国家对设计单位的资质等级和分级标准以及允许承担的设计范围都有明确的规定。

③ 审查初步设计的成果。

初步设计的成果主要表现为图纸和设计概算。审查其内容是否完整、合理，工艺、设备的选择是否先进、可行；技术方案是否安全、适用、经济、美观；审查其设计深度是否满足后续工作的需要；审查其质量是否符合国家现行标准规范，校对、审核责任制是否健全，手续是否齐备。

（5）审查开工所需具备的图纸资料是否齐全以及材料、设备订货情况。

施工图的设计深度以及图纸资料的数量是否满足施工组织设计和施工进度计划的需要；所预订的材料、设备价格是否合理，质量、数量以及到货日期能否满足工程建设的需要。

（6）审查选择施工单位的方式与程序是否合规。

选择承建施工项目的承包商，应通过招标方式，按公开、公平、公正的原则择优确定，而且招标程序必须合规。审查应注意有无明招暗定，无证承包，越级承包以及行贿受贿、徇私舞弊等违法行为。

二、投资估算阶段审计

建设工程项目投资估算是项目决策的重要依据和重要经济性指标。

国家审批项目建议书和项目设计任务书主要依据投资估算。

投资估算阶段的审计主要是审查估算材料的科学性及合理性，保证项目科学决策，减少投资损失，提高投资效益。

投资估算的审计工作应在项目主管部门或国家及地方的有关单位审批项目建议书、设计任务书和可行性研究报告文件时进行。

1. 投资估算审计的依据

（1）投资估算表。

（2）可行性研究报告。

（3）项目建议书。

（4）设计方案、图纸、主要设备、材料表。

（5）投资估算指标、预算定额、设备单价及各种取费标准等。

（6）其他相关资料。

2. 投资估算阶段审计的主要内容

（1）审查投资估算的编制依据。

审查投资估算中采取的资料、数据和估算方法。

对于资料和数据的审计，主要审查它们的时效性、适用性及准确性。如使用不同时期的基础资料时就应特别注意其时效性。

对于估算方法，由于不同的估算方法有不同的适用范围，在进行投资估算审计时，要重点审查投资估算采用的估算方法是否能准确反映估算的实际情况，应该尽量把误差控制在一个合理的范围内。

（2）审查投资估算的内容。

审查投资估算内容即审查估算是否合理，是否有多项、重项和漏项，针对重要内容需重点审查。如三废处理所需投资就需重点审查。对于有疑问之处要逐项列出，并要求投资估算人员予以补充说明。

（3）审查投资估算的各项费用。

审查投资估算的费用划分是否合理，是否考虑了物价的变化、费率的变动，当建设项目采用了新技术及新方法时，是否考虑了价格的变化，所取的基本预备费及涨价预备费是否合理等。

三、设计阶段概算审计

建设工程项目设计概算是国家对基本建设实现科学管理和科学监督的重要措施。

设计概算审计就是对概算编制过程和执行过程的监督检查，有利于投资资金的合理分配，加强投资的计划管理，缩小投资缺口。

设计概算在投资决策完成之后项目正式开工之前编制，但对设计概算的审计工作却反映在项目建设全过程之中。设计概算审计的开始时间为项目设计概算编制完成之后。

1. 设计概算审计的依据

设计概算审计的依据包括:《中华人民共和国预算法》;《关于国家建设项目预算（概算）执行情况审计实施办法》；批准的设计概算或修正设计概算书；有关部门颁布的现行概算定额、概算指标、费用定额、建设项目设计概算编制办法；有关部门发布的人工、设备和材料的价格、造价指数等。

2. 设计概算审计的方法

审查概算一般采用会审的方法，可以先由会审单位分头审查，然后再集中讨论，研究定案；也可以按专业分成不同的专业班组，分专业审查，然后再集中定案；还可以根据以往经验，及参考类似工程，选择重点项目重点审查。

3. 设计概算审计的内容

（1）审查概算编制的前提条件。

审查建设项目是否具备了已批准的项目建议书、项目可行性研究报告，初步设计是否完备，是否具备了明确的建设地点，是否具备了足够的建设资金。建设规模是否符合投资估算的要求等。

（2）审查概算编制的依据。

审查编制依据的合法性、时效性、适用性。编制依据必须经过是国家或国家授权机关批准，未经批准的依据不能采用。编制依据都有一定的适用时间，要注意编制概算的时间是否符合编制依据的适用时间。另外审查中需注意主管部门规定各种专业定额及取费标准只能用于该部门的专业工程，各地区规定的各种定额及取费标准，只适用于该地区。

（3）审查概算内容。

① 审查建设项目总概算及单项工程综合概算。

首先审查概算中的各项费用是否齐全，是否有多项、重项或漏项；其次，审查概算所反映的建设规模、建筑面积、生产能力、建筑结构等是否符合设计文件和设计任务书的要求；最后审查建筑材料及设备的规模型号是否与设计图纸上标示的一致。

② 审查单位工程概算。

主要从量、费、利、税四方面有重点地进行审计。对于量的审查，主要看工程量的计算方法、计算规则是否符合规定，计算结果是否准确；对于费的审查，主要是看费用的划分是否合理，费用项目是否齐全，是否有多项、重项、漏项情况，套用定额是否正确，费率的选定是否符合工程的实际情况；对利润和税金的审查，主要审查其计算基数及利润率、税率；对于工程其他费和预备费、建设期贷款利息、固定资产投资方向调节税的审计，则主要看所列项目是否与实际相符，是否符合有关政策规定，计算方法、计算结果是否正确。

四、施工图预算审计

施工图预算是在施工图确定后，根据批准的施工图设计、预算定额和地区单位估价表、施工组织设计文件以及各种费用定额等有关资料进行计算和编制的单位工程预算造价文件。施工图预算是确定拦标价、投标报价以及签订施工合同的依据。在开工前或在建设过程中，审计人员应进行施工图预算审计。相对而言，施工图预算审计比概算审计更为具体，更为细致，审计工作量大，审计方法灵活，主要为控制工程造价、保证工程质量服务。

1. 施工图预算审计依据

施工图预算审计依据包括施工图纸；预算定额；人工、材料及机械的市场价格信息；有关的取费文件；施工方案或施工组织设计；施工合同；等等。

2. 施工图预算审计方法

在一定程度上，施工图预算审计与施工图预算编制在工作过程、工作要求与工作内容基本上是一致的，只不过审计人员与编制人员由于所处位置不同而导致工作角度不同。

3. 施工图预算审计内容

施工图预算审计主要检查施工图预算的量、价、费计算是否正确，计算依据是否合理。施工图预算审计包括直接费用审计、间接费用审计、计划利润和税金审计等内容。

（1）直接费用审计包括工程量计算、单价套用的正确性等方面的审查和评价。

① 工程量计算审计。一方面审查与图纸设计所示的尺寸数量、规格是否相符，另一方

面计算方法与工作内容是否与工程量计算规则一致。采用工程量清单报价的，要检查其符合性。

② 单价套用审计。检查是否套用规定的预算定额、有无高套和重套现象；检查定额换算的合法性和准确性；检查新技术、新材料、新工艺出现后的材料和设备价格的调整情况，检查市场价的采用情况。

（1）采用工程量清单计价时应审计：检查实行清单计价工程的合规性；检查招标过程中，对招标人或其委托的中介机构编制的工程实体消耗和措施消耗的工程量清单的准确性、完整性；检查工程量清单计价是否符合国家清单计价规范要求；检查由投标人编制的工程量清单报价目文件是否响应招标文件；检查拦标价的编制是否符合国家清单计价规范。

（2）其他费用审计包括检查定额套用、取费基数、费率计取是否正确。

（3）审计计划利润和税金计取的合理性。

（4）合同价的审计。

检查合同价的合法性与合理性，包括固定总价合同的审计、可调合同价的审计、成本加酬金合同的审计。检查合同价的开口范围是否合适，若实际发生开口部分，应检查其真实性和计取的正确性。

五、竣工结算阶段审计

竣工结算阶段审计是建设工程项目审计的重要环节。

建设工程项目通过工程验收并编制竣工结算后即实行竣工结算审计，通过竣工结算审计后才可进行甲乙方的工程价款结算。竣工结算审计的完成，标志着一个建设项目投资建设阶段的监督告一段落和建设工程造价审计的结束。

竣工结算审计，必须确保工程施工过程与竣工结算反映内容一致、施工图预算与竣工结算前后呼应、竣工结算本身合理准确。

1. 竣工结算阶段审计的依据

《审计机关国家建设项目审计准则》；竣工验收报告；工程施工合同；施工图及设计变更或竣工图；图纸会审纪要；隐蔽工程检查验收单；现场签证；经批准的施工图预算以及有关定额、费用调整的补充项目；材料、设备及其他各项费用的调整文件。

2. 竣工结算阶段审计的主要内容及程序

竣工结算阶段审计的主要内容：

（1）结算方式是否符合合同约定。

（2）工程量计算是否符合规定的计算规则，数量是否准确。

（3）分项工程预算定额或清单子目选套是否合规、恰当，定额换算是否正确。

（4）核实工程取费是否执行相应的计算基数和费率标准。

（5）核查设备、材料用量是否与定额含量或设计含量一致等。

（6）核查水电费、甲供材料等建设方代扣代缴费用是否扣完；质量保证金、违约金是否扣除。

审核程序：现场踏勘→监理/建设单位介绍情况→初审→交换意见→签订三方定案→出具报告。

结算审核发现的主要问题：应扣未施；工程量多计/重复；定额/清单子目错误/混用/高套；材料代换/变更未减原预算；甲供材料赚取材差；费率错误；变更计价不执行合同/招标原则；暂估价材料单价虚高；合同价格调整与合同/投标约定不符；隐蔽工程量虚假等。

六、竣工决算阶段审计

竣工决算审计是建设项目正式竣工验收前，审计机关依法对建设项目竣工决算的真实、合法、效益进行的审计监督。

其目的是保障建设资金合理、合法使用，正确评价投资效益，促进总结建设经验，提高建设项目管理水平。

1. 竣工决算审计的程序

按照“先审计，后验收”的原则，项目建设单位应当在建设项目初步验收结束后按照规定及时办理竣工决算，并向有关审计机构申请实施项目竣工决算审计。审计结束后，项目建设单位方可组织验收，办理竣工验收手续。

2. 竣工决算阶段审计的依据

（1）项目建议书、可行性研究报告及投资估算。

（2）初步设计和扩大初步设计及其概算批复资料。

（3）历年基建计划、历年财务决算及其批复文件。

（4）施工图纸、设计变更记录、施工签证等。

（5）有关财务账簿、凭证、报表及工程结算资料。

（6）建设项目竣工决算报表。

（7）建设项目竣工情况说明书。

3. 竣工决算阶段审计的内容

（1）审查竣工财务决算报表。

① 审查竣工财务决算报表是否按规定的期限编制。

② 审查收尾工程的投资额。

③ 审查竣工财务决算各张报表之间的勾稽关系。

④ 审查报表中有关数据是否与批准的概算数和计划数相一致。

⑤ 审查竣工财务决算报表中的主要项目金额是否与其历年批准的财务决算报表中的主要项目金额相符。

⑥ 审查竣工财务决算中基本建设结余资金是否正确。

（2）审查竣工财务决算说明书内容。

① 要审查竣工财务决算说明书的内容是否完整、规范。

② 审查竣工财务决算说明书编制的深度是否足够，有无掩盖问题，避重就轻等现象发生。

③ 审查竣工财务决算说明书中有关指标的计算，数据来源是否真实准确，分析是否得当。

（3）审查竣工结余资金

① 审查银行存款、现金和其他货币资金的结余是否真实，是否存在账实不符的情况。

② 审查库存物资的真实性和准确性，是否有与账面资料不符、毁损物资、少报漏报或隐瞒库存物资的情况。

③ 审查往来款项的真实性和准确性，是否存在违反合同和协议多付或少付备料款和工程款、挪用和职工借支问题、收入挂在应付款项转移收入等行为。

④ 审查竣工结余资金是否按照规定进行处理。

第五节　工程造价司法鉴定概述

一、工程造价司法鉴定的概念

工程造价司法鉴定是指工程造价司法鉴定机构和鉴定人，依据其专门知识，对建筑工程诉讼案件中所涉及的造价纠纷进行分析、研究、鉴别并做出结论的活动。工程造价司法鉴定作为一种独立证据，是工程造价纠纷案调解和判决的重要依据，在建筑工程诉讼活动中起着至关重要的作用。

司法鉴定是指在诉讼活动中鉴定人运用科学技术或者专门知识对诉讼涉及的专门性问题进行鉴别和判断并提供鉴定意见的活动。

司法鉴定机构是指经过司法行政机关审核登记并取得《司法鉴定许可证》，从事司法鉴定业务的法人或者其他组织。司法鉴定机构是司法鉴定人的执业机构，应具备《司法鉴定机构管理办法》（司法部令第 96 号）规定的条件，经省级司法行政机关审核登记，取得《司法鉴定许可证》，在登记的司法鉴定业务范围内，开展司法鉴定活动。

司法鉴定人是指经过司法行政机关审核登记并取得《司法鉴定人执业证》，从事司法鉴定业务的人员。司法鉴定人应是具备《司法鉴定人登记管理办法》（司法部令第 95 号）规定的条件、经省级司法行政机关审核登记、取得《司法鉴定人执业证》、按照登记的司法鉴定执业类别、运用科学技术或者专门知识对诉讼涉及的专门性问题进行鉴别和判断并提出鉴定意见的人员。司法鉴定人应在一个司法鉴定机构中执业。司法鉴定人是实施具体鉴定工作的主体，是就专门性问题做出判断结论的司法鉴定工作的具体承担者和实施者。我国的司法鉴定人既是帮助司法机关解决诉讼活动中有关专门性问题的专家，又是“独立的诉讼参与人”，这一法定地位明确了我国司法鉴定人并不享有优越于其他诉讼参与人的地位与权利，其鉴定意见并不具有“科学判决”的性质。司法鉴定人的鉴是指定意见是法定的证据之一，也是有待法庭最终确认的证据材料。

司法鉴定文书是指司法鉴定机构和司法鉴定人依照法定条件和程序，运用科学技术或者专门知识对诉讼中涉及的专门性问题进行分析、鉴别和判断后出具的记录和反映司法鉴定过程及司法鉴定意见的书面载体。

工程造价司法鉴定机构开展工程造价司法鉴定活动应遵循依法鉴定原则、独立鉴定原则、客观鉴定原则、公正鉴定原则。

司法鉴定机构受理鉴定委托后，应指定本机构中具有该鉴定事项执业资格的司法鉴定人进行鉴定，遵守职业道德和职业纪律，尊重科学，执行统一的建设领域有关的标准、技术文件要求。如：《司法鉴定人管理办法》（司法部令第 63 号）、《司法鉴定机构登记管理办法》（司法部令第 95 号）、司法部司法鉴定管理局发布《建设工程司法鉴定程序规范》（SF/ZJD 0500001—2014）等。

二、工程造价司法鉴定的特征

工程造价司法鉴定的鉴定对象是与造价有关的工程事实，诉讼当事人一般有承发包双方，有的涉及分包。

由于建筑工程生产周期长，生产过程复杂，定价过程特殊，所以鉴定涉及材料量大，内容多。

建筑市场承包商之间竞争十分激烈，垫资承包、阴阳合同、拖欠工程款、现场乱签证、工程质量低劣等社会现象在诉讼活动中全部折射出来，鉴定难度大。

三、工程造价司法鉴定管理制度

工程造价司法鉴定管理实行行政管理与行业管理相结合的管理制度。司法行政机关对司法鉴定人及其执业活动进行指导、管理和监督、检查，司法鉴定行业协会依法进行自律管理。

司法鉴定管理制度是由多个相互关联的制度子系统有机协同运行的制度体系。该体系包括：司法鉴定机构和司法鉴定人员的准入制度、鉴定机构的名称管理制度、司法鉴定人的继续教育制度、司法鉴定人的职业道德和执业纪律规范、司法鉴定机构的执业规则和内部管理制度、司法鉴定机构的定期评估检查制度、司法鉴定机构和鉴定人的资质管理制度、鉴定机构和人员的责任追究制度、司法鉴定行业收费制度等。通过严格的管理制度，实现对司法鉴定工作全过程的系统完备的监督管理，以实现司法鉴定业的可持续和科学发展。下面主要论述工程造价司法鉴定人登记管理制度和司法鉴定机构登记管理制度。

（一）工程造价司法鉴定人登记管理制度

1. 主管机关

《司法鉴定人管理办法》（司法部令第 63 号）第八条：司法部负责全国司法鉴定人的登记管理工作，依法履行下列职责：

（1）指导和监督省级司法行政机关对司法鉴定人的审核登记、名册编制和名册公告工作。

（2）制定司法鉴定人执业规则和职业道德、职业纪律规范。

（3）制定司法鉴定人诚信等级评估制度并指导实施。

（4）会同国务院有关部门制定司法鉴定人专业技术职称评聘标准和办法。

（5）制定和发布司法鉴定人继续教育规划并指导实施。

（6）法律、法规规定的其他职责。

《司法鉴定人管理办法》（司法部令第 63 号）第九条：省级司法行政机关负责本行政区域内司法鉴定人的登记管理工作，依法履行下列职责：

（1）负责司法鉴定人的审核登记、名册编制和名册公告。

（2）负责司法鉴定人诚信等级评估工作。

（3）负责对司法鉴定人进行监督、检查。

（4）负责对司法鉴定人违法违纪执业行为进行调查处理。

（5）组织开展司法鉴定人专业技术职称评聘工作。

（6）组织司法鉴定人参加司法鉴定岗前培训和继续教育。

（7）法律、法规和规章规定的其他职责。

2. 执业登记

《司法鉴定人管理办法》（司法部令第 63 号）第十一条：司法鉴定人的登记事项包括：姓名、性别、出生年月、学历、专业技术职称或者行业资格、执业类别、执业机构等。

《司法鉴定人管理办法》（司法部令第 63 号）第十七条：《司法鉴定人执业证》由司法部统一监制。《司法鉴定人执业证》是司法鉴定人的执业凭证。

《司法鉴定人执业证》使用期限为 5 年，自颁发之日起计算。

《司法鉴定人执业证》应当载明下列内容：

（1）姓名。

（2）性别。

（3）身份证号码。

（4）专业技术职称。

（5）行业执业资格。

（6）执业类别。

（7）执业机构。

（8）使用期限。

（9）颁证机关和颁证时间。

（10）证书号码。

3. 个人申请从事工程造价司法鉴定业务

个人申请从事工程造价司法鉴定业务，依据《司法鉴定人管理办法》（司法部令第 63 号）第十二条：应当由拟执业的工程造价司法鉴定机构向司法行政机关提交相关材料，经审核符合条件的，省级司法行政机关应当做出准予执业的决定，颁发《司法鉴定人执业证》；工程造价司法鉴定人应当在所在工程造价司法鉴定机构接受司法行政机关统一部署的监督、检查。

个人申请从事司法鉴定业务，应当具备下列条件：

（1）拥护中华人民共和国宪法，遵守法律、法规和社会公德，品行良好的公民。

（2）具有相关的高级专业技术职称；或者具有相关的行业执业资格或者高等院校相关专业本科以上学历，从事相关工作 5 年以上。

（3）申请从事经验鉴定型或者技能鉴定型司法鉴定业务的，应当具备相关专业工作 10 年以上经历和较强的专业技能。

（4）所申请从事的司法鉴定业务，行业有特殊规定的，应当符合行业规定。

（5）拟执业机构已经取得或者正在申请《司法鉴定许可证》。

（6）身体健康，能够适应司法鉴定工作需要。

（二）工程造价司法鉴定机构登记管理制度

全国实行统一的工程造价司法鉴定机构及司法鉴定人审核登记、名册编制和名册公告制度。国家对工程造价司法鉴定机构实行登记管理制度，按照学科和专业分类编制并公告司法鉴定人员和司法鉴定机构名册。国务院司法行政部门和省级人民政府司法行政部门负责对工程造价司法鉴定机构的登记管理、监督和名册编制工作。司法行政机关负责监督指导司法鉴定行业协会及其专业委员会依法开展活动。

工程造价司法鉴定机构的主要登记事项包括：名称、住所、法定代表人或者鉴定机构负责人、资金数额、仪器设备、司法鉴定人、司法鉴定业务范围等。

司法鉴定机构登记管理办法第 95 号第十三条：司法鉴定机构的登记事项包括：名称、住所、法定代表人或者鉴定机构负责人、资金数额、仪器设备和实验室、司法鉴定人、司法鉴定业务范围等。

司法鉴定机构登记管理办法第 95 号第十四条：法人或者其他组织申请从事司法鉴定业务，应当具备下列条件：

（1）有自己的名称、住所。

（2）有不少于 20 万至 100 万元人民币的资金。

（3）有明确的司法鉴定业务范围。

（4）有在业务范围内进行司法鉴定必需的仪器、设备。

（5）有在业务范围内进行司法鉴定必需的依法通过计量认证或者实验室认可的检测实验室。

（6）每项司法鉴定业务有三名以上司法鉴定人。

司法鉴定机构登记管理办法第 95 号第十五条：法人或者其他组织申请从事司法鉴定业务，应当提交下列申请材料：

（1）申请表。

（2）证明申请者身份的相关文件。

（3）住所证明和资金证明。

（4）相关的行业资格、资质证明。

（5）仪器、设备说明及所有权凭证。

（6）检测实验室相关资料。

（7）司法鉴定人申请执业的相关材料。

（8）相关的内部管理制度材料。

（9）应当提交的其他材料。

申请人应当对申请材料的真实性、完整性和可靠性负责。

司法鉴定机构登记管理办法第 95 号第二十二条：《司法鉴定许可证》是司法鉴定机构的执业凭证，司法鉴定机构必须持有省级司法行政机关准予登记的决定及《司法鉴定许可证》，方可依法开展司法鉴定活动。

《司法鉴定许可证》由司法部统一监制，分为正本和副本。《司法鉴定许可证》正本和副本具有同等的法律效力。

《司法鉴定许可证》使用期限为五年，自颁发之日起计算。

《司法鉴定许可证》应当载明下列内容：

（1）机构名称。

（2）机构住所。

（3）法定代表人或者鉴定机构负责人姓名。

（4）资金数额。

（5）业务范围。

（6）使用期限。

（7）颁证机关和颁证时间。

（8）证书号码。

第六节　工程造价司法鉴定业务操作基本流程

一、工程造价司法鉴定的委托

建设工程司法鉴定应由司法鉴定机构统一受理委托。按我国目前的规定，司法鉴定人必须在一个鉴定机构中执业，只能以鉴定机构的名义受理鉴定案件。司法鉴定人不能独立受理鉴定业务，不得私自收费。司法鉴定人私自接受司法鉴定委托的，由省级司法行政机关依法给予警告，并责令其改正。

司法鉴定机构接受鉴定委托，应要求委托人出具鉴定委托书，委托书应载明委托的司法鉴定机构的名称、委托鉴定的事项和鉴定要求、委托人的名称等内容。

委托事项属于重新鉴定的，应在委托书中注明。司法鉴定机构和司法鉴定人不得按照委托人的不合理要求或暗示进行鉴定并提供鉴定意见。

委托人应向鉴定机构提供真实、充分的鉴定资料，并对鉴定资料的真实性、合法性负责。

1. 工程造价司法鉴定的受理

司法鉴定机构收到委托书后，应对委托人委托鉴定的事项进行审查，对属于本鉴定机构司法鉴定业务范围，委托鉴定的事项及鉴定要求明确，提供的鉴定资料经过质证的鉴定委托，应予以受理。

对提供的鉴定资料不真实、不齐全的，司法鉴定机构可以要求委托人补充。委托人补充齐全的，可以受理。

司法鉴定机构对于符合受理条件的鉴定委托，应及时做出受理的决定；不能及时做出受理的，应在十个工作日内做出是否受理的决定，并通知委托人；对通过信函或其他方式提出鉴定委托的，应在20个工作日内做出是否受理的决定，并通知委托人；对疑难、复杂或者特殊鉴定事项的委托，可以与委托人协商确定受理的时间。

2. 送交工程造价司法鉴定的主要材料

送交工程造价司法鉴定的主要材料包括：

（1）工程造价鉴定委托书。

（2）诉讼状与答辩状等卷宗。

（3）工程施工合同、补充合同。

（4）招投标工程的招标文件、投标文件及中标通知书。

（5）施工图纸、图纸会审记录、设计变更、技术核定单、现场签证单等。

（6）竣工工程的竣工验收证明（未竣工验收的工程如对工程质量有争议的，委托人另行委托工程质检机构先行质量鉴定）。

（7）结算（或中间结算）文件。

（8）开工报告及有关造价鉴定所需的技术资料。

（9）当事人双方约定的其他协议。

（10）必须提供的其他材料。

3. 工程造价司法鉴定协议书的主要内容

司法鉴定协议书应当载明下列事项：

（1）委托人和鉴定机构的基本情况。

（2）委托鉴定的事项及鉴定要求。

（3）鉴定项目。

（4）本鉴定事项是否属于重新鉴定。

（5）鉴定过程中双方的权利、义务。

（6）鉴定费用及收取方式。

（7）鉴定机构对司法鉴定的风险提示。

（8）其他需要载明的事项。

在司法鉴定过程中需要变更协议书内容的，应当由协议双方协商确定。司法鉴定协议书应以唯一性和连续性进行登记编号。

4. 司法鉴定费用

工程造价司法鉴定由司法鉴定机构统一收取司法鉴定费用。司法鉴定机构执行省级司法和物价行政部门发布的收费项目和标准。没有收费标准的，可协商由鉴定机构根据所受理鉴定项目的实际情况参考相关行业收费办法收取费用。

司法鉴定机构接受鉴定委托后10天内，根据省级司法和物价行政部门发布的收费项目和标准或相关各方协商的收费标准，向委托人提交《鉴定费支付通知单》。

二、工程造价司法鉴定的实施

建设工程造价鉴定除应遵循依法鉴定原则、独立鉴定原则、客观鉴定原则、公正鉴定原则，还应遵循从约原则和取舍原则。受合同法律关系的制约，工程造价争议首先是一个合同问题。一项具体的建设工程项目的合同造价，是当事人经过利害权衡、竞价磋商等博弈方式所达成的特定的交易价格，而不是某一合同交易客体的市场平均价格或公允价格。在工程合同造价纠纷案件中，经常会遇到当事人在合同或者签证中的特别的约定，有的约定是明显高于或低于定额计价标准或市场价格的。根据《合同法》的自愿和诚实信用原则，只要当事人的约定不违反国家法律和行政法规的强制性规定，也即只要与法无悖，不管双方签订的合同或具体条款是否合理，鉴定人均无权自行选择鉴定依据或否定当事人之间有效的合同或补充协议的约定内容。这就是工程造价鉴定必须遵循的从约原则。

在鉴定过程中由于当事人提供的证据不够完善，或者因案情的复杂性和特殊性，或者遇到需要定性方可判定，或者现有证据有矛盾难以做出确定判断，致使工程司法鉴定难以得出确定的意见时，司法鉴定人应结合案情按不同的标准和计算方法，根据证据成立与否出具不同的鉴定意见，供司法机关根据开庭和评议对鉴定意见进行取舍。有的司法鉴定人根据自己的意愿，径自认定一种证据材料，甚至认定合同无效，然后据此做出鉴定意见，这实质上是代行了审判权。比如有的合同对价款结算让利作了明显过高的约定，能否按约计算，其决定权应由司法机关裁判，司法鉴定人对鉴定资料的真实性和有效性无认定权，鉴定资料的真实性和有效性只能由审判人员认定。司法鉴定人应提供是否按约定计价的两个鉴定意见供司法机关判定。这就是工程造价鉴定必须遵循的取舍原则。

根据《司法鉴定程序通则》，工程造价司法鉴定的实施步骤如下。

应遵循依法鉴定原则、独立鉴定原则、客观鉴定原则、公正鉴定原则。应遵守职业道德和职业纪律，尊重科学，遵守建设领域有关的标准、技术文件要求。

（一）初始鉴定

1. 工程造价司法鉴定的组织

工程造价司法鉴定实行鉴定人负责制度。司法鉴定人应当科学、客观、独立、公正地进行鉴定，并对做出的鉴定意见负责。司法鉴定机构受理鉴定委托后，应指定本机构中具有该鉴定事项执业资格的司法鉴定人进行鉴定。

司法鉴定机构对同一鉴定事项，应指定或者选择不少于二名司法鉴定人共同进行鉴定。对疑难、复杂或者特殊的鉴定事项，可以指定或者选择多名司法鉴定人进行鉴定。

委托的鉴定事项完成后，鉴定机构可以指定机构内专人进行复核；对于涉及复杂、疑难、特殊技术问题或者属于重新鉴定的鉴定事项，应指定机构内专人进行复核。复核人员对该项鉴定的实施是否符合规定的程序、是否采用规定的技术标准和技术规范等情况进行复核，复核后的意见，应当存入同一鉴定档案。复核后发现有违反本技术规范规定情形的，司法鉴定机构应予以纠正。

2. 鉴定方案的制订

司法鉴定人应全面了解熟悉案情，对送鉴资料进行认真研究，了解各方当事人争议的焦点和委托人的鉴定要求，并对受鉴项目进行初步调查。

司法鉴定人应根据受鉴项目的特点和初步调查结果、鉴定目的和要求制订鉴定方案。

鉴定方案内容应包括鉴定的依据、采用的标准、案情调查的工作内容、鉴定技术路线、工作进度计划及需由当事人完成的配合准备工作等。鉴定方案必须经鉴定机构的技术管理者批准后方能实施。

3. 案情调查

根据鉴定需要，司法鉴定人有权查询与鉴定有关的资料，询问当事人、证人，复查现场，补充或者复制鉴定所需的资料。案情调查可采用以下形式：

（1）听证会：请各方当事人分别陈述案情及争议的焦点，目的是充分听取各方的意见。司法鉴定人在听证会上应严格保持中立，不妄加评论。听证会应形成听证会纪要。

（2）专项询问：向受鉴项目的有关单位和有关人员进行访问、查询、调查，了解真实情况、查清客观事实。专项询问应形成询问笔录。

（3）现场勘验：在委托人组织下或经委托人同意，司法鉴定人会同各方当事人共同到达现场对受鉴项目的具体部位进行现场实勘、实测、实量、实查，并进行必要的检验和查询、查档、访问，掌握第一手资料，为专门性问题鉴别和判断提供真实客观的依据。现场勘验应形成记录。用于现场勘验、检验（测绘）的计量器具必须经计量检定（校准）合格。

案情调查视鉴定项目和鉴定过程的具体情况，可举行一次或多次。案情调查应有二名及以上司法鉴定人员进行，且至少应有一名司法鉴定人。案情调查除专项调查外，应由委托人组织或委托人同意，并通知各方当事人参加。案情调查应有专人负责记录，记录要由参与者签字确认。当事人经委托人合法通知未到现场或到现场拒绝在案情调查记录上签字，不影响司法鉴定人对案情调查事实的确认。

4. 工程造价司法鉴定时限的一般要求

1）受理时限

司法鉴定机构收到委托书后，应对委托人委托鉴定的事项进行审查，对属于本鉴定机构司法鉴定业务范围，委托鉴定的事项及鉴定要求明确，提供的鉴定资料经过质证的鉴定委托，应予以受理。

司法鉴定机构对于符合受理条件的鉴定委托，应及时做出受理的决定；不能及时做出受理的，应在10个工作日内做出是否受理的决定，并通知委托人；对通过信函或其他方式提出鉴定委托的，应在20个工作日内做出是否受理的决定，并通知委托人；对疑难、复杂或者特殊鉴定事项的委托，可以与委托人协商确定受理的时间。

司法鉴定机构在受理鉴定委托过程中，对案件争议的事实初步了解后，司法鉴定人如发现委托鉴定事项不利于事实的查明或者难以鉴定时，应向委托人释明。

对不予受理的鉴定委托，应向委托人说明理由，退还其提供的鉴定资料。

具有下列情形之一的鉴定委托，司法鉴定机构不得受理：

（1）委托鉴定的事项超出本机构司法鉴定业务范围的。

（2）鉴定资料未经过质证或者取得方式不合法的。

（3）鉴定事项的用途不合理或者违背行业和社会公德的。

（4）鉴定要求不符合司法鉴定执业规则或者相关鉴定技术规范的。

（5）鉴定要求超出本机构技术条件和鉴定能力的。

（6）同时委托其他鉴定机构就同一鉴定事项进行鉴定的。

（7）其他不符合法律、法规、规章规定情形的。

2）完成鉴定的时限

司法鉴定机构应在收到委托人出具的鉴定委托书或签订《建设工程司法鉴定协议书》之日起 60 个工作日内完成委托事项的鉴定。

鉴定事项涉及复杂、疑难、特殊的技术问题或者检验过程需要较长时间的，经与委托人协商并经鉴定机构负责人批准，完成鉴定的时间可以延长，每次延长时间一般不得超过60个工作日。

司法鉴定机构与委托人对完成鉴定的时限另有约定的，从其约定。

在鉴定过程中补充或者重新提取鉴定资料，司法鉴定人复查现场、赴鉴定项目所在地进行检验和调取鉴定资料所需的时间，不计入鉴定时限。

5. 工程造价司法鉴定文书的复核

为确保工程造价司法鉴定文书的质量，应由工程造价司法鉴定机构中具有高级工程师职称且具有注册造价工程师资格的司法鉴定人对工程造价司法鉴定文书进行全面复核，复核人对工程造价司法鉴定结论承担连带责任。

6. 工程造价司法鉴定中复杂、疑难问题的论证

工程造价司法鉴定机构在进行鉴定的过程中，遇有特别复杂、疑难、特殊技术问题的，可以向本机构以外的相关专业领域的专家进行咨询，但最终的鉴定意见应当由本机构的司法鉴定人出具。

（二）终止鉴定

司法鉴定机构在进行鉴定过程中，遇有下列情形之一的，应终止鉴定：

（1）发现委托鉴定事项的用途不合法或者违背社会公德的。

（2）委托人提供的鉴定资料不真实或者不充分，委托鉴定现场不具备检测鉴定条件的。

（3）因鉴定资料不充分或者因鉴定资料损坏、丢失，委托人不能或无法补充提供符合要求的鉴定资料的。

（4）委托人的鉴定要求或者完成鉴定所需的技术要求超出本机构技术条件和鉴定能力的。

（5）委托人不履行司法鉴定委托受理协议书规定的义务或者当事人不予配合，致使鉴定无法继续进行的。

（6）因不可抗力致使鉴定无法继续进行的。

（7）委托人撤销鉴定委托或者主动要求终止鉴定的。

（8）申请鉴定当事人拒绝支付鉴定费用的。

（9）司法鉴定委托受理协议书约定的其他终止鉴定的情形。

终止鉴定的，司法鉴定机构应书面通知委托人，说明理由，并退还鉴定材料。终止鉴定的，司法鉴定机构应根据终止的原因及责任，酌情退还有关鉴定费用。

（三）补充鉴定

有下列情形之一的，司法鉴定机构可以根据委托人的请求进行补充鉴定，补充鉴定是

原委托鉴定的组成部分：

（1）委托人增加新的鉴定要求的。

（2）委托人发现委托的鉴定事项有遗漏的。

（3）委托人就同一委托鉴定事项又提供或者补充新的鉴定资料的。

（4）其他需要补充鉴定的情形。

补充鉴定可以由原司法鉴定人进行，也可以由其他司法鉴定人进行。补充鉴定意见书中应注明与原委托鉴定事项相关联的鉴定事项；补充鉴定意见与原鉴定意见明显不一致的，应说明理由。增加新的鉴定要求，有可能改变原鉴定意见的，应视为新的鉴定事项，另行委托。

（四）重新鉴定

有下列情形之一的，司法鉴定机构可以接受委托进行重新鉴定：

（1）原司法鉴定机构或司法鉴定人不具有从事原委托事项鉴定执业资格的。

（2）原司法鉴定机构超出登记的业务范围组织鉴定的。

（3）原司法鉴定人按规定应回避没有回避的。

（4）委托人或者其他诉讼当事人对原鉴定意见有异议，并能提出合法依据和合理理由的。

（5）法律规定或者委托人认为需要重新鉴定的其他情形。

接受重新鉴定委托的司法鉴定机构的资质条件，一般应相当于或高于原委托的司法鉴定机构；参与重新鉴定的司法鉴定人的技术职称或执业资格，应相当于或高于原委托的司法鉴定人。

三、工程造价司法鉴定文书的编制

司法鉴定机构和司法鉴定人在完成委托的鉴定事项后，应依据委托人所提供的鉴定资料和相关检验结果、技术标准和执业经验，科学、客观、独立、公正地提出鉴定意见，并向委托人出具司法鉴定文书。

司法鉴定文书是鉴定过程和鉴定结果的书面表达形式（包括文字、数据、图表和照片等）。工程造价司法鉴定文书一般出具司法鉴定意见书和司法鉴定检验（测绘）报告书。

（一）司法鉴定文书的语言表述要求

（1）使用符合国家通用语言文字规范、通用专业术语规范和法律规范的用语，不得使用文言、方言和土语。

（2）使用国家法定计量单位。

（3）文字精练，用词准确，语句通顺，描述客观清晰。

（二）司法鉴定文书格式

司法鉴定文书一般由封面、绪言、案情摘要、书证摘录、分析说明、鉴定意见、附注、落款、附件等部分组成。详细内容如下。

（1）封面：应写明司法鉴定机构的名称、司法鉴定文书的类别及编号、司法鉴定许可证号、司法鉴定文书出具年月；封二应写明声明、司法鉴定机构的地址和联系信息。

（2）编号：写明司法鉴定机构缩略语、年份、专业缩略语、文书缩略语及序号。编号位于司法鉴定文书正文标题下方右侧，编号处应当加盖司法鉴定机构的司法鉴定专用章钢印。

（3）绪言：宜包括以下内容：

① 委托单位。

② 委托日期。

③ 鉴定项目。

④ 鉴定事项。

⑤ 送鉴资料。

⑥ 送鉴日期。

⑦ 鉴定日期。

⑧ 鉴定地点。

（4）案情摘要：写明委托鉴定事项涉及受鉴项目争议的简要情况。

（5）书证摘录：系对送鉴资料的摘要，所有摘要应注明出处，重点摘录有助于说明鉴定过程和鉴定结果的内容，引用资料应客观全面。

（6）分析说明：分析说明是司法鉴定文书的关键部分，是检验司法鉴定文书质量的标志之一。宜包括以下内容：

① 说明受鉴项目概况。

② 指明引用法律、法规、规章、定额、标准、规范、规程的出处。

③ 写明鉴定的实施过程和科学依据，包括鉴定资料采信、鉴定程序、所用技术路线、技术方法、技术标准。

④ 通过阐述理由和因果关系，解答鉴定事由和有关问题，说明根据鉴定资料和鉴定过程形成鉴定意见的分析、鉴别和判断的过程。

（7）鉴定意见：应当明确、具体、规范、具有针对性和适用性。

（8）附注：对司法鉴定文书中需要解释的内容，可以在附注中做出说明。

（9）附件目录：相对于司法鉴定文书正文后面的附件，应按附件在正文中出现的顺序，统一编号形成目录。

（10）落款：

① 在司法鉴定文书落款处应写明司法鉴定人的专业技术职务资格和执业资格执业证号。

② 司法鉴定人应在司法鉴定文书上签名或盖章。

③ 司法鉴定文书各页之间应加盖司法鉴定机构的司法鉴定专用章红印，作为骑缝章。

④ 文书制作日期上应加盖司法鉴定机构的司法鉴定专用章红印。

（11）附件：包括司法鉴定委托书、建设工程司法鉴定协议书，与鉴定意见有关的检验、测绘报告，案情调查中形成的记录，相关的图片、照片和其他必要的资料，司法鉴定机构司法鉴定许可证、司法鉴定人执业资格证书复印件。

四、工程造价司法鉴定文书的出具和归档保管

1. 鉴定档案的整理

（1）归档的照片、光盘、录音带、录像带、数据库光盘等，应当注明承办单位、制作人、制作时间、说明与其他相关的鉴定档案的参见号，并单独整理存放。

（2）卷内材料的编号及案卷封面、目录和备考表的制作卷内材料的编号及案卷封面、目录和备考表的制作应符合以下要求：

① 卷内材料经过系统排列后，应当在有文字的材料正面的右下角、背面的左下角用阿拉伯数字编写页码。

② 案卷封面可打印或书写。书写应用蓝黑墨水或碳素墨水，字迹要工整、清晰、规范。

③ 卷内目录应按卷内材料排列顺序逐一载明，并标明起止页码。

④ 卷内备考表应载明与本案卷有关的影像、声像等资料的归档情况；案卷归档后经司法鉴定机构负责人同意入卷或撤出的材料情况；立卷人、机构负责人、档案管理人员的姓名；立卷、接收日期，以及其他需说明的事项。

（3）需存档的施工图设计文件（或竣工图）按国家有关标准折叠后存放于档案盒内。

（4）案卷应当做到材料齐全完整、排列有序，标题简明确切，保管期限划分准确，装订不掉页不压字。

（5）档案管理人员对已接收的案卷，应按保管期限、年度顺序、鉴定类别进行排列编号。涉密案卷应当单独编号存放。

（6）档案管理人员应在分类排列的基础上编制《案卷目录》、计算机数据库等检索工具。

2. 鉴定档案的保管

（1）鉴定档案的保管期限按受理后是否出具鉴定文书分类。受理后出具鉴定文书的，列为永久保管。受理后没有出具鉴定文书的，列为定期保管，保管期限为十年。

（2）鉴定档案的保管期限，从该鉴定事项办结后的下一年度起算。

（3）鉴定档案目录登记簿、接收登记簿、销毁登记簿、销毁批件、移交登记簿列为永久保管。

（4）档案应按“防火、防盗、防潮、防高温、防鼠、防虫、防光、防污染”等条件进行安全保管。档案管理人员应当定期对档案进行检查和清点，发现破损、变质、字迹褪色和被虫蛀、鼠咬的档案应及时采取防治措施，并进行修补和复制。发现丢失的，应当立即报告，并负责查找。

五、工程造价司法鉴定人的出庭

（1）司法鉴定人经人民法院依法通知，应当出庭作证，回答与鉴定事项有关的问题。因法定事由不能出庭作证的，经人民法院同意后可以书面或其他形式对鉴定事项的有关问题做出解释和说明。

（2）熟悉和准确理解专业领域相应的法律法规和标准。

（3）委托人应在出庭前向司法鉴定人提交所需回答的问题及当事人异议的内容，以方

便司法鉴定人准备。

（4）司法鉴定人出庭作证时，应当出示司法鉴定人的执业资格证明。

（5）司法鉴定人出庭作证时，由承担鉴定事项的司法鉴定人依法、客观、公正、实事求是有针对性地回答司法鉴定的相关问题。必要时，司法鉴定人应提供相应的证据。

（6）司法鉴定人出庭作证时，有权拒绝回答与鉴定无关的问题。

（7）司法鉴定人出庭作证时，应按省级司法和物价行政主管部门规定的收费标准收取相应的费用。

习　题

1. 建设项目造价审计的主体和客体各是什么?

2. 工程造价审计的目标、依据是什么?

3. 工程造价审计方法有哪些?其审计程序是什么?

4. 前期准备阶段、投资估算、设计概算、施工图预算、竣工结算审计、竣工决算阶段审计的依据和内容有哪些?

5. 什么是工程造价司法鉴定?工程造价司法鉴定与工程造价审计有什么区别?

6. 简述工程造价司法鉴定业务操作的程序。

7. 简述工程造价司法鉴定人开展工程造价司法鉴定工作应当遵循的原则。

第九章 计算机在工程造价中的应用

【学习目标】

熟悉应用计算机编制概预算的特点、BIM 土建算量软件的操作、广联达计价软件的应用。

第一节 应用计算机编制概预算的特点

建筑工程概预算的编制工作，其特点是需要处理大量规律性不强的数据，定额子目众多，工程量计算规则繁杂，计算工程单调重复，是一项相当烦琐的计算工作。用传统的手工编制概预算的方法不仅速度慢、功效低、周期长，而且容易出差错。应用计算机编制概预算，与传统的手工编制相比，具有精确度高、编制速度快、编制规范化以及工作效率高的特点。

概预算类软件按开发方式大致分为以下三类：一类由个人开发，单兵作战，开发出的软件水平较低、稳定性及易用性差，而且由于是个人开发，软件一般都无法升级，用户发现问题后，没办法解决，只有放弃该软件；另一类由建筑单位自行或合作开发，软件水平及稳定性较上一类软件有较大的提高，但由于该类软件针对性强，拿到与本单位情况稍有不同的地方，就无法继续使用；最后一类是由专业软件公司在建筑界专家的协助下开发，开发出的产品水平高、稳定性好、并且充分考虑了预算人员的要求，量身定制，用户容易上手。产品在使用中发现问题后，可随时向软件公司提出修改要求，定时升级，得到完善的售后服务。

建筑工程量的计算是一项工作量大而繁重的工作，工程量计算的算量工具也随着信息化技术的发展，经历算盘、计算器、计算机表格、计算机建模几个阶段（图 9-1）。现在普遍采用的就是通过建筑模型进行工程量的计算。

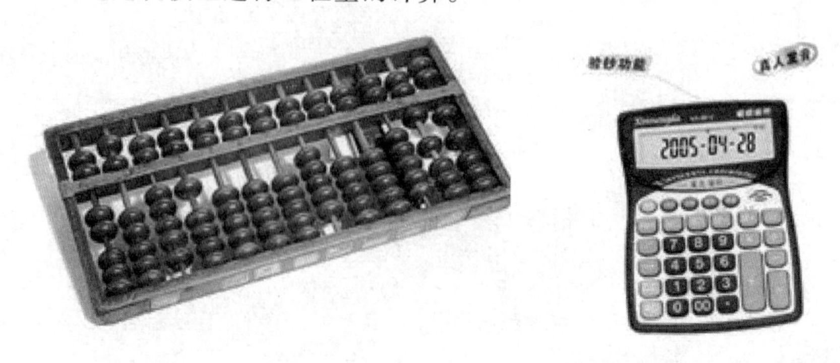

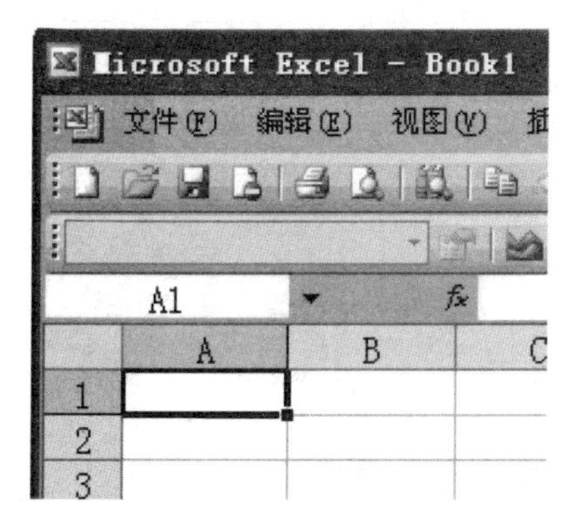

图 9-1 算量工具的发展阶段

建模算量是将建筑平、立、剖面图结合，建立建筑的空间模型，模型的建立则可以准确地表达了各类构件之间空间位置关系，土建算量软件则按计算规则计算各类构件的工程量，构件之间的扣减关系则根据模型由程序进行处理，从而准确计算出各类构件的工程量。为方便工程量的调用，将工程量以代码的方式提供，套用清单与定额时可以直接套用（图 9-2）。

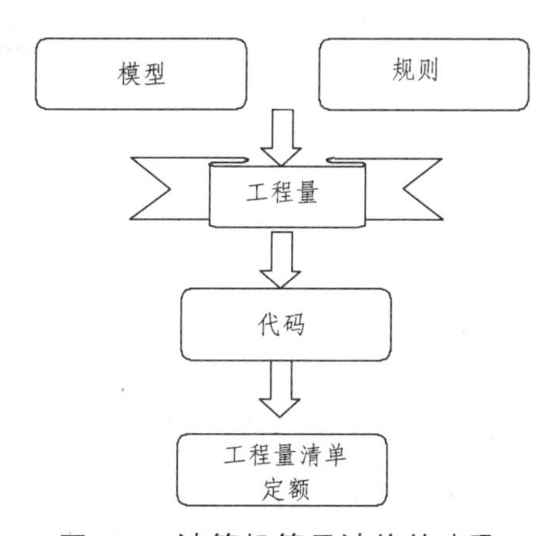

图 9-2 计算机算量计价的步骤

使用土建算量软件进行工程量计算，已经从手工计算的大量书写与计算转化为建立建筑模型。无论用手工算量还是软件算量，都有一个基本的要求，那就是知道算什么，如何算？知道算什么，是做好算量工作的第一步，也就是业务关，手工算、软件算只是采用了不同的手段而已。

软件算量的重点：一是如何快速地按照图纸的要求，建立建筑模型；二是将算出来的工程量与工程量清单与定额进行关联；三是掌握特殊构件的处理及灵活应用。

第二节 BIM 土建算量软件的操作

BIM 土建算量软件操作流程与手工算量流程相类似：分析图纸→要算什么量→列计算公式→同类型项整理→套用子目，如图 9-3 所示。

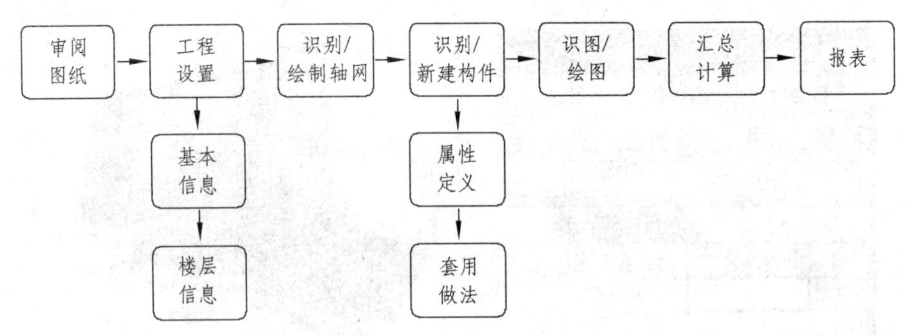

图 9-3　BIM 土建算量软件操作流程

一、新建工程

（1）启动软件，进入如下界面“欢迎使用 GCL2013”，如图 9-4 所示。

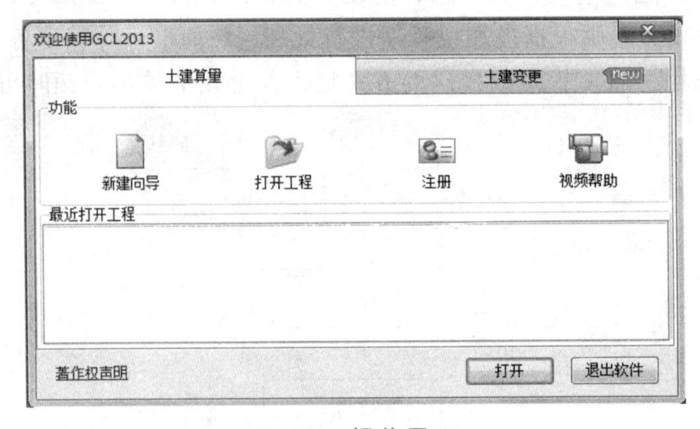

图 9-4　操作界面

（2）鼠标左键点击欢迎界面上的“新建向导”，进入新建工程界面，如图 9-5 所示。

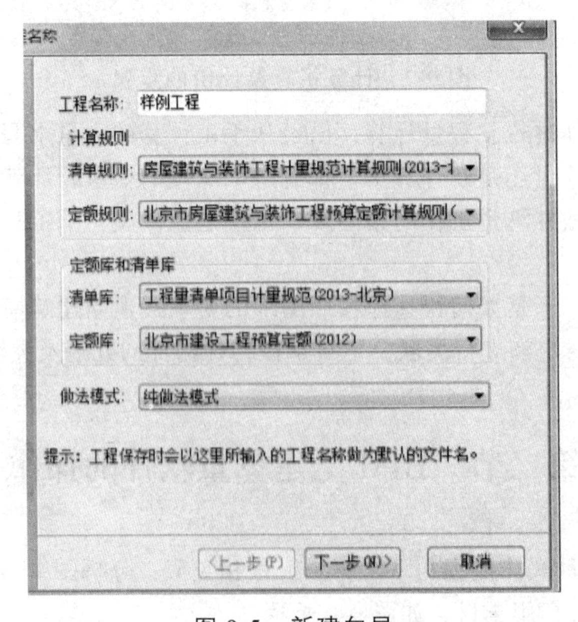

图 9-5　新建向导

① 工程名称：按工程图纸名称输入，保存时会作为默认的文件名。本工程名称输入为“样例工程”。

② 计算规则：定额和清单库按图选择即可。

③ 做法模式：选择纯做法模式。

二、建立轴网

楼层建立完毕后，切换到“绘图输入”界面。首先，建立轴网。施工时是用放线来定位建筑物的位置，使用软件做工程时是用轴网来定位构件的位置。如图 9-6 所示。

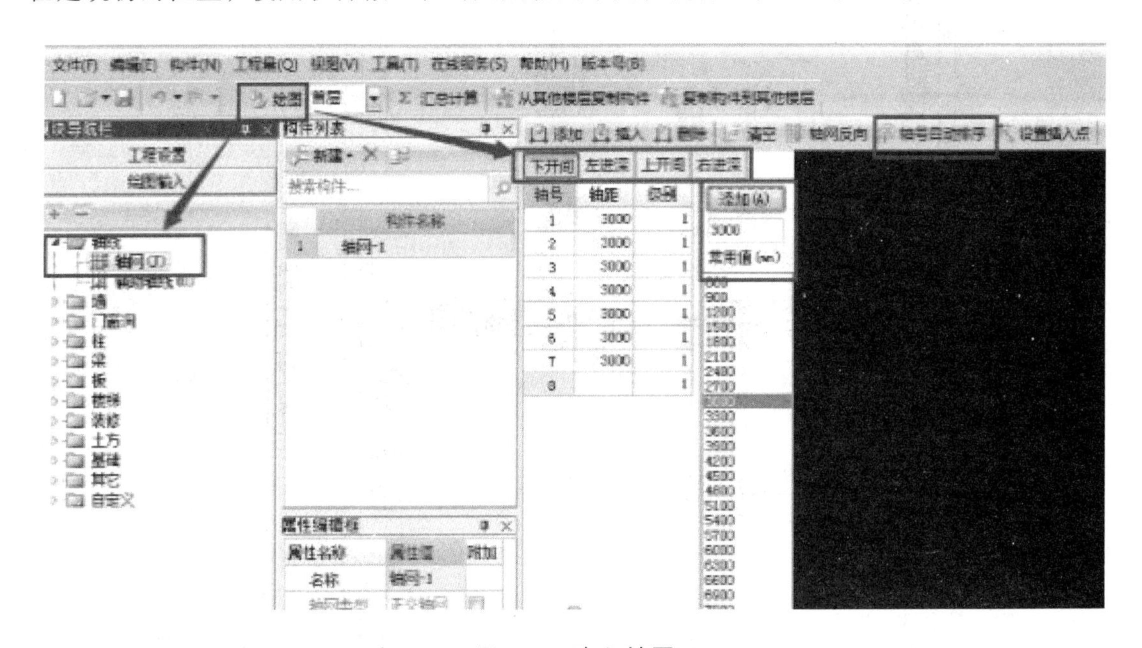

图 9-6　建立轴网

三、柱的工程量计算

图纸内容如图 9-7 所示。

1. 分析图纸

① 在框架剪力墙结构中，暗柱的工程量并入墙体计算，图纸中暗柱有两种形式：一种和墙体一样厚，如 GJZ1 的形式，作为剪力墙处理；另一种为端柱如 GDZ1，突出剪力墙的，在软件中类似 GDZ1 这样的端柱可以定义为异形柱，在做法套用的时候套用混凝土墙体的清单和定额子目。

② 图纸中的柱表中得到柱的截面信息，本层包括矩形框架柱、圆形框架柱及异形端柱，主要信息如表 9-1 所示。

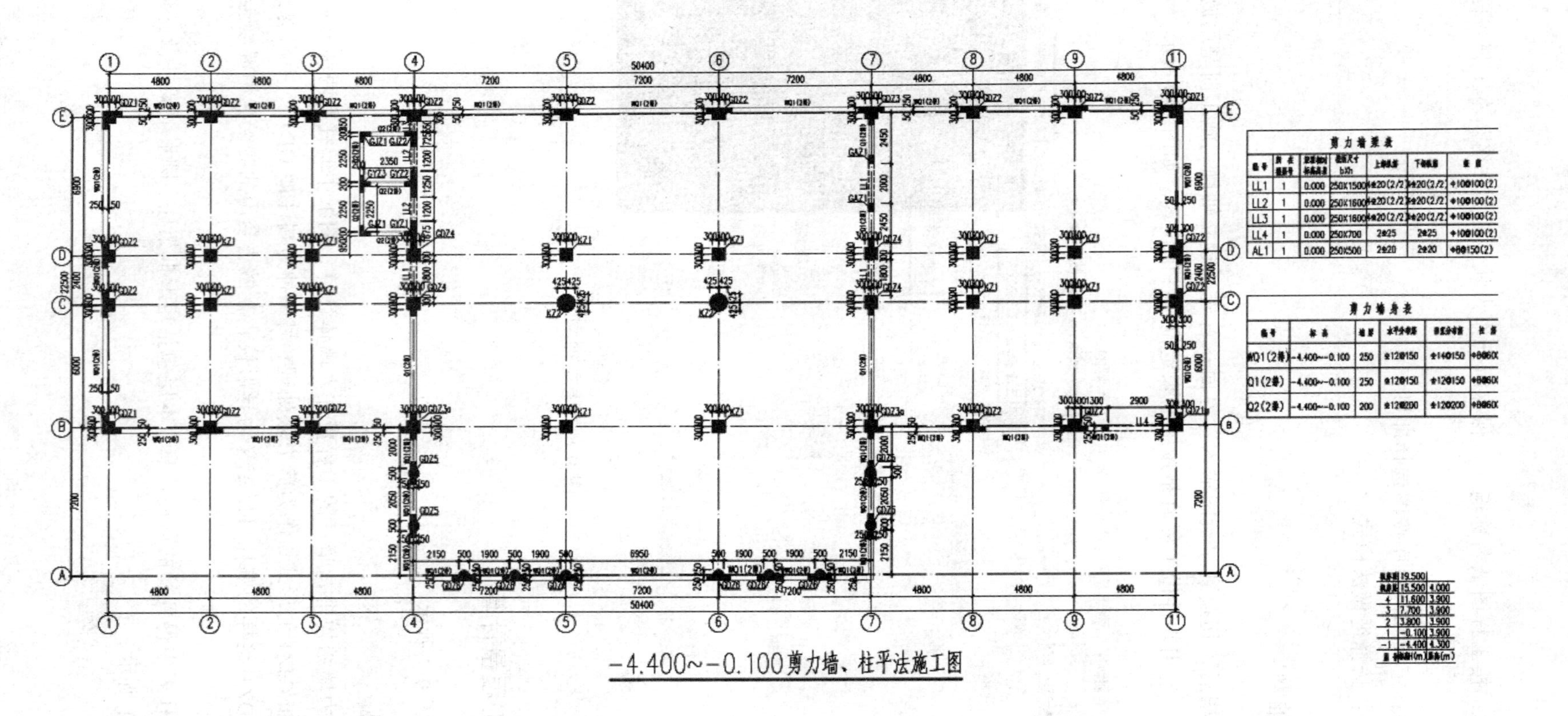

图 9-7　图纸

表 9-1　柱截面信息

序号	类型	名称	砼标号	截面尺寸	标高	备注
1	矩形框架柱	KZ1	C30	600×600	-0.100 ~ +3.800	
		KZ6	C30	600×600	-0.100 ~ +3.800	
		KZ7	C30	600×600	-0.100 ~ +3.800	

2. 现浇混凝土柱清单计算规则学习

清单计算规则见表 9-2。

表 9-2　柱清单计算规则

编号	项目名称	单位	计算规则
010502001	矩形柱	m^3	按设计图示尺寸以体积计算。柱高： 1. 有梁板的柱高，应自柱基上表面（或楼板上表面）至上一层楼板上表面之间的高度计算； 2. 无梁板的柱高，应自柱基上表面（或楼板上表面）至柱帽下表面之间的高度计算； 3. 框架柱的柱高，应自柱基上表面至柱顶高度计算； 4. 构造柱按全高计算，嵌接墙体部分（马牙槎）并入柱身体积； 5. 依附柱上的牛腿和升板的柱帽，并入柱身体积计算
011702002	矩形柱	m^2	按模板与现浇混凝土构件的接触面积计算

3. 柱的属性定义

矩形框架柱 KZ-1：

（1）在模块导航栏中点击“柱”使其前面的“+”展开，点击“柱”，点击“定义”按钮，进入柱的定义界面，点击构件列表中的“新建”，选择“新建矩形柱”。如图 9-8 所示。

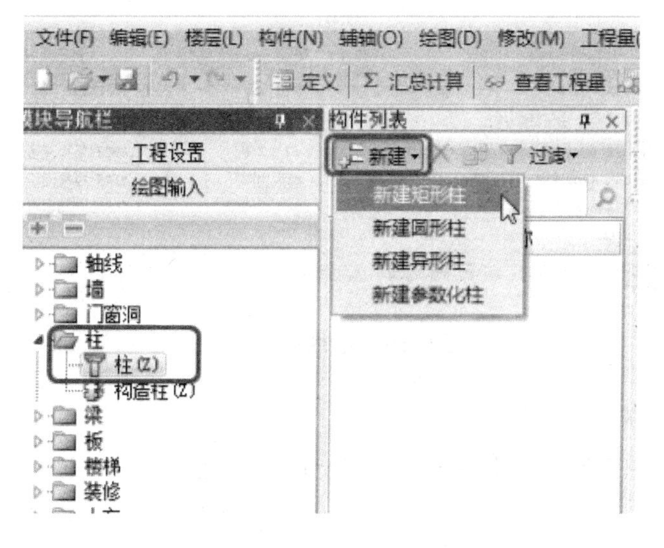

图 9-8　新建柱

（2）框架柱的属性定义。如图 9-9 所示。

属性名称	属性值	附加
名称	KZ-1 -0.1	
类别	框架柱	☐
材质	预拌混凝	☐
砼类型	预拌砼	☐
砼标号	(C30)	☐
截面宽度(	600	☐
截面高度(	600	☐
截面面积(m	0.36	☐
截面周长(m	2.4	☐
顶标高(m)	层顶标高	☐
底标高(m)	层底标高	☐
模板类型	复合模板	☐
是否为人防	否	☐
备注		☐
⊞ 计算属性		
⊞ 显示样式		

图 9-9　柱属性定义

4. 做法套用

柱构件定义好后，需要进行套做法操作。套用做法是指构件按照计算规则计算汇总出做法工程量，方便进行同类项汇总，同时与计价软件数据接口。构件套做法，可以通过手动添加清单定额、查询清单定额库添加、查询匹配清单定额添加。

KZ1 的做法套用如图 9-10 所示。

	编码	类别	项目名称	项目特征	单位	工程量表达式	表达式说明	措施项目	专业
1	⊟ 010502001	项	矩形柱	1. 混凝土强度等级：C30	m3	TJ	TJ<体积>	☐	建筑工程
2	5-7	定	现浇混凝土 矩形柱		m3	TJ	TJ<体积>	☐	建筑
3	⊟ 011702002	项	矩形柱		m2	MBMJ	MBMJ<模板面积>	☑	建筑工程
4	17-58	定	矩形柱 复合模板		m2	MBMJ	MBMJ<模板面积>	☑	建筑
5	17-71	定	柱支撑高度3.6m以上每增1m		m2	CGMBMJ	CGMBMJ<超高模板面积>	☑	建筑

示意图　查询匹配清单　查询匹配定额　查询清单库　查询匹配外部清单　查询措施　查询定额库

图 9-10　柱的做法套用

5. 柱的绘制方法

柱定义完毕后，点击“绘图”按钮，切换到绘图界面。

采用“点绘制”的方法，通过构件列表选择要绘制的构件 KZ-1，鼠标捕捉 2 轴与 E 轴的交点，直接点击鼠标左键，就完成了柱 KZ-1 的绘制。如图 9-11 所示。

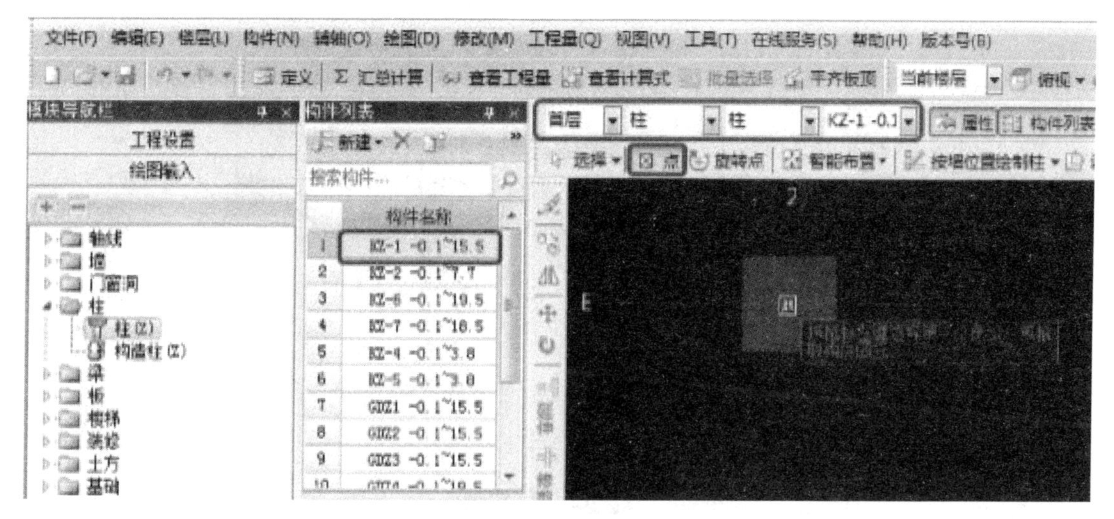

图 9-11　柱绘制

四、剪力墙的工程量计算

1. 分析图纸

分析剪力墙：分析图纸，如表 9-3 所示。

表 9-3　墙截面信息

序号	类型	名称	混凝土标号	墙厚	标高	备注
1	外墙	Q-1	C30	250	-0.1 ~ +3.8	

2. 现浇混凝土墙清单计算规则学习

清单计算规则见表 9-4。

表 9-4　墙清单计算规则

编号	项目名称	单位	计算规则
010504001	直形墙	m^3	按设计图示尺寸以体积计算扣除门窗洞口及单个面积>0.3 m^2 的孔洞所占体积，墙垛及突出墙面部分并入墙体体积计算内
011702011	直形墙	m^2	按模板与现浇混凝土构件的接触面积计算

3. 墙的属性定义

新建外墙属性定义如下：

（1）在模块导航栏中点击“墙”使其前面的“+”展开，点击“墙”然后“新建外墙”。如图 9-12 所示。

（2）在属性编辑框中对图元属性进行编辑。如图 9-13 所示。

4. 做法套用

Q-1 的做法套用，如图 9-14 所示。

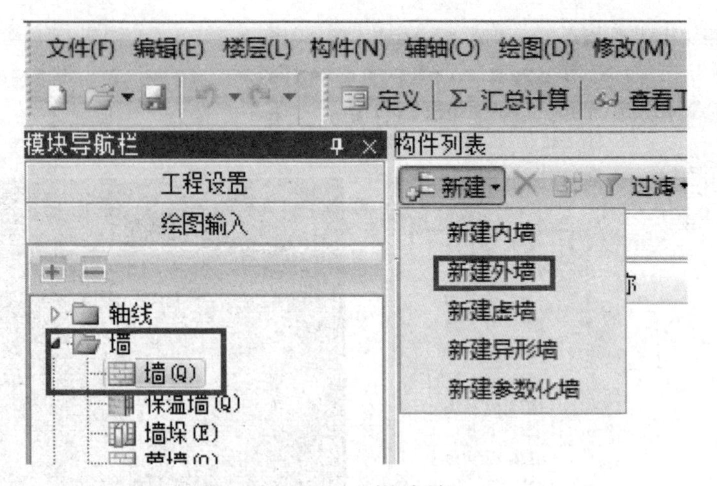

图 9-12　新建墙

属性名称	属性值	附加
名称	Q-1	
类别	混凝土墙	☑
材质	预拌混凝	☐
砼类型	预拌砼	☐
砼标号	(C30)	☐
厚度(mm)	250	☐
轴线距左墙	(125)	☐
内/外墙标	外墙	☑
模板类型	复合模板	☐
起点顶标高	层顶标高	☐
终点顶标高	层顶标高	☐
起点底标高	层底标高	☐
终点底标高	层底标高	☐
判断短肢剪	程序自动	☐
是否为人防	否	☐
备注		☐
+ 计算属性		
+ 显示样式		

图 9-13　墙属性定义

	编码	类别	项目名称	项目特征	单位	工程量表	表达式说明	措施项目	专业
1	010504001	项	直形墙	1. 混凝土强度等级：C30	m3	JLQTJQD	JLQTJQD<剪力墙体积(清单)>	☐	建筑工程
2	5-18	定	现浇混凝土 直形墙		m3	TJ	TJ<体积>	☐	建筑
3	011702011	项	直形墙		m2	JLQMBMJQD	JLQMBMJQD<剪力墙模板面积(清单)>	☑	建筑工程
4	17-93	定	直形墙 复合模板		m2	MBMJ	MBMJ<模板面积>	☑	建筑
5	17-109	定	墙支撑高度3.6m以上每增1m		m2	CGMBMJ	CGMBMJ<超高模板面积>	☑	建筑

图 9-14　墙的做法套用

5. 墙的绘制方法

剪力墙定义完毕后，点击“绘图”按钮，切换到绘图界面。

采用“直线绘制”的方法，通过构件列表选择要绘制的构件 Q-1，鼠标左键点击 Q-1 的起点 1 轴与 B 轴的交点，鼠标左键点击 Q-1 的终点 1 轴与 E 轴的交点即可。

五、梁的工程量计算

1. 分析图纸

（1）分析图纸，从左至右、从上至下，本层有框架梁、屋面框架梁、非框架梁、悬梁 4 种。

（2）框架梁 KL1—KL8，屋面框架梁 WKL1—WKL3，非框架梁 L1—L12，悬梁 XL1，主要信息如表 9-5 所示。

表 9-5　梁截面信息

序号	类型	名称	混凝土标号	截面尺寸	顶标高	备注
1	框架梁	KL1	C30	250*500　250*650	层顶标高	变截面
		KL2	C30	250*500　250*650	层顶标高	
		KL3	C30	250*500	层顶标高	
		KL4	C30	250*500　250*650	层顶标高	
		KL5	C30	250*500	层顶标高	
		KL6	C30	250*500	层顶标高	
		KL7	C30	250*600	层顶标高	
		KL8	C30	250*500	层顶标高	

2. 现浇混凝土梁清单计算规则学习

清单规则见表 9-6。

表 9-6　梁清单计价规则

编号	项目名称	单位	计算规则
010503002	矩形梁	m^3	按设计图示尺寸以体积计算。伸入墙内的梁头、梁垫并入梁体积内。梁长： 1. 梁与柱连接时，梁长算至柱侧面； 2. 主梁与次梁连接时，次梁长算至主梁侧面
011702006	矩形梁	m^2	按模板与现浇混凝土构件的接触面积计算
010505001	有梁板	m^3	按设计图示尺寸以体积计算，有梁板（包括主、次梁与板）按梁、板体积之和计算
011702014	有梁板	m^2	按模板与现浇混凝土构件的接触面积计算

3. 梁的属性定义

新建矩形梁 KL-1，根据 KL-1（9）图纸中的集中标注，在属性编辑器中输入相应的属性值。如图 9-15 所示。

4. 做法套用

梁构件定义好后，需要进行套做法操作。如图 9-16 所示。

属性名称	属性值	附加
名称	KL-1	
类别1	框架梁	☐
类别2		☐
材质	预拌混凝	☐
砼类型	(预拌砼)	☐
砼标号	(C30)	☐
截面宽度(	250	☐
截面高度(	500	☐
截面面积(m	0.125	☐
截面周长(m	1.5	☐
起点顶标高	层顶标高	☐
终点顶标高	层顶标高	☐
轴线距梁左	(125)	☐
砖胎膜厚度	0	☐
是否计算单	否	☐
图元形状	矩形	☐
模板类型	复合模板	☐
是否为人防	否	☐
备注		☐
⊞ 计算属性		
⊞ 显示样式		

图 9-15　梁属性定义

	编码	类别	项目名称	项目特征	单位	工程量表达式	表达式说明	措施项目	专业
1	⊟ 010503002	项	矩形梁	1. 混凝土强度等级：C30	m3	TJ	TJ<体积>	☐	建筑工程
2	5-13	定	现浇混凝土 矩形梁		m3	TJ	TJ<体积>	☐	建筑
3	⊟ 011702006	项	矩形梁		m2	MBMJ	MBMJ<模板面积>	☑	建筑工程
4	17-74	定	矩形梁 复合模板		m2	MBMJ	MBMJ<模板面积>	☑	建筑
5	17-91	定	梁支撑高度3.6m以上每增1m		m2	CGMBMJ	CGMBMJ<超高模板面积>	☑	建筑

图 9-16　梁的做法套用

5. 梁的绘制方法

采用“直线绘制”的方法，在绘图界面，点击直线，点击梁的起点 1 轴与 D 轴的交点，点击梁的终点 4 轴与 D 轴的交点即可。

六、板工程量计算

1. 分析图纸

分析图纸可以从中得到板的截面信息，包括屋面板与普通楼板，主要信息如表 9-7 所示。

表 9-7　板截面信息

序号	类型	名称	砼标号	板厚 h	板顶标高	备注
1	屋面板	WB1	C30	120	层顶标高	
2	普通楼板	LB2	C30	120	层顶标高	
		LB3	C30	100	层顶标高	
		LB4	C30	120	层顶标高	
		LB5	C30	100	层顶标高	
		LB6	C30	100	层顶标高，-0.050	
3	未注明板	E 轴向外	C30	100	层顶标高	

2. 现浇板清单计算规则学习

清单规则见表 9-8。

表 9-8 板清单规划

编号	项目名称	单位	计算规则
010505001	有梁板	m^3	按设计图示尺寸以体积计算，有梁板（包括主、次梁与板）按梁、板体积之和计算
011702014	有梁板	m^2	按模板与现浇混凝土构件的接触面积计算

3. 板的属性定义

（1）新建现浇板 LB2，根据 LB2 图纸中的尺寸标注，在属性编辑器中输入相应的属性值。如图 9-17 所示。

（2）屋面板定义，与上面楼板定义完全相似。如图 9-18 所示。

属性名称	属性值	附加
名称	LB-2	
材质	预拌混凝	☐
类别	有梁板	☐
砼类型	(预拌砼)	☐
砼标号	(C30)	☐
厚度(mm)	(120)	☐
顶标高(m)	层顶标高	☐
坡度(°)		☐
是否是楼板	是	☐
是否是空心	否	☐
模板类型	复合模板	☐
备注		☐
+ 计算属性		
+ 显示样式		

图 9-17 楼板属性定义

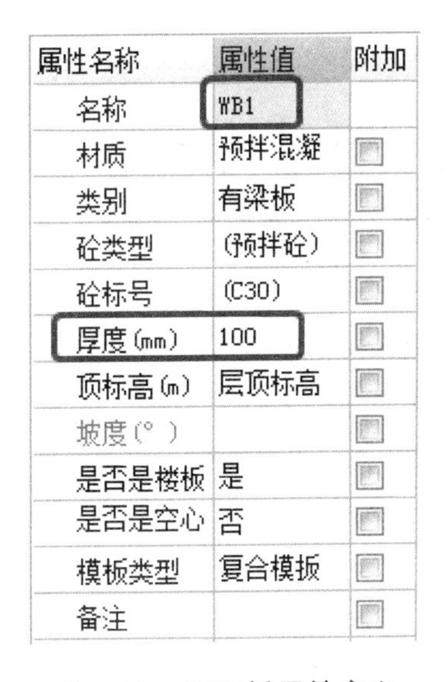

属性名称	属性值	附加
名称	WB1	
材质	预拌混凝	☐
类别	有梁板	☐
砼类型	(预拌砼)	☐
砼标号	(C30)	☐
厚度(mm)	100	☐
顶标高(m)	层顶标高	☐
坡度(°)		☐
是否是楼板	是	☐
是否是空心	否	☐
模板类型	复合模板	☐
备注		☐

图 9-18 屋面板属性定义

4. 做法套用

板构件定义好后，需要进行套做法套用。如图 9-19 所示。

	编码	类别	项目名称	项目特征	单位	工程量表达式	表达式说明	措施项目	专业
1	010505001	项	有梁板	1. 混凝土强度等级：C30	m3	TJ	TJ<体积>	☐	建筑工程
2	5-22	定	现浇混凝土 有梁板		m3	TJ	TJ<体积>	☐	建筑
3	011702014	项	有梁板		m2	MBMJ	MBMJ<底面模板面积>	☑	建筑工程
4	17-112	定	有梁板 复合模板		m2	MBMJ+CMBMJ	MBMJ<底面模板面积>+CMBMJ<侧面模板面积>	☑	建筑
5	17-130	定	板支撑高度3.6m以上每增1m		m2	CGMBMJ+CGCMMBMJ	CGMBMJ<超高模板面积>+CGCMMBMJ<超高侧面模板面积>	☑	建筑

图 9-19 板的做法套用

5. 板的绘制方法

采用“点画绘制板”的方法，以 WB1 为例，定义好屋面板后，点击点画，在 WB1 区域单击左键，WB1 即可布置。

七、填充墙的工程量计算

1. 分析图纸

分析图纸，如表 9-9 所示。

表 9-9 墙截面信息

序号	类型	砌筑砂浆	材质	墙厚	标高	备注
1	砌块外墙	M5 的混合砂浆	陶粒空心砖	200	−0.1 ~ +3.8	梁下墙
2	框架间墙	M5 的混合砂浆	陶粒空心砖	200	−0.1 ~ +3.8	梁下墙
3	砌块内墙	M5 的混合砂浆	陶粒空心砖	200	−0.1 ~ +3.8	梁下墙

2. 砌块墙清单计算规则学习

清单规则见表 9-10。

表 9-10 砌块墙清单规则

编号	项目名称	单位	计算规则
010401008	填充墙	m^3	按设计图示尺寸以填充墙外形体积计算

3. 砌块墙的属性定义

新建砌块墙的方法参见新建剪力墙的方法，这里只是简单地介绍一下新建砌块墙需要注意的地方。如图 9-20 所示。

属性名称	属性值
名称	Q3
类别	填充墙
材质	轻集料砌块
砂浆标号	(M5)
砂浆类型	(混合砂浆)
厚度(mm)	250
轴线距左墙	(125)
内/外墙标	外墙
起点顶标高	层顶标高
终点顶标高	层顶标高
起点底标高	层底标高
终点底标高	层底标高
是否为人防	否
备注	

图 9-20 墙属性定义

内/外墙标志：外墙和内墙要区别定义，除了对自身工程量有影响外，还影响其他构件的智能布置。这里可以根据工程实际需要对标高进行定义。本工程是按照软件默认的高度进行设置，软件会根据定额的计算规则对砌块墙和混凝土相交的地方进行自动处理。

4. 做法套用

砌块墙做法套用，如图 9-21 所示。

	编码	类别	项目名称	项目特征	单位	工程量表达式	表达式说明	措施项目	专业
1	010401008	项	填充墙	1. 填充材料种类及厚度：250厚陶粒空心砌块 2. 砂浆强度等级、配合比：M5混合砂浆	m3	TJ	TJ<体积>	□	建筑工程
2	4-42	定	轻集料砌块墙 厚度240mm		m3	TJ	TJ<体积>	□	建筑

图 9-21　填充墙的做法套用

5. 填充墙的绘制方法

图纸中在 2 轴、B 轴向下有一段墙体 1 025 mm（中心线距离），点击“点加长度”，点击起点 B 轴与 2 轴相交点，然后向上找到 C 轴与 2 轴相交点点一下，弹出“点加长度设置”对话框，在“反向延伸长度处 mm”输入“1025”，然后确定。如图 9-22 所示。

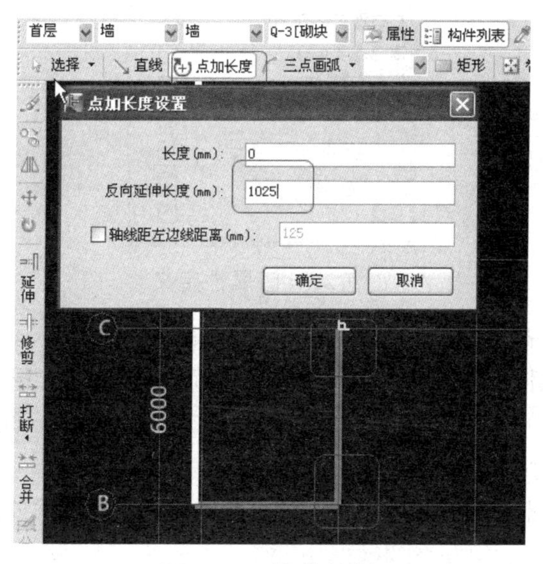

图 9-22　墙体绘制

八、门窗、洞口、壁龛的工程量计算

1. 分析图纸

分析图纸，如表 9-11 所示。

表 9-11　门窗截面信息

序号	名称	数量（个）	宽 mm	高 mm	离地高度 mm	备注
1	M1	10	1 000	2 100	0	
2	YFM1	2	1 200	2 100	0	

2. 门窗清单计算规则学习

清单规则见表 9-12。

表 9-12　门窗清单规则

编号	项目名称	单位	计算规则
010801001	木质门	m^2	1.以樘计量，按设计图示数量计算； 2.以平方米计量，按设计图示洞口尺寸以面积计算
010802001	金属（塑钢）门	m^2	

3. 门窗洞口的属性定义

1）门的属性定义

新建“矩形门 M-1”，属性定义如图 9-23 所示。

属性编辑框

属性名称	属性值	附加
名称	M-1	
洞口宽度(mm)	1000	☐
洞口高度(mm)	2100	☐
框厚(mm)	0	☐
立樘距离(mm)	0	☐
离地高度(mm)	0	☐
框左右扣尺寸(	0	☐
框上下扣尺寸(	0	☐
框外围面积(m2	2.1	☐
洞口面积(m2)	2.1	☐
备注		☐

图 9-23　门属性定义

① 洞口宽度，洞口高度：从门窗表中可以直接得到。

② 框厚：输入门实际的框厚尺寸，对墙面块料面积的计算有影响，本工程输入“0”。

③ 立樘距离：门框中心线与墙中心间的距离，默认为“0”。如果门框中心线在墙中心线左边，该值为负，否则为正。

④ 框左右扣尺寸、框上下扣尺寸：如果计算规则要求门窗按框外围计算，输入框扣尺寸。

2）窗的属性定义

新建“矩形窗 LC-2”，属性定义如图 9-24 所示。

属性编辑框

属性名称	属性值	附加
名称	LC-2	
洞口宽度(mm)	1200	☑
洞口高度(mm)	2700	☑
框厚(mm)	0	☐
立樘距离(mm)	0	☐
离地高度(mm)	600	☐
框左右扣尺寸(	0	☐
框上下扣尺寸(	0	☐
框外围面积(m2	3.24	☐
洞口面积(m2)	3.24	☐
备注		☐

图 9-24　窗属性定义

带型窗的属性定义，带型窗不必依附墙体存在。如图 9-25 所示，本工程中 MQ2 不进行绘制。

属性编辑框

属性名称	属性值
名称	MQ2
框厚(mm)	0
起点顶标高(m)	层顶标高+12.7(16.5)
起点底标高(m)	层底标高-0.35(-0.45)
终点顶标高(m)	层顶标高+12.7(16.5)
终点底标高(m)	层底标高-0.35(-0.45)
轴线距左边线	0
备注	
+ 显示样式	

图 9-25　带型窗属性定义

电梯洞口的属性定义，如图 9-26 所示。

属性名称	属性值	附加
名称	电梯洞口	
洞口宽度(mm)	1200	☐
洞口高度(mm)	2600	☐
离地高度(mm)	0	☐
洞口面积(m2)	3.12	☐
备注		☐

图 9-26　电梯洞口属性定义

壁龛的属性定义（消火栓箱），如图 9-27 所示。

属性名称	属性值
名称	消火栓箱
洞口宽度(	750
洞口高度(	1650
壁龛深度(	100
离地高度(	150
是否为人防	否
备注	
+ 计算属性	
+ 显示样式	

图 9-27　壁龛属性定义

4. 做法套用

门、窗的材质较多，在这里仅列举几个。

① M-1 的做法套用，如图 9-28 所示。

	编码	类别	项目名称	项目特征	单位	工程量表达式	表达式说明	措施项目	专业
1	010801001	项	木质门	1. 门代号：M1 2. 洞口尺寸：1000*2100 3. 门类型：木质夹板门	m2	DKMJ	DKMJ<洞口面积>		建筑工程
2	8-5	定	木门 夹板装饰门		m2	DKMJ	DKMJ<洞口面积>		建筑
3	8-143	定	门窗后塞口 填充剂		m2	DKMJ	DKMJ<洞口面积>		建筑

图 9-28　M-1 做法套用

② JXM-1 的做法套用。如图 9-29 所示。

	编码	类别	项目名称	项目特征	单位	工程量表达式	表达式说明	措施项目	专业
1	010801004	项	木质防火门	1. 门代号：JXM1 2. 洞口尺寸：550*2200 3. 门类型：木质丙级防火检修门	m2	DKMJ	DKMJ<洞口面积>		建筑工程
2	8-18	定	木门 木质防火门		m2	DKMJ	DKMJ<洞口面积>		建筑
3	8-142	定	门窗后塞口 水泥砂浆		m2	DKMJ	DKMJ<洞口面积>		建筑

图 9-29　JXM-1 做法套用

5. 门窗洞口的绘制方法

门窗洞构件属于墙的附属构件，也就是说门窗洞构件必须绘制在墙上。

门窗最常用的是“点”绘制。对于计算来说，一段墙扣减门窗洞口面积，只要门窗绘制在墙上就可以，一般对于位置要求不用很精确，所以直接采用点绘制即可。在点绘制时，软件默认开启动态输入的数值框，可以直接输入一边距墙端头的距离，或通过“Tab”键切换输入框。如图 9-30 所示。

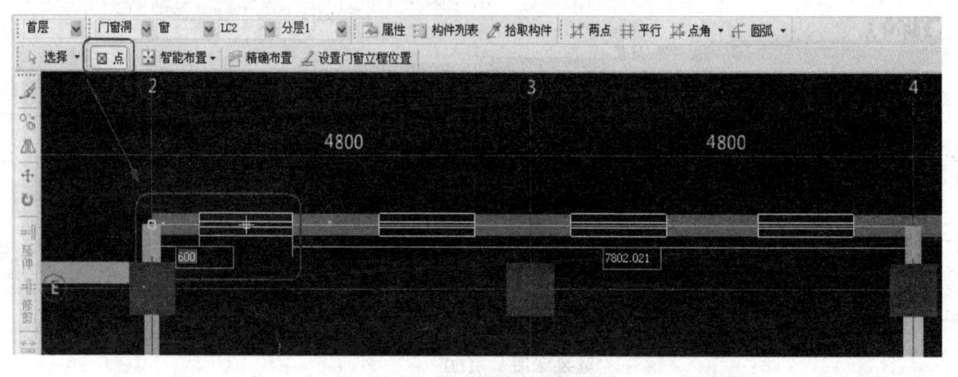

图 9-30 门窗洞口的绘制

第三节　计价软件的应用

一、计价部分工程量清单样表

计价部分工程量清单样表（参见《建设工程工程量清单计价规范》GB 50500—2013）结合软件，应导出如下表格并对应到软件中的表格符号：

（1）封面：封-2。

（2）总说明：表-01。
（3）单项工程招标控制价汇总表：表-03。
（4）单位工程招标控制价汇总表：表-04。
（5）分部分项工程量清单与计价表：表-08。
（6）工程量清单综合单价分析表：表-09。
（7）措施项目清单与计价表（一）：表-10。
（8）措施项目清单与计价表（二）：表-11。
（9）其他项目清单与计价汇总表：表-12。
（10）暂列金额明细表：表-12-1。
（11）材料暂估单价表：表-12-2。
（12）专业工程暂估价表：表-12-3。
（13）计日工表：表-12-4。
（14）总承包服务费计价表：表-12-5。
（15）规费、税金项目清单与计价表：表-13。
（16）主要材料价格表。

二、编制概预算工程

1. 新建单位工程

点击“新建单位工程”，如图 9-31 所示。

图 9-31　新建单位工程

2. 进入新建单位工程

本项目的计价方式选为清单计价。
清单库选择：工程量清单项目计量规范（2013-北京）。
定额库选择：北京市建设工程预算定额（2012）。
项目名称拟定为：“概预算工程”。如图 9-32 所示。

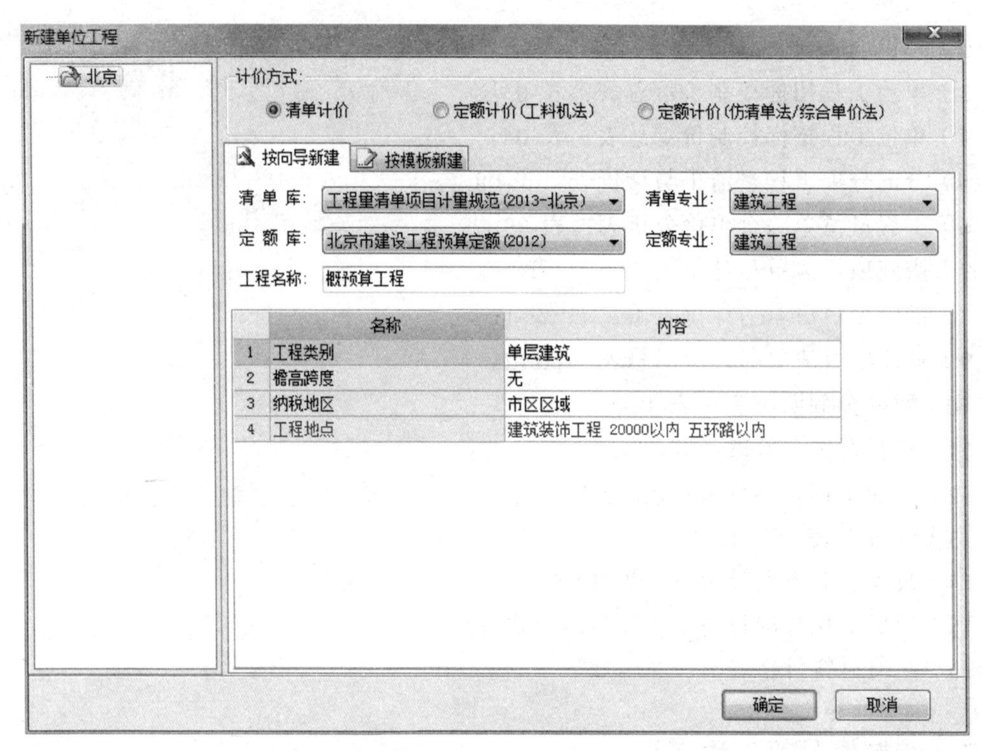

图 9-32　概预算工程

3. 导入图形算量文件

进入单位工程界面，点击“导入导出”选择“导入土建算量工程文件”，如 9-33 所示，选择相应图形算量文件。

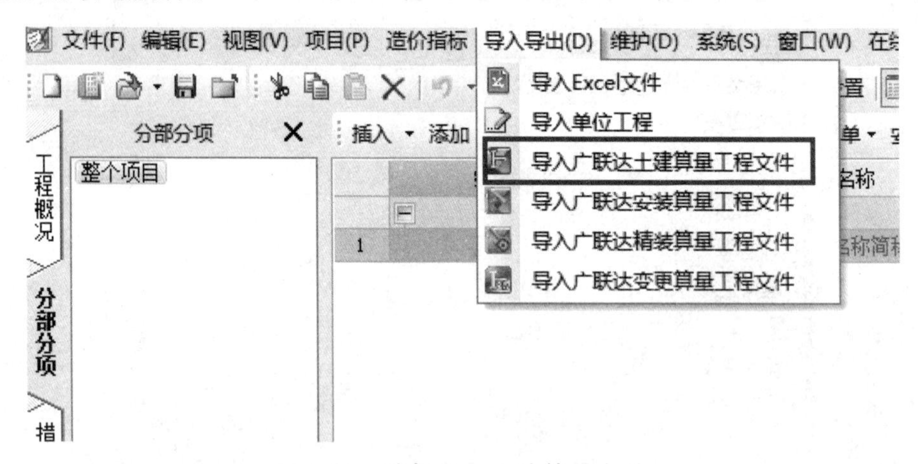

图 9-33　选择导入土建算量文件

4. 整理清单

在分部分项界面进行分部分项整理清单项：

① 单击“整理清单”，选择“分部整理”，如图 9-34 所示。

② 弹出“分部整理”对话框，选择按专业、章、节整理后，单击“确定”。如图 9-35 所示。

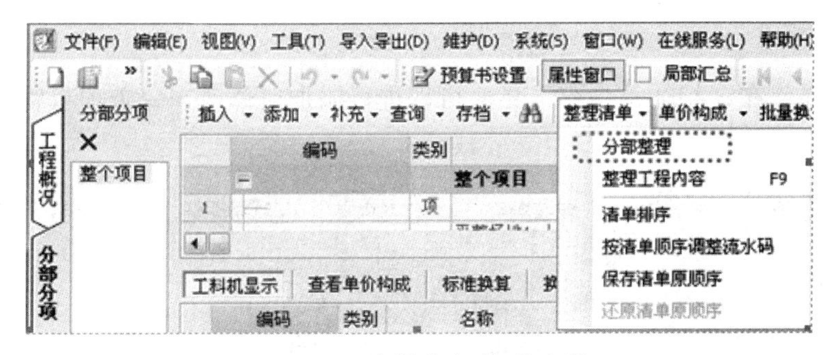

图 9-34　选择分部整理功能

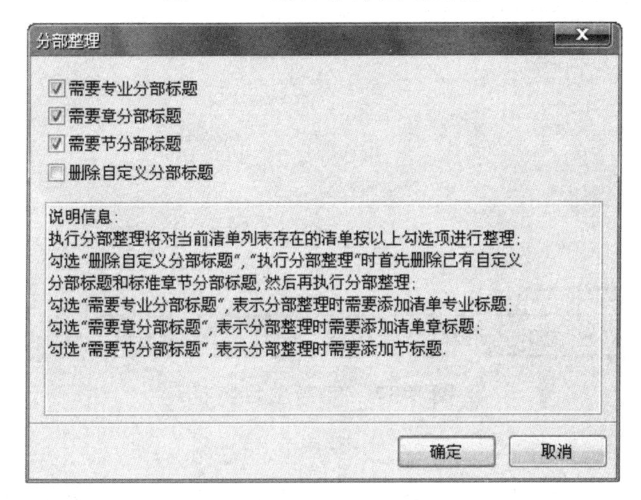

图 9-35　分部整理界面

③ 清单项整理完成后，如图 9-36 所示。

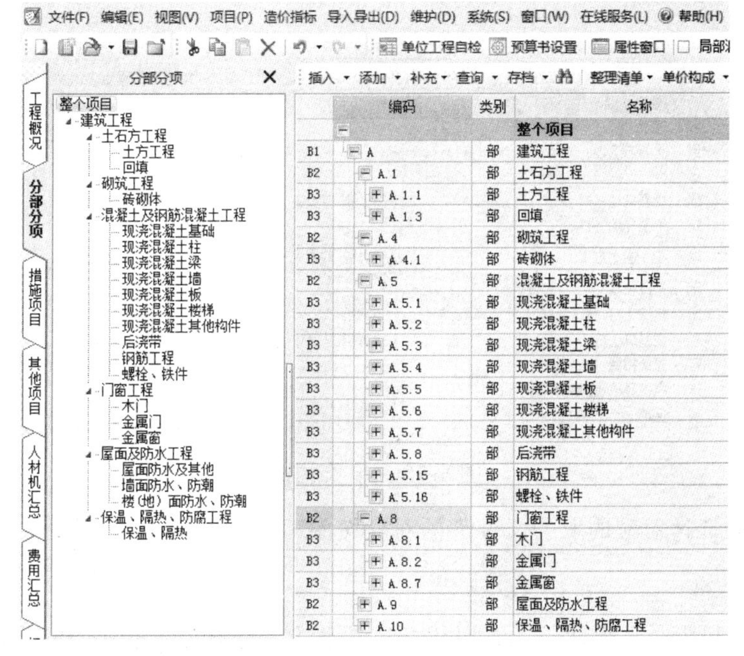

图 9-36　完成分部整理

5. 项目特征描述

选择清单项，在“特征及内容”界面可以进行添加或修改来完善项目特征，如图 9-37 所示。

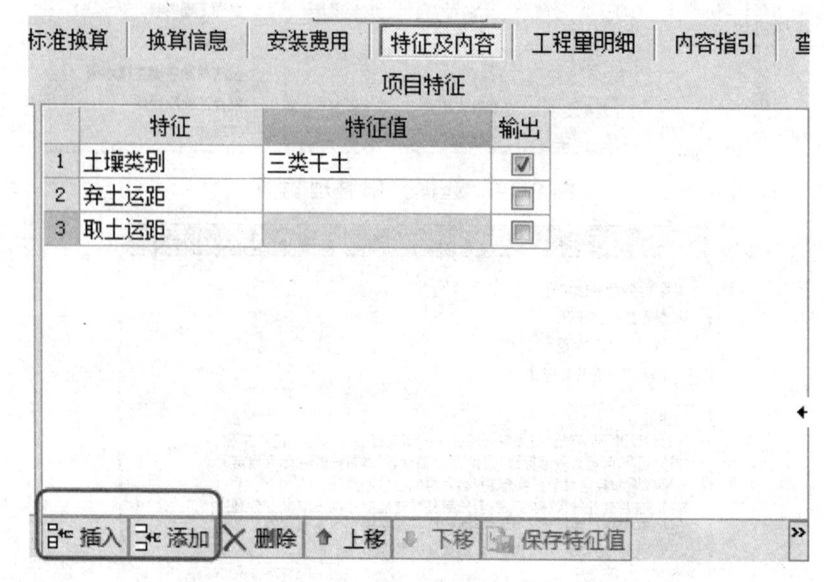

图 9-37　完善项目特征

6. 单价构成

在对清单项进行相应的补充、调整之后，需要对清单的单价构成进行费率调整。具体操作如下：

① 在工具栏中单击“单价构成”，如图 9-38 所示。

插入 · 添加 · 补充 · 查询 · 存档 · 整理清单 · 单价构成 · 批量换算 · 其他 · 展开到 · 重用组价 · 锁定清单

单价构成
按专业匹配单价构成
费率切换

	编码	类别	名称	征	单位	工程量表达式	含量	工程量	单价
			整个项目						
B1	A	部	建筑工程						
B2	A.1	部	土石方工程						
B3	A.1.1	部	土方工程						
1	0101010010	项	平整场地	1.土壤类别:三类干土	m2	1029.6788		1029.68	
	1-2	定	平整场地 机械		m2	1029.6788	1	1029.68	1.21
2	010101002001	项	挖一般土方	1.土壤类别:三类干土 2.挖土深度:5m以内	m3	5687.2803		5687.28	
	1-5	定	打钎拍底		m2	1127.5262	0.1982	1127.53	3.39
	1-8	定	机挖土方 槽深5m以内 运距1km以内		m3	5687.2803	1	5687.28	12.12
3	0101010040	项	挖基坑土方	1.土壤类别:三类干土	m3	31.6506		31.65	
	1-5	定	打钎拍底		m2	19.8625	0.6274	19.86	3.39
	1-21	定	机挖基坑 运距1km以内		m3	31.6506	1	31.65	13.27
B3	A.1.3	部	回填						

图 9-38　单价构成

② 根据专业选择对应的取费文件下的对应费率，如图 9-39 所示。

7. 调整人材机

① 在“人材机汇总”界面下，参照招标文件要求的《北京市 2014 年工程造价信息第五期》对材料“市场价”进行调整，如图 9-40 所示。

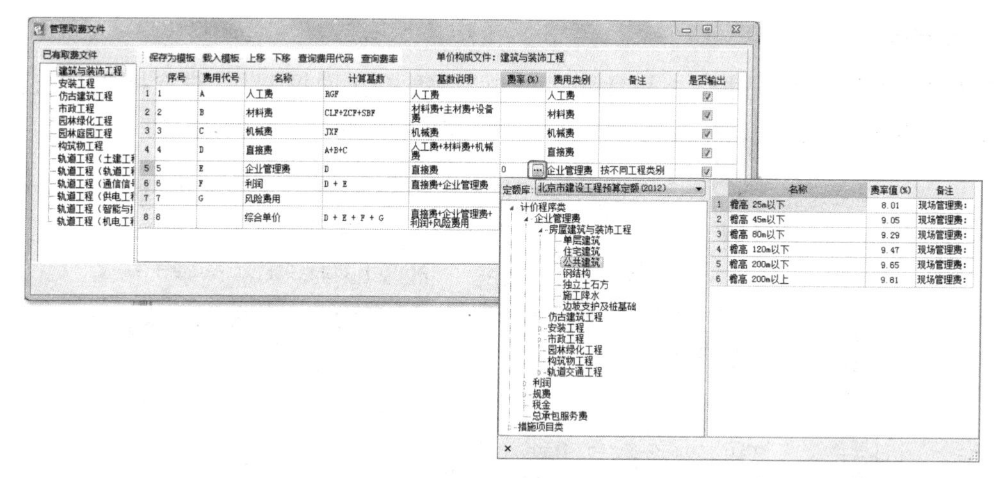

图 9-39 费率

	编码	类别	名称	规格型号	单位	数量	预算价	市场价	市场价合计	价差
1	870001	人	综合工日		工日	1701.1162	74.3	95	161606.04	20.7
2	870002	人	综合工日		工日	8577.8027	83.2	95	814891.26	11.8
3	870002@1	人	综合工日		工日	3192.8091	83.2	95	303316.86	11.8
4	870003	人	综合工日		工日	1107.1157	87.9	95	105175.99	7.1
5	RGFTZ	人	人工费调整		元	55.6781	1	1	55.68	0
6	010001@1	材	钢筋	一级6	kg	7027.4	3.77	3.79	26633.85	0.02
7	010001@10	材	钢筋	二级25	kg	94278.475	3.77	3.75	353544.28	-0.02
8	010001@11	材	钢筋	二级28	kg	21635.7	3.77	3.75	81133.88	-0.02
9	010001@2	材	钢筋	一级8	kg	26921.625	3.77	3.79	102032.96	0.02
10	010001@3	材	钢筋	一级10	kg	58252.8	3.77	3.95	230098.56	0.18
11	010001@4	材	钢筋	二级12	kg	83811.175	3.77	3.62	303396.45	-0.15
12	010001@5	材	钢筋	二级14	kg	18270.625	3.77	3.67	67053.19	-0.1
13	010001@6	材	钢筋	二级16	kg	9109.175	3.77	3.65	33248.49	-0.12
14	010001@7	材	钢筋	二级18	kg	6632.775	3.77	3.72	24673.92	-0.05
15	010001@8	材	钢筋	二级20	kg	50192.2	3.77	3.72	186714.98	-0.05
16	010001@9	材	钢筋	二级22	kg	20646.575	3.77	3.72	76805.26	-0.05

图 9-40 调整市场价

8. 计取规费和税金

在“费用汇总”界面，查看“工程费用构成”，如图 9-41 所示。

	序号	费用代号	名称	计算基数	基数说明	费率(%)
1	1	A	分部分项工程费	FBFXHJ	分部分项合计	
2	1.1	A1	其中：人工费	RGF	分部分项人工费	
3	1.2	A2	其中：材料(设备)暂估价	ZGCLF	暂估材料费(从人材机汇总表汇总)	
4	2	B	措施项目费	CSXMHJ	措施项目合计	
5	2.1	B1	其中：人工费	ZZCS_RGF+JSCS_RGF	组织措施项目人工费+技术措施项目人工费	
6	2.2	B2	其中：安全文明施工费	AQWMSGF	安全文明施工费	
7	3	C	其他项目费	QTXMHJ	其他项目合计	
8	3.1	C1	其中：总承包服务费	总承包服务费	总承包服务费	
9	3.2	C2	其中：计日工	计日工	计日工	
10	3.2.1	C21	其中：计日工人工费	JRGRGF	计日工人工费	
11	3.3	C3	其中：专业工程暂估价	专业工程暂估价	专业工程暂估价	
12	3.4	C4	其中：暂列金额	暂列金额	暂列金额	
13	4	D	规费	D1 + D2	社会保险费+住房公积金费	
14	4.1	D1	社会保险费	A1 + B1 + C21	其中：人工费+其中：人工费+其中：计日工人工费	14.76
15	4.2	D2	住房公积金费	A1 + B1 + C21	其中：人工费+其中：人工费+其中：计日工人工费	5.49
16	5	E	税金	A + B + C1 + C2 + D	分部分项工程费+措施项目费+其中：总承包服务费+其中：计日工+规费	3.48
17	6		工程造价	A + B + C + D + E	分部分项工程费+措施项目费+其他项目费+规费+税金	

图 9-41 查看工程费用

9. 报表设计

进入“报表”界面，选择“工程量清单”，单击需要输出的报表，右键选择“简便设计”，或直接点击报表设计器。进行报表格式设计。如图 9-42 所示。

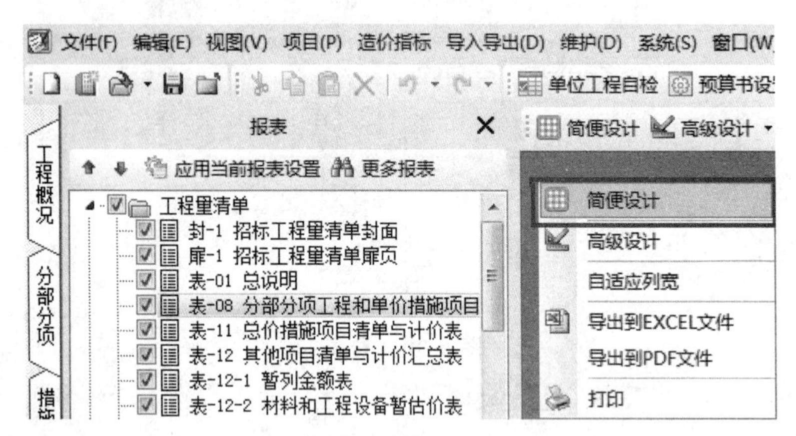

图 9-42 报表设计

10. 报表导出及打印

进入“报表”界面，选择“工程量清单”，单击需要输出的报表，右键选择“导出 EXCEL 文件”或“导出到 PDF 文件”。如有打印需求，选择最下方的“打印”按钮即可。如图 9-43 所示。

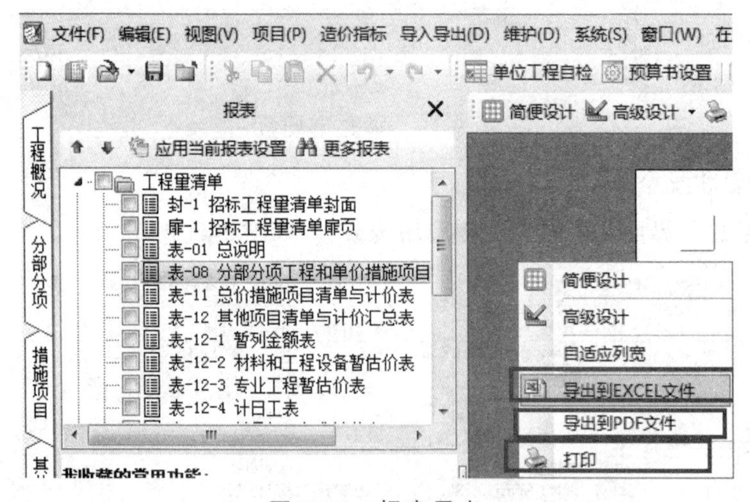

图 9-43 报表导出

参考文献

[1] 全国造价工程师执业资格考试培训教材编审委员会. 建设工程计价[M]. 北京：中国城市出版社，2014.

[2] 中华人民共和国住房和城乡建设部，财政部. 建标〔2013〕44 号关于印发《建筑安装工程费用项目组成》的通知[Z]. 北京：中国计划出版社，2013.

[3] 彭红涛. 工程造价管理[M]. 北京：中国水利水电出版社，2012.

[4] 全国造价工程师执业资格考试培训教材编审组. 工程造价计价与控制[M]. 北京：中国计划出版社，2015.

[5] 全国注册咨询工程师（投资）资格考试参考教材编写委员会. 项目决策分析与评价[M]. 北京：中国计划出版社，2015.

[6] 刘元芳. 建设工程造价管理[M]. 北京：中国电力出版社，2005.

[7] 全国造价工程师执业资格考试培训教材编审组. 工程造价案例分析（2015 年版）[M]. 北京：中国城市出版社，2015.

[8] 彭红涛. 造价工程管理实务手册[M]. 北京：中国建材工业出版社，2006.

[9] 周序洋. 工程造价基础[M]. 北京：中央广播电视大学出版社，2007.

[10] 周述发. 建筑工程造价管理[M]. 武汉：武汉理工大学出版社，2010.

[11] 沈杰. 工程造价管理[M]. 南京：东南大学出版社，2006.

[12] 李文娟. 工程造价基础[M]. 天津：天津科学技术出版社，2017.

[13] 李惠强. 工程造价与管理[M]. 上海：复旦大学出版社，2007.

[14] 尚梅. 工程估价与造价管理[M]. 北京：化学工业出版社，2008.

[15] 程鸿群，姬晓辉，陆菊春. 工程造价管理[M]. 2 版. 武汉：武汉大学出版社，2010.

[16] 中华人民共和国住房和城乡建设部. 建筑工程量清单计价规范（GB 50500—2013）[S]. 北京：中国计划出版社，2013.

[17] 全国造价工程师执业资格考试培训教材编审组. 工程造价管理基础理论与相关法规[S]. 北京：中国城市出版社，2015.

[18] 郭婧娟. 工程造价与管理[M]. 北京：清华大学出版社，北京交通大学出版社，2005.

[19] 杨博. 工程造价咨询[M]. 合肥：安徽科学技术出版社，2004.

[20] 北京广联达软件技术有限公司. 广联达软件 GBQ4.0 [M]. 上海：复旦大学出版社，2017.

[21] 武育秦. 建筑工程造价[M]. 武汉：武汉理工大学出版社，2007.

[22] 齐伟军. 建筑工程造价[M]. 武汉：武汉科技大学出版社，2008.

[23] 云南省工程建设技术经济室. 云南省 2013 版建设工程总价计价依据编制说明及解释汇编[M]. 昆明：云南出版集团，云南科技出版社，2015.

[24] 曹跃杰. 建筑工程计量与计价[M]. 西安：西北工业大学出版社，2016.
[25] 卢谦. 建筑工程招标投标与合同管理[M]. 北京：中国水利水电出版社，2007.
[26] 刘钟莹. 建筑工程招标投标[M]. 南京：东南大学出版社，2007.
[27] 丰艳萍，邹坦. 工程造价管理[M]. 北京：机械工业出版社，2011.
[28] 车管鹂，杜春艳. 工程造价管理[M]. 北京：北京工业大学出版社，2006.
[29] 全国造价工程师执业资格考试培训教材编审委员会. 建设工程计价[M]. 北京：中国城市出版社，2014.
[30] 中华人民共和国住房和城乡建设部，财政部. 建标〔2013〕44 号关于印发《建筑安装工程费用项目组成》的通知[Z]. 北京：中国计划出版社，2013.
[31] 司法部司法鉴定科学技术研究所. 建设工程司法鉴定程序规范（SF/ZJD0500001—2014）[M]. 北京：司法部司法鉴定管理局，2014.